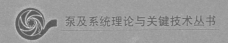

泵及系统理论与关键技术丛书

Unsteady Flow Induced Excitation Characteristics and its Control in Centrifugal Pumps

离心泵非定常内流激励特性及其控制

张宁 高波 著

U0198074

江苏大学出版社
JIANGSU UNIVERSITY PRESS

镇江

图书在版编目(CIP)数据

离心泵非定常内流激励特性及其控制 / 张宁，高波
著. — 镇江：江苏大学出版社，2020.12
ISBN 978-7-5684-1444-9

Ⅰ. ①离… Ⅱ. ①张… ②高… Ⅲ. ①离心泵－非定
常流动－研究 Ⅳ. ①TH311

中国版本图书馆 CIP 数据核字(2020)第 239791 号

离心泵非定常内流激励特性及其控制
Lixinbeng Feidingchang Neiliu Jili Texing Ji Qi Kongzhi

著　　者/张　宁　高　波
责任编辑/孙文婷
出版发行/江苏大学出版社
地　　址/江苏省镇江市梦溪园巷 30 号(邮编：212003)
电　　话/0511-84446464(传真)
网　　址/http://press.ujs.edu.cn
排　　版/镇江市江东印刷有限责任公司
印　　刷/扬州皓宇图文印刷有限公司
开　　本/718 mm×1 000 mm　1/16
印　　张/19.75
字　　数/367 千字
版　　次/2020 年 12 月第 1 版
印　　次/2020 年 12 月第 1 次印刷
书　　号/ISBN 978-7-5684-1444-9
定　　价/82.00 元

如有印装质量问题请与本社营销部联系(电话：0511-84440882)

前　　言

　　泵作为典型、通用的流体机械,在国防、核能、化工等领域中属关键重要设备,随着泵的用途特殊化、运行条件极端化、运行工况多样化,其持续、稳定、安全运行要求日益严苛。随着泵朝大型化、高速化、高功率密度方向发展,泵的振动噪声成为目前研究的热点问题,也是设计过程中面临的难点和新挑战。尤其是应用在具有极高隐蔽性要求的水下军事装备上,低振动噪声特性是泵的首要设计要求,其振动噪声能量级瓶颈的突破是目前泵领域亟待解决的难题。

　　离心泵内部呈现受迫边界下的强湍流运动特征,复杂流动结构诱发的水力激励力是流致振动噪声的来源,且其能量极难通过后期被动控制技术减弱。因此,了解流致振动噪声机理,实现水力设计过程中的流激能量控制是低振动噪声泵设计的根本途径。离心泵内部存在多重尺度流动结构,动静干涉、尾迹流、空化、旋转失速、偏工况运行等是非定常水力激励力的主要来源。因此,相关现象的内流诱发机制、主导因素的探索是实现振动能量控制及低振动噪声离心泵水力设计的关键。

　　本书以离心泵为研究对象,基于数值计算和试验手段,对泵内典型的复杂流动结构和相关激励特性进行深入探索,进而分析内流与激励的内在关联。在上述研究的基础上,从控制非定常水力激励特性出发,提出泵内低噪声水力设计方法及初步控制理论,相关研究内容对泵内复杂激励力的控制及低噪声离心泵设计具有一定的借鉴作用。

　　本书共分为 7 章,第 2 章至第 6 章由张宁编写,第 1 章和第 7 章由高波编写,全书由杨敏官教授审稿,并提出了宝贵的意见。在本书的编写过程中,课题组的倪丹博士和王震、郭鹏明、杜文强、苟文波、陈来祚、王孝军、李超、孙鑫恺等研究生参与了本书涉及的计算、试验、数据处理和写作工作,并提供了大量原始数据,作者在此一并表示衷心的感谢。

　　本书在编写的过程中得到了国家自然科学基金项目"离心泵内三维尾迹涡的瞬态演化及激励特性研究"(51706086)、"泵内受迫湍流的涡动力学特征及其激励机制"(51576090)、"混流式核主泵内部流动及其控制"(51476070)，江苏省自然科学基金项目"离心泵内三维尾迹涡的瞬态演化及激励特性研究"(BK20170547)，江苏省高校品牌专业建设项目(PPZY2015A019)，江苏大学出版基金的大力支持。

　　本书是对离心泵内部复杂流动诱导激励特性及控制的初步探索，由于作者水平有限，书中难免存在不妥和疏漏之处，殷切希望读者给予批评指正。

目 录

绪 论

　　水力机械内部非稳态流动诱发的水力激励力是造成机械产生压力脉动和振动噪声的重要来源,水力激励力诱发湍流噪声的外部表现是在频谱上呈现典型的宽频特征。随着水力机械朝高速化、大型化,尤其是高能量密度方向发展,振动噪声对水力机械的安全、稳定运行影响巨大。水力激励振动往往会引起轴承、密封件的破坏,因而在核电、化工、船舶等领域对水力机械的振动噪声性能提出了严格的要求,特别是与军事装备相关的水下航行体,振动噪声性能直接和装备的隐蔽性相关。因此,水力机械内部非稳态流动激励特性的研究对提高其运行稳定性及低噪声特性具有至关重要的意义。

　　离心泵作为一种典型的、具有广泛应用领域的水力机械,其内部呈现三维非稳态流动结构特征,水力激励特性复杂。离心泵内部的水力激励源主要有叶轮-隔舌动静干涉作用、空化、二次流、偏工况进出口回流、流动分离、叶片出口非均匀流动结构等,且不同流动结构的激励特性及内流机制各异。因此,探明非稳态流动结构的产生、发展、演变过程及其与激励的关联特性是低振动噪声离心泵水力设计的根本途径。

　　离心泵内振动噪声产生源复杂,除了上述水力因素外,机械因素也是振动噪声能量的重要来源,包括转子质量分布不均匀、轴系对中性差、轴承支撑、摩擦、系统刚度、临界转速、泵与管路耦合等。

0.1　泵振动噪声特性

　　在众多领域,振动噪声已经成为泵的关键性能指标,当泵产生高幅振动时,易对结构部件造成不可逆损伤,危害泵乃至整个系统的正常运行。因此,在泵的设计及试验过程中,其振动指标是必须考虑的设计因素。比如在核电领域,在设计过程中对一、二回路核电用泵提出了多工况点振动性能指标要求,以保障循环系统回路的安全运行。表 0.1 给出了 AP1000 用 CVS 化容补水泵各工况点的设计参数[1]。

表 0.1　AP1000 用 CVS 化容补水泵设计参数

工况	流量 $Q/$ $(m^3 \cdot h^{-1})$	扬程 H/m	$NPSH_a/m$	$NPSH_r/m$	振动速度/ $(mm \cdot s^{-1})$
关死点	0	1 844~2 022	—	—	
最小流量	11.4	1 828~1 996	15.74		<3.9
设计流量	34.1	1 737~1 859	15.17		<3.0
最大流量	42.1	1 687~1 798	14.49	≤10.86	<3.0

　　泵的振动原因复杂,其频谱成分多样,在低频段,振动信号多呈现离散特性,而在高频段,其多呈现宽带噪声特性。图 0.1 给出了离心泵典型的振动加速度频谱特性,此时泵的叶片数 $Z=6$,转速 $n=1\ 450$ r/min。从图中可以明显地捕捉到低频段的叶轮旋转频率 24 Hz 及其倍频信号,同时也可以获得叶轮-隔舌动静干涉作用诱发的叶片通过频率信号 145 Hz。

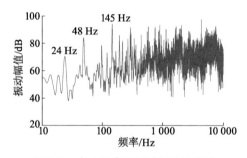

图 0.1　离心泵典型振动加速度频谱

　　对于旋转机械振动能量的评估,通常可以采用振动位移 $x(t)$、振动速度 $v(t)$、振动加速度 $a(t)$、振动烈度 V_{ins} 对其进行计算。

　　工程应用中,多采用振动加速度级来表征加速度大小,单位为 dB,计算公式为

$$L_a = 20\lg\left(\frac{a}{a_r}\right) \tag{0.1}$$

式中:a_r 为参考基准加速度,$a_r = 10^{-6}$ m/s²。

　　同理,可以采用公式(0.1)来计算振动速度级和位移级,其参考基准分别为 $v_r = 10^{-9}$ m/s 和 $x_r = 10^{-12}$ m。

　　工程中还经常采用振动烈度来评价振动能量。振动烈度为物体振动速度的均方根值,即振动速度的有效值,其反映了包含各次谐波能量的总振动

能量。振动烈度是衡量机械振动等级的重要参数。

$$V_{\text{ins}} = \sqrt{\frac{1}{T}\int_0^T v^2(t)\,\mathrm{d}t} \tag{0.2}$$

我们国家在 GB/T 29531—2013《泵的振动测量与评价方法》中对泵的振动等级做了明确的规定,根据标准,通常将泵分为 4 类,如表 0.2 所示[2]。

表 0.2　泵的分类

泵类别	转速/(r · min^{-1})		
	中心高≤225 mm	225 mm<中心高≤550 mm	中心高>550 mm
第一类	≤1 800	≤1 000	
第二类	>1 800~4 500	>1 000~1 800	>600~1 500
第三类	>4 500~12 000	>1 800~4 500	>1 500~3 600
第四类		>4 500~12 000	>3 600~12 000

通常可以将泵的振动烈度分为 4 个等级,即 A,B,C,D,其中 D 为不合格(见表 0.3)。在评价泵的振动烈度级时,振动加速度测量系统的频率范围应覆盖 10~8 000 Hz,振动烈度测量系统的频率范围应覆盖 10~1 000 Hz,对于低转速泵($n<600$ r/min),其通频响应范围下限一般应达到 2 Hz,相关测量方法见标准[2]。

表 0.3　泵的振动烈度等级评价

振动烈度范围		评价泵的振动级别			
振动烈度级	振动烈度分级界线/(mm · s^{-1})	第一类	第二类	第三类	第四类
0.28					
	——— 0.28 ———				
0.45		A	A	A	A
	——— 0.45 ———				
0.71					
	——— 0.71 ———				
1.12		B			
	——— 1.12 ———				
1.80			B		
	——— 1.80 ———				
2.80		C		B	
	——— 2.80 ———				
4.50			C		B
	——— 4.50 ———				
7.10				C	
	——— 7.10 ———				
11.20		D			C
	——— 11.20 ———				
18.00			D		
	——— 18.00 ———			D	
28.00					D
	——— 28.00 ———				
45.00					

当泵在运行过程中出现异常振动噪声时,其产生的原因可以总结为两个大类,即制造加工、安装维护等原因和水力原因。

对于设备的加工、安装原因,产生异常振动噪声的可能诱因包括:

① 泵和驱动电机不对中,其易诱发叶轮旋转频率及 2 倍频信号,为了降低泵的振动噪声能量,安装过程中应严格保证驱动轴系的对中性。

② 基础不牢固,底座或基础设计不良,在紧固螺栓松动及底座设计不良的条件下,高速旋转的泵系统将导致底座产生异常振动,解决的措施包括紧固螺栓、增加底座质量、增大底座刚度,从而抑制振动能量。

③ 轴承润滑系统不合理,滚动轴承室中的润滑脂或润滑油过多或没有进行冷却,使轴承温度过高,润滑不足,污物进入轴承,水进入轴承室使轴承锈蚀等。对水冷却轴承过度冷却,使由大气进入轴承室的湿气凝结。

④ 不均匀受热膨胀,对于高温泵而言,当泵输送高温介质时,零部件的不均匀受热膨胀会导致动静部件之间的摩擦,从而引起异常振动。

⑤ 吸入管路或排出管路有阻碍物,管路安装不正确引起的泵应变。

⑥ 转子系统的偏心、不平衡现象诱发的剧烈振动噪声问题,此时应提高加工质量,保证转子系动平衡,转子偏心及运动轨迹如图 0.2 所示[3,4]。

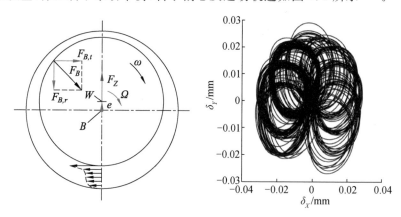

图 0.2 转子偏心及运动轨迹示意图

⑦ 转子系设计不合理诱发的系统共振现象,当泵转速与底座或基础转子系的自振频率相等时,易发生共振现象,造成剧烈振动,影响设备的安全运行;尤其在多级泵中,由于转子轴系跨度较大,设计的时候应关注转子系统的支撑、刚度、临界转速等问题,以确保转子系统的临界转速处于合理范围。

水力原因主要包括以下因素:

动静干涉是高幅压力脉动、振动、噪声的重要诱因,也是泵内水力诱发振动的关注重点,当叶轮外径和蜗壳隔舌、导叶之间距离太小时,从叶轮流出的液体将与静止部件产生剧烈的干涉作用,从而诱发泵的异常振动。在进行低噪声设计时,应关注动静干涉间隙大小,适当增大动静干涉间隙可以有效地降低压力脉动及振动能量,图0.3给出了两种不同间隙条件下泵的振动能量对比结果[5]。

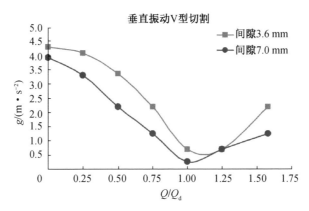

图 0.3 离心泵动静干涉间隙及运行工况对振动能量的影响

当泵工作在偏工况条件下时,叶轮及导叶内部将产生流动分离现象,易造成振动能量的快速上升,如图0.3所示,可以看出,小流量工况时,泵的振动能量快速上升,此时泵的设计参数为 $Q=45$ m³/h, $H=25$ m, $n=3\,540$ r/min[5]。

驼峰现象是泵内重要的非稳态流动特征,对泵的压力脉动、振动特性都将产生显著的影响,尤其在轴流泵内,驼峰现象的产生工况点比较接近泵的设计工况点(通常在 $0.6Q_d \sim 0.8Q_d$ 区间,其中 Q_d 为设计流量),因此对泵及系统的稳定运行都会造成影响。图0.4给出了轴流泵性能及振动能量曲线,可以看出,当驼峰现象出现时,泵的振动能量明显上升。该轴流泵的设计参数为 $Q=312$ m³/h, $H=2.95$ m, $n=1\,450$ r/min[6]。

空化是泵的重要噪声源,当泵内出现空化或者局部空化现象时(流道内飞边、毛刺或锐边等引起的空化,隔舌附近产生的空化现象),会对泵的全频段信号产生影响,在空化条件下,泵的振动噪声能量将快速上升。图0.5为 Mirko Čudina 等对离心泵空化噪声的测量结果,可以看出空化对全频段噪声频谱皆产生了明显影响[7]。

当泵安装不合理时,易在泵的进口产生吸入旋涡,吸入旋涡将导致泵叶轮进口区域的流场均匀性变差,不同叶片受力差异显著,从而诱发轴系产生大幅振动,最终导致振动能量快速上升。

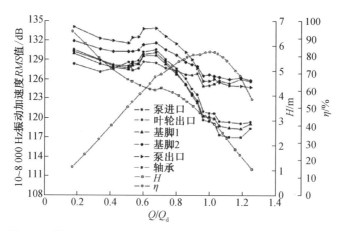

图 0.4 轴流泵 10～8 000 Hz 频段内振动能量随流量的变化特性

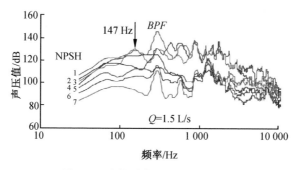

图 0.5 空化对离心泵噪声的影响

除了上述主要水力原因外,泵与系统匹配不当诱发的喘振、输运介质中存在大量空气、叶轮-蜗壳匹配差、叶轮的变形等也可能诱发异常振动。图 0.6 给出了水力机械内不同水力因素可能诱发激励信号的频率范围[8]。

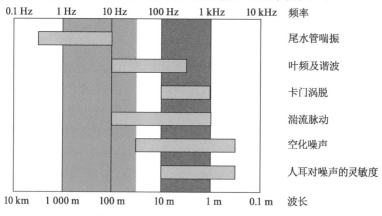

图 0.6 不同水力因素诱发的频率范围

0.2　泵内流激励特性的研究现状

下面将介绍泵内主要内流激励的研究现状,重点关注动静干涉作用、尾迹流演化及干涉、复杂空化流动和非稳态旋转失速现象。

0.2.1　泵内动静干涉作用

动静干涉作为泵内最重要的水力激励源,其外部表征为强烈、周期性的压力信号波动,频谱表现为离散的激励频率特性,如图 0.7 所示[9]。因此,国内外众多学者对泵的压力脉动特性展开研究,探索其与运行工况、泵结构参数之间的关联。

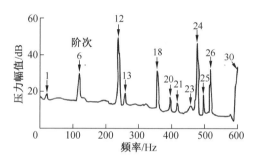

图 0.7　动静干涉诱发的典型频谱特性(叶轮叶片数 $Z_r=6$,导叶叶片数 $Z_s=11$)

（1）试验研究

Parrondo-Gayo 等[10]重点研究不同工况对离心泵叶频处压力脉动幅值的影响,获得了叶频幅值随运行工况的变化规律。González 等[11]研究了蜗壳圆周方向上叶频幅值的分布特性,认为压力脉动能量在远离隔舌区域呈不断衰减变化规律,并基于压力沿蜗壳周向均匀分布假设,初步构建了叶频幅值的预测模型。Wang 等[12]对导叶式混流泵的压力脉动信号进行分析,获得了轴向压力脉动频谱的变化特性。Yao 等[13]综合采用 FFT 和 AOK-TRF 信号分析技术对压力脉动信号进行时/频域研究,探讨了运行工况对转频、叶频及高次谐波的影响,认为偏工况时压力脉动幅值将快速上升。Guo 等[14]在离心泵叶轮、导叶内布置压力测点,比较全面地探明了具有导叶结构离心泵不同运行工况下压力频谱的变化特征。

（2）数值计算

众多学者试图通过高精度数值计算方法及信号分析手段,揭示泵内部复杂流动结构与激励压力脉动的相关特性。Spence 等[15]研究了 4 种不同几何参数对双吸泵压力脉动性能的影响,包括前盖板-蜗壳轴向间隙、口环间隙、叶轮-蜗壳壁面距离和导叶安放形式,研究认为不同参数对压力脉动影响的贡献度各异。Barrio 等[16]基于 RANS 方法研究不同工况对离心泵压力脉动和径向力的影响,获得了叶频幅值的圆周分布规律。Posa 等[17]采用 LES 方法细致分析了具有导叶结构离心泵在小流量工况下的内部流动特征,获得了泵内流动分离和回流等结构。Ni 等[18]采用 LES 方法研究混流泵内涡结构分布与压力脉动的关系,初步探讨了泵内部的涡量分布特征,以及导叶出口类卡门涡的脱落、演化过程。Pavesi 等[19]基于先进的小波变换时/频域分析技术,获得了不同转速、流量工况下离心泵压力频谱特征,并通过相关分析技术刻画了不同测点压力信号的互相关程度。Gao 等[20]研究认为数值计算方法可以较好地获得离心泵叶频处的压力脉动信号,但欠缺对低频信号的捕捉能力。

（3）动静干涉流动控制

研究动静干涉的主要目的是探索控制泵内压力脉动能量的相关方法,为低噪声离心泵水力设计提供控制策略,目前工程应用中已经总结出部分有效的控制手段。Zhang 等[21]提出了一种特殊结构的侧壁式蜗壳,通过试验证明了其低压力脉动特性,并分析了其对压力脉动信号的影响机理。Yang 等[22]研究叶轮/蜗壳基圆间隙对压力脉动特性的影响,认为适当增大间隙可以显著地降低泵叶频处的压力脉动能量。Gülich[9]通过统计得出当间隙率小于10%时,增大间隙可以有效地降低离心泵的压力脉动能量;当间隙率大于10%时,增大间隙对压力脉动能量影响较小。Khalifa 等[23]认为双蜗壳可以起到降低离心泵压力脉动能量的作用,并提出在工程中可以通过斜切叶片出口达到降低压力脉动能量的目的。叶轮出口典型的射流-尾迹结构对离心泵压力脉动能量的影响较为显著,Kergourlay 等[24]研究了短叶片对射流-尾迹结构的抑制作用,证实叶轮出口均匀的流场结构可以起到降低泵内压力脉动能量的作用。

以上研究表明,离心泵内动静干涉作用激励压力脉动的相关频谱及能量变化特性已被基本揭示,尤其是叶频处压力脉动幅值的变化规律,并且部分可应用于工程实践中的低压力脉动控制方法已被掌握。目前对于低振动噪声离心泵水力设计而言,大量烦琐的优化设计工作是实现低压力脉动能量控制的主要途径,且基于经验的研究结论往往不具有普遍性。动静干涉的内在流动机制研究及内流激励响应特征的建立,是解决离心泵低噪声设计的有效策略,也是实现低噪声离心泵设计技术突破的根本途径。

0.2.2　叶片尾迹流动结构及激励特性

受有限叶片数及叶轮的高速旋转作用影响,叶轮出口呈现非均匀流场结构特征,具体表现为典型的射流-尾迹结构。此外,叶轮出口流体将周期性地从叶片背面、工作面脱落,形成尾迹流,并与隔舌产生撞击、干涉作用。因此,可以推断叶轮出口尾迹流动的主动控制是实现低噪声控制的重要途径,然而相关研究在离心泵内仍较为匮乏。图 0.8 给出了离心泵叶轮内射流-尾迹结构的形成示意图[25]。

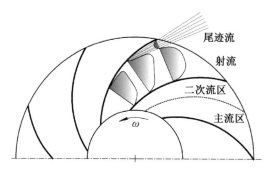

图 0.8 离心泵叶轮内射流-尾迹示意图

非稳态尾迹流演变过程及激励特性,尤其是以圆柱绕流形成的卡门涡街尾迹流动为主要研究对象,是流体力学长期研究的经典问题,主要关注流动转捩、尾迹边界层分离、尾迹涡演化、卡门涡街脱落模式等基础流动规律。尾迹流演化及干涉过程同样是流体机械领域的研究重点,由于存在周期性旋转作用,尾迹流演化及干涉过程和圆柱绕流基础研究存在显著不同。在压气机领域,研究人员着重探讨了上游尾迹耦合下游静叶产生的一系列湍流流动结构,并取得了较丰富的研究成果。然而,由于介质属性、结构的不同,压气机的尾迹流研究成果虽有一定的借鉴意义,但不具有普遍性,不能完全应用于泵领域。

在离心泵领域,关于尾迹流干涉诱发的湍流脉动等物理本质现象的研究较少见诸报道,叶片旋转作用下的尾迹涡周期脱落、演化、干涉过程机理尚不清楚。相关研究集中在泵内不同工况流动结构刻画,研究人员多采用高精度数值计算及非接触式可视化试验手段捕捉泵内精细流场的时空分布特性。试验研究方面,Feng 等[26]采用 LDV 逐点测量分析技术,探索了具有导叶结构离心泵叶轮出口速度的圆周分布特征,重点测量了动静干涉发生区域,即叶轮-导叶间隙部位速度场的分布及脉动特性。Westra 等[27]采用 PIV 技术对离心泵叶轮流道内的二次流动结构展开研究,获得了不同工况叶轮内主要流场结构及二次流的变化规律。Keller 等[28]基于时间分辨 PIV 技术对离心泵叶片出口尾迹流进行动态、连续捕捉,真实呈现了大流量工况尾迹流干涉隔舌的发展过程。数值计算方面,Zhang 等[29]采用 LES 方法研究了低比转速离心泵内涡量分布及演化过程,初步揭示了涡量强度和压力脉动能量的关联特性。Posa 等[30]基于 LES 方法研究了小流量工况下泵内湍流场的时均分布特性,获得了极小流量工况下泵内速度、湍动能等参数的变化规律。此外,作者还探讨了将浸入边界法应用于流体机械中的可能性,以解决因动静交界面网格不连续导致的流动畸变问题,从而影响尾迹流真实演变过程的捕捉。

在尾迹流及激励特性控制方面,研究人员多从翼型、叶栅绕流问题出发,探讨不同叶片出口形状对尾迹流及激励湍流脉动能量的影响规律,在流体机械领域也偶有相关研究报道。Zobeiri 等[31]对比了出口斜切对翼型绕流诱发振动能量的影响,认为出口斜切将改变卡门涡脱落点,诱发上下表面尾迹涡的碰撞,减弱涡脱强度,达到降低涡激振动水平的目的。Krentel 等[32]对具有锯齿状出口的翼型进行 PIV 绕流测量,同样认为设计良好的翼型出口形状可以有效地降低尾迹涡脱落强度。Paterson 等[33]采用 DES 方法研究了平板出口形状对尾迹流的影响,获得了不同形状对平板绕流分离、尾迹涡脱落及激励压力脉动特性的影响。Heskestad 等[34]详细分析了不同叶片出口形状对水轮机振动特性的影响,并建立了叶片出口形状与激励振动能量的关系图谱,研究结论具有较强的工程应用价值。Gao 等[35]从降低离心泵叶片出口脱落涡强度角度出发,研究 5 种叶片出口形状对低比转速离心泵涡量分布及压力脉动特性的影响,研究证实良好的叶片工作面修整可以达到降低离心泵涡脱强度及压力脉动能量的目的。Wu 等[36]研究了叶片出口修型对混流泵性能的影响,并获得了不同叶片出口形状与叶轮内流动结构分布特性的对应关系。

综上可以看出,尾迹涡脱落、干涉诱发的相关复杂流场结构及激励特性研究已经成为流体机械内流研究的热点及趋势,是揭示和描绘动静干涉内流作用机理的主要途径,然而相关研究在泵领域相对滞后,已有的少量研究未能深入探讨尾迹流与激励湍流信号的内在关联。离心泵内存在动静干涉作用下的非稳态尾迹流动结构,尾迹流演化、干涉机理尚不明确,未能建立其与压力脉动的映射关系,离心泵内尾迹流的研究及其控制是泵内低噪声研究及水力设计的新方向。

0.2.3 空化激励特性

空化是离心泵内部重要的激励源,在泵运行过程中或多或少都存在空化现象,尤其是在某些苛刻、极端的运行条件下,空化的产生对泵的稳定运行极为不利。由于空泡溃灭的随机性,其生命周期各异,因此空泡溃灭过程中将释放宽频噪声信号,空泡溃灭的激励能量和空化发展过程密切相关,因此空化激励特性的研究对预防、监测、避免空化的产生具有积极的意义。目前空化研究的 3 个主要方向为空化的数值计算、空化的可视化研究和空化诱导振动噪声研究。

Singhal 等[37]建立了全空化数学模型,并采用该模型对翼型和淹没圆柱体绕流空化流动进行了数值计算,通过和试验对比验证了全空化模型可以较好地预测空化的产生、发展和演变过程。然而由于该模型假定了空化的等温发展过程,因此也存在一定的缺陷。刘宜等[38]采用全空化模型对泵内空化特征进行研究,得到了叶轮内部空泡分布特性及其随 NPSH 下降的发展过程。Liu 等[39]通过修改现有的空化模型对水泵水轮机空化特性进行研究,准确预测了空化产生位置及装置的空化外特性曲线。李军等[40]采用单相空化模型研究了空化对泵性能的影响,分析得到叶片表面的空泡体积、区域、长度等都将随着 NPSH 的降低而增加,导致叶轮流道堵塞,最终影响到泵的扬程和效率。

空化可视化试验是分析空化演变机理的重要研究手段,由于空化的非稳态运动特性,通常采用高速摄影技术捕捉空化结构、形态随 NPSH 下降的时/空发展过程。目前已经有大量的参考文献对翼型空化进行了详细探索,基本探明了翼型空化演变的几个阶段,包括典型的片状空化、云状空化、泡状空化、超空化,基本弄清了各个阶段空化形成机理及其非定常发展特性[41]。然而在水力机械空化可视化研究方面还存在着较大的不足,由于叶轮的旋转作用,泵内空化可视化研究困难较大,空化阶段划分模糊,不同阶段空化结构的非稳态运动特性也缺乏深入分析,因此需要对泵内空化可视化继续进行深入研究。

Friedrichs 等[42]采用高速摄影技术和可视化手段对离心泵空化特性进行研究,并采用现代图像处理技术对叶片表面空泡区域进行处理,得到了空泡分布特性及空泡区域随叶轮旋转的非稳态演变过程。由于轴流式水力机械的可视化拍摄区域存在较大的便捷性,目前已有较丰富的文献对轴流式水力机械内部的空化特性进行了研究。Tan 等[43]对轴流泵内部空化演变过程进行了细致分析,尤其是叶顶泄漏空化、云状空化的形成、发展机理,首次捕捉到了垂直空化涡结构,并对其形成机理进行了解释。Zhang 等[44]同样对轴流泵的空化特性进行了可视化研究,分析了叶顶泄漏空化涡的发展过程,并捕捉到了垂直空化涡,认为该空化结构具有普适性。Rus 等[45]分析了 Francis 水轮机的空化分布特性,研究了叶片表面不同位置处的空化结构及其随有效空化余量的演变过程。

空化诱导振动噪声研究是水力机械空化在线实时监测技术实现的理论基础。常规的空化判据为 3％扬程下降点,然而在泵实际运行过程中,在扬程临界空化点前,泵的振动噪声能量已经开始出现明显上升,因此常规扬程临界空化点判据不能有效地判断空化初生点,如图 0.9 所示[46]。因此,空化诱导振动噪声研究对空化的产生进行及时监测、识别、发现具有实际的应用价值。

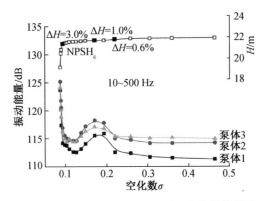

图 0.9 离心泵空化发展过程对振动能量的影响

Mcnulty 等[47]研究了空化初生、发展对噪声能量的影响,通过对比空化性能和噪声能量曲线,认为从空化诱导噪声角度出发可以提早判断空化初生现象,然而研究中忽略了低频信号,仅对高频噪声信号进行分析。Chudina[48]研究了离心泵空化发展过程对噪声性能的影响,分析了典型离散信号处(叶频、轴频)噪声能量随空化的变化趋势以及空化对不同频段噪声能量的影响,认为可以采用噪声监测技术来判断空化是否发生。Christopher 等[49]研究了空化对具有不同叶片进口边形状离心泵振动能量的影响,从空化诱导振动角度出发分析了空化振动初生点、空化振动临界点与空化性能曲线的关系,证实扬程临界空化点空化数远小于振动临界点空化数,即在达到扬程临界空化点之前,空化早已发生,并且已经影响到泵的振动能量性能。

目前空化及其激励特性研究仍存在不少问题,特别是空化模型精度欠佳,由于空化模型一般建立在诸多假设之上,因此其对空化的预测能力还未能令人完全满意。此外,泵内不同阶段空化形态界定模糊,空化演变过程研究缺乏,空化性能、空化形态、空化诱导振动关联研究欠缺,部分学者仅对振动噪声部分频段进行研究。由于翼型及轴流式水力机械在结构上存在拍摄的便捷性,目前已经有较多的文献对其内部空化发展形态及激励特性进行研究。而离心泵的空化激励特性研究较少,尤其在空化激励压力脉动研究方面,相关研究文献极少,因此有深入研究的必要。

0.2.4　旋转失速特性

非稳态旋转失速现象经常出现在压气机内,当压气机工作在特定工况下,叶轮流道内将出现明显的流动分离现象,进而诱发非稳态旋转失速团,并在流道内周期性传播,最终诱发旋转失速现象,激励出低频脉动信号。研究一般认为旋转失速频率小于此时的轴频,失速频率为 0.5~0.7 倍轴频。

在离心泵中,同样会出现非稳态旋转失速现象,其表现为叶轮内部大尺度的流动分离现象,这种强非稳态流动现象会严重影响机组的安全运行。当失速团在叶轮或者导叶流道内传播时,其频率一般小于转频的 0.25 倍。目前,泵内旋转失速的研究主要集中在以下几个方面,包括失速的特征参数、失速的影响因素、失速类型及诱发条件[50]。

旋转失速点为重要的失速参数。扬程曲线的正斜率拐点一般被认为是旋转失速点,此时随着流量的减小,扬程并没有出现明显的上升现象,该流量临界点即为旋转失速点。也有学者认为扬程曲线的正斜率与旋转失速并不存在必然关系,如 Greitzer[51] 认为即使在正斜率条件下,泵内也可能没有发生旋转失速现象。失速团在旋转失速中扮演重要角色,目前仍没有形成统一的定义,部分学者认为叶轮内的低压区即为失速团[52],Krause 等[53] 则认为叶轮流道进口的流动分离结构为失速团。旋转失速出现时,叶轮流道内可能存在多个失速团。失速频率是研究人员重点关心的参数,不同泵型及参数配比时,失速频率会呈现明显的差异性,研究认为泵内失速频率一般小于叶轮旋转频率。

影响旋转失速的因素较多,目前仍未建立起旋转失速现象与泵几何参数之间的内在关联。总的来看,旋转失速的主要影响参数为泵的运行工况、叶片数、叶轮转速、动静干涉等。

泵内旋转失速类型一般分为两种,分别为旋转失速和交替失速。Krause 等[53] 采用 PIV 测试技术对离心泵内非稳态旋转失速现象进行研究,发现小流量工况下叶轮内部出现旋转失速现象。Pedersen 等[54] 同样研究了离心泵的旋转失速现象,发现当泵工作在 $0.25Q_d$ 工况时,叶轮内部出现失速和非失速流道交替分布的复杂流动现象。针对失速诱发条件,一般认为流量的减小是触发失速产生的条件,此时泵性能的外在表现为扬程曲线出现正斜率现象。

目前来看,泵内复杂旋转失速现象的研究仍不充分,在失速形成机理、传播规律、影响因素、失速频率等研究方面仍需继续探索。

参考文献

［1］于栋. AP1000 CVS 化容补水泵的设计研究. 镇江:江苏大学,2017.

［2］GB/T 29531—2013,泵的振动测量与评价方法.

［3］Zhou W J，Qiu N，Wang L Q，et al. Dynamic analysis of a planar multi-stage centrifugal pump rotor system based on a novel coupled model. Journal of Sound and Vibration，2018，434:237 – 260.

［4］Braun O. Part load flow in radial centrifugal pumps. Lausanne：École Polytechnique Fédérale de Lausanne，2009.

［5］Khalifa A E. Experimental and numerical investigation of flow induced vibration in a high pressure double volute centrifugal pump. Dhahran：King Fahd University of Petroleum and Minerals，2009.

［6］李忠. 轴流泵内部空化流动的研究. 镇江:江苏大学,2011.

［7］Čudina M，Prezelj J. Detection of cavitation in situ operation of kinetic pumps：Effect of cavitation on the characteristic discrete frequency component. Applied Acoustics，2009，70(9):1175 – 1182.

［8］Dörfler P，Sick M，Coutu A. Flow-induced pulsation and vibration in hydroelectric machinery. Springer-Verlag London，2013.

［9］Gülich J F. Centrifugal pumps. Springer Heidelberg Dordrecht London New York，2014.

［10］Parrondo-Gayo J L，González-Peérez J，Fernández-Francos J. The effect of the operating point on the pressure fluctuations at the blade passage frequency in the volute of a centrifugal pump. ASME J. Fluids Eng，2002，124(3):784 – 790.

［11］González J，Fernández J，Blanco E，et al. Numerical simulation of the dynamic effects due to impeller-volute interaction in a centrifugal pump. ASME J. Fluids Eng，2002，124(2):348 – 355.

［12］Wang K，Liu H L，Zhou X H，et al. Experimental research on pressure fluctuation and vibration in a mixed flow pump. Journal of Mechanical Science and Technology，2016，30(1):179 – 184.

［13］Yao Z F，Wang F J，Qu L X，et al. Experimental investigation of time-frequency characteristics of pressure fluctuations in a double-suction centrifugal pump. ASME J. Fluids Eng，2011，133(10):101303.

［14］Guo S J，Maruta Y. Experimental investigations on pressure fluctuations and vibration of the impeller in a centrifugal pump with vaned diffusers. JSME Int. J. Ser. B，2005，48(1):136 – 143.

［15］Spence R，Amaral-Teixeira J. A CFD parametric study of

geometrical variations on the pressure pulsations and performance characteristics of a centrifugal pump. Comput. Fluids, 2009, 38(6):1243 – 1257.

[16] Barrio R, Fernández J, Blanco E, et al. Estimation of radial load in centrifugal pumps using computational fluid dynamics. European Journal of Mechanics – B/Fluids, 2011, 30(3):316 – 324.

[17] Posa A, Lippolis A, Balaras E. Large-eddy simulation of a mixed-flow pump at off-design conditions. ASME J. Fluids Eng, 2015, 137: 101302.

[18] Ni D, Yang M G, Gao B, et al. Flow unsteadiness and pressure pulsations in a nuclear reactor coolant pump. Strojniški vestnik – Journal of Mechanical Engineering, 2016, 62(4):231 – 242.

[19] Pavesi G, Cavazzini G, Ardizzon G. Time-frequency characterization of the unsteady phenomena in a centrifugal pump. Int. J. Heat Fluid Flow, 2008, 29(5):1527 – 1540.

[20] Gao Z X, Zhu W R, Lu L, et al. Numerical and experimental study of unsteady flow in a large centrifugal pump with stay vanes. ASME J. Fluids Eng, 2014, 136(7):071101.

[21] Zhang N, Yang M G, Gao B, et al. Experimental investigation on unsteady pressure pulsation in a centrifugal pump with special slope volute. ASME J. Fluids Eng, 2015, 137:061103.

[22] Yang S S, Liu H L, Kong F Y, et al. Effects of the radial gap between impeller tips and volute tongue influencing the performance and pressure pulsations of pump as turbine. ASME J. Fluids Eng, 2014, 136: 1 – 8.

[23] Khalifa A, Al-Qutub A, Ben-Mansour R. Study of pressure fluctuations and induced vibration at blade-passing frequencies of a double volute pump. Arabian J. Sci. Eng, 2011, 36(7):1333 – 1345.

[24] Kergourlay G, Younsi M, Bakir F, et al. Influence of splitter blades on the flow field of a centrifugal pump: Test-analysis comparison. Int. J. Rotating Mach, 2007, 4:1 – 13.

[25] Nicholas P. Experimental investigation of flow structures in a centrifugal pump impeller using Particle Image Velocimetry. Kgs. Lyngby: Technical University of Denmark, 2001.

[26] Feng J J, Benra F K, Dohmen H J. Investigation of periodically unsteady flow in a radial pump by CFD simulations and LDV measurements. ASME J. Turbomach, 2011, 133(1):011004.

[27] Westra R W, Broersma L, Andel K V, et al. PIV measurements and CFD computations of secondary flow in a centrifugal pump impeller. ASME J. Fluids Eng, 2010, 132:061104.

[28] Keller J, Blanco E, Barrio R, et al. PIV measurements of the unsteady flow structures in a volute centrifugal pump at a high flow rate. Exp. Fluids, 2014, 55(10):1820.

[29] Zhang N, Yang M G, Gao B, et al. Investigation of rotor-stator interaction and flow unsteadiness in a low specific speed centrifugal pump. Strojniški vestnik – Journal of Mechanical Engineering, 2016, 62(1):21 – 31.

[30] Posa A, Lippolis A, Verzicco R, et al. Large-eddy simulations in mixed-flow pumps using an immersed-boundary method. Comput. Fluids, 2011, 47(1):33 – 43.

[31] Zobeiri A, Ausoni P, Avellan F, et al. How oblique trailing edge of a hydrofoil reduces the vortex-induced vibration. Journal of Fluids and Structures, 2012, 32:78 – 89.

[32] Krentel D, Nitsche W. Investigation of the near and far wake of a bluff airfoil model with trailing edge modifications using time-resolved particle image velocimetry. Exp Fluids, 2013, 54:1551 – 1567.

[33] Paterson E G, Peltier L J. Detached eddy simulation of high-Reynolds-number beveled trailing edge boundary layers and wakes. ASME J. Fluids Eng, 2005, 127:897 – 906.

[34] Heskestad G, Olberts D R. Influence of trailing-edge geometry on hydraulic-turbine-blade vibration resulting from vortex excitation. ASME J. Eng. Power, 1960, 82(2):103 – 109.

[35] Gao B, Zhang N, Li Z, et al. Influence of the blade trailing edge profile on the performance and unsteady pressure pulsations in a low specific speed centrifugal pump. ASME J. Fluids Eng, 2016, 138(5):051106.

[36] Wu D Z, Yan P, Chen X, et al. Effect of trailing-edge modification of a mixed-flow pump. ASME J. Fluids Eng, 2015, 137(10):101205.

[37] Singhal A K, Athavale M M, Li H, et al. Mathematical basis and

validation of the full cavitation model. ASME J. Fluids Eng，2002，124(3)：617 - 624.

[38] 刘宜，赵希枫，蔡玲春，等.离心泵内部流场的三维空化湍流的数值计算. 兰州理工大学学报，2009，35(1):50 - 53.

[39] Liu J T，Wu Y L，Liu S H. Study of unsteady cavitation flow of a pump-turbine at pump mode. IOP Conf. Ser. Mater. Sci. Eng，2013，52(6)：062021.

[40] 李军，刘立军，丰镇平.附着空化流动下离心泵水力性能数值预测. 西安交通大学学报，2006，40(3):257 - 260.

[41] Ji B，Luo X W，Arndt R E A，et al. Large Eddy Simulation and theoretical investigations of the transient cavitating vortical flow structure around a NACA66 hydrofoil. Int. J. Multiph. Flow，2015，68:121 - 134.

[42] Friedrichs J，Kosyna G. Rotating cavitation in a centrifugal pump impeller of low specific speed. ASME J. Fluids Eng，2002，124(2):356 - 362.

[43] Tan D，Li Y，Miorini R，et al. Role of large scale cavitating vortical structures in the rotor passage of an axial waterjet pump in performance breakdown. Symp. Nav. Hydrodyn，2014，137:1 - 14.

[44] Zhang D，Shi W，Pan D，et al. Numerical and experimental investigation of tip leakage vortex cavitation patterns and mechanisms in an axial flow pump. ASME J. Fluids Eng，2015，137:121103.

[45] Rus T，Dular M，Siirok B，et al. An investigation of the relationship between acoustic emission, vibration, noise, and cavitation structures on a Kaplan turbine. ASME J. Fluids Eng，2007，129:1112 - 1122.

[46] Gao B，Guo P M，Zhang N，et al. Experimental investigation on cavitating flow induced vibration characteristics of a low specific speed centrifugal pump. Shock and Vibration，2017：6568930.

[47] Mcnulty P J，Pearsall I S. Cavitation inception in pumps. ASME J. Fluids Eng，1982，104(1):99 - 104.

[48] Chudina M. Noise as an indicator of cavitation in a centrifugal pump. Acoust. Phys，2003，49(4):463 - 474.

[49] Christopher S，Kumaraswamy S. Identification of critical net positive suction head from noise and vibration in a radial flow pump for

different leading edge profiles of the vane. ASME J. Fluids Eng, 2013, 135(12): 121301.

［50］周佩剑. 离心泵失速特性研究. 北京:中国农业大学,2015.

［51］Greitzer E M. The stability of pumping system—the 1980 freeman scholar lecture. ASME J. Fluids Eng, 1981, 103(2):193 - 242.

［52］Giannissis G L, Mckenzie A B, Elder R L. Experimental investigation of rotating stall in a mismatched three stage axial flow compressor. Journal of Turbomachinery, 1989, 111(4):418 - 425.

［53］Krause N, Pap E, Thevenin D. Influence of the blade geometry on flow instabilities in a radial pump elucidated by time resolved particle image velocimetry. ASME Turbo Exop: Power for Land, Sea and Air,2007.

［54］Pedersen N, Larsen P S, Jacobsen C B. Flow in a centrifugal pump impeller at design and off-design conditions—part Ⅰ: particle image velocimetry(PIV) and laser Doppler velocimetry (LDV) measurements. ASME J. Fluids Eng, 2003, 125(1):61 - 72.

1
离心泵非定常流动激励特性基础理论

离心泵振动是多种因素耦合的结果,整体而言,诱发泵振动的原因可以概括为水力因素和机械因素,图 1.1 给出了离心泵振动响应与水力、机械因素之间的关系图谱,本章将着重分析水力因素对泵压力脉动、振动噪声的影响。

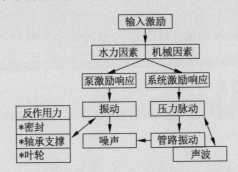

图 1.1　水力因素和机械因素的交互作用关系

1.1　振动基础理论

针对离心泵振动噪声,下面将简单介绍振动噪声相关的基础理论。

振动是指物体经过它的平衡位置所做的往复运动或某一物理量在其平衡值附近的来回变动。按能否用确定的时间函数关系式描述,可将振动分为两大类,即确定性振动和随机振动(非确定性振动)。确定性振动能用确定的数学关系式来描述,对于指定的某一时刻,可以确定一相应的函数值。随机振动具有随机特点,无法用精确的数学关系式来描述,只能用概率统计的方法来描述这种规律。

确定性振动又分为周期振动和非周期振动。周期振动包括简谐周期振动和复杂周期振动。简谐周期振动只含有一个振动频率。而复杂周期振动含有多个振动频率,其中任意两个振动频率之比都是有理数。非周期振动包括准周期振动和瞬态振动。准周期振动没有周期性,在所包含的多个振动频率中至少有一个振动频率与另一个振动频率之比为无理数。随机振动可分为平稳随机振动和非平稳随机振动,平稳随机振动是指振动的统计特性不随时间而变化。

当旋转水力机械处于稳定运行状态时,即保持流量、转速等参数恒定,虽然其振动参数无法用确定的函数来描述,但振动的统计特性不随时间变化,属于平稳随机振动,因此对某一工况下所采集的一段时间内的振动信号进行分析就可以得到该工况下水力机械的振动特性。

(1)周期振动

分析周期振动是研究振动理论的基础,而简谐振动是最简单的周期振动,其定义为:若质点离开平衡位置的位移随时间按余弦规律变化,则称质点做简谐振动(谐振动)。简谐振动的数学表达式为

$$x = A\cos(\omega t + \varphi) \tag{1.1}$$

式中:x 为振动位移;A 为振动幅值;ω 为角频率;φ 为振动开始时的相位。

设 T 为振动周期,即振子从某一状态(位置和速度)回到该状态所需要的最短时间,则振动频率 $f = \dfrac{1}{T}$,$\omega = 2\pi f$。

在进行振动分析时,还会经常用到振动速度、振动加速度及线性回复力,表达式分别为

$$v = A\omega\cos\left(\omega t + \varphi + \frac{\pi}{2}\right) \tag{1.2}$$

$$a = -A\omega^2\cos(\omega t + \varphi) = -\omega^2 x \tag{1.3}$$

$$F = ma = -m\omega^2 x = -kx \tag{1.4}$$

任何周期振动通过傅里叶级数分解后都可以表示成一系列简谐振动之和,各谐波的幅值由傅里叶级数的系数确定。其数学表达式为

$$x(t) = \frac{a_0}{2} + \sum_{n=1}^{\infty}\left[a_n\cos(n\omega t) + b_n\sin(n\omega t)\right] \tag{1.5}$$

(2)阻尼振动

由于外界摩擦和介质阻力的存在,任何振动系统在振动过程中都要不断克服外界阻力做功,消耗能量的同时振幅逐渐减小,经过一段时间振动就会完全停下来,这种振幅越来越小的振动叫作阻尼振动。阻尼振动动力学方程为

$$m\frac{\mathrm{d}^2 x}{\mathrm{d}t^2} = -kx - \gamma\frac{\mathrm{d}x}{\mathrm{d}t} \tag{1.6}$$

所受阻尼力

$$f_\gamma = -\gamma v = -\gamma \frac{\mathrm{d}x}{\mathrm{d}t} \tag{1.7}$$

式中：γ 为阻尼系数，$\gamma = 2\beta m$（β 为阻尼因子），令 $\omega_0^2 = \dfrac{k}{m}$，则式（1.6）变为

$$\frac{\mathrm{d}^2 x}{\mathrm{d}t^2} + 2\beta \frac{\mathrm{d}x}{\mathrm{d}t} + \omega_0^2 x = 0 \tag{1.8}$$

（3）受迫振动

当上述存在阻尼的振动系统受到周期性的策动力 $f = F_0 \cos \omega t$ 时，动力学方程变为

$$m \frac{\mathrm{d}^2 x}{\mathrm{d}t^2} = -kx - \gamma \frac{\mathrm{d}x}{\mathrm{d}t} + F_0 \cos \omega t \tag{1.9}$$

变换形式后：

$$\frac{\mathrm{d}^2 x}{\mathrm{d}t^2} + 2\beta \frac{\mathrm{d}x}{\mathrm{d}t} + \omega_0^2 x = \frac{F_0}{m} \cos \omega t \tag{1.10}$$

该微分方程的解为

$$x = A\mathrm{e}^{-\beta t} \cos\left(\sqrt{\omega_0^2 - \beta^2}\, t + \varphi_0\right) + A\cos(\omega t + \varphi) \tag{1.11}$$

可见受迫振动可以看成是两个振动合成的。第一项表示的是减幅振动。经过一段时间后，这一部分振动就减弱到可以忽略不计。第二项表示的是受迫振动达到稳定状态时的等幅振动。因此，达到稳定状态时，$x = A\cos(\omega t + \varphi)$，此等幅振动的频率 ω 就是策动力的频率，其振幅和初相分别为

$$A = \frac{F_0}{m\sqrt{(\omega_0^2 - \omega^2)^2 + 4\beta^2 \omega^2}} \tag{1.12}$$

$$\tan \varphi = \frac{-2\beta\omega}{\omega_0^2 - \omega^2} \tag{1.13}$$

值得注意的是，A，φ 与振子的初始状态无关，而依赖于振子的性质、阻尼的大小和策动力的特征。稳定振动时的速率为

$$v = v_0 \cos\left(\omega t + \varphi + \frac{\pi}{2}\right) \tag{1.14}$$

其中：

$$v_0 = \frac{\omega F_0}{m\sqrt{(\omega_0^2 - \omega^2)^2 + 4\beta^2 \omega^2}} \tag{1.15}$$

（4）共振

① 位移共振

$$A = \frac{F_0}{m\sqrt{(\omega_0^2 - \omega^2)^2 + 4\beta^2 \omega^2}} \tag{1.16}$$

受迫振动的振幅与策动力的频率有关，当策动力频率达某一值时，振幅

达最大值。

令 $\dfrac{dA}{d\omega}=0$,得 $\omega=\sqrt{\omega_0^2-2\beta^2}$。

相应的最大振幅为

$$A_{\max}=\frac{F_0}{2m\beta\sqrt{\omega_0^2-\beta^2}} \tag{1.17}$$

即当策动力频率 $\omega=\sqrt{\omega_0^2-2\beta^2}$ 时,振幅达到最大值。我们把这种振幅达到最大值的现象叫作位移共振。

② 速度共振

$$v_0=\frac{\omega F_0}{m\sqrt{(\omega_0^2-\omega^2)^2+4\beta^2\omega^2}} \tag{1.18}$$

令 $\dfrac{dv_0}{d\omega}=0$,得 $\omega=\omega_0$。

最大速度为

$$v_{\max}=\frac{F_0}{2m\beta} \tag{1.19}$$

即当策动力频率 ω 正好等于系统固有频率 ω_0 时,受迫振动的速度幅达到极大值,这叫作速度共振。

③ 加速度共振

$$a_0=\frac{-\omega^2 F_0}{m\sqrt{(\omega_0^2-\omega^2)^2+4\beta^2\omega^2}} \tag{1.20}$$

令 $\dfrac{da_0}{d\omega}=0$,得 $\omega=\dfrac{\omega_0^2}{\sqrt{\omega_0^2-2\beta^2}}$。

最大加速度为

$$a_{\max}=\frac{\omega_0^2 F_0}{2m\beta\sqrt{\omega_0^2-2\beta^2}} \tag{1.21}$$

值得注意的是,在弱阻尼(即 $\beta\ll\omega_0$)的情况下,当策动力频率 ω 等于振动系统固有频率 ω_0 时,位移振幅、速度及加速度均达到最大值。

1.2 信号分析

从严格意义上来说,离心泵运行过程中的信号呈现准周期、非稳态特性,因此无法用准确的函数来描述各个振动参数的变化过程。但对于离心泵这种典型的旋转机械来说,其振动参数的统计量与时间无关,因此可以将离心泵振动、压力脉动信号作为一种平稳信号来处理,即可以采用传统的信号分析技术对振动、压力脉动信号进行时/频域及能量分析。

（1）信号采样

给定连续的模拟信号 $x(t)$，信号采样即是将连续的模拟信号转变成离散信号的过程。

信号采样的脉冲函数：

$$p(t) = \sum_{n=-\infty}^{\infty} \delta(t - n\Delta t) \tag{1.22}$$

连续信号变换为离散信号：

$$x(n\Delta t) = \sum_{n=-\infty}^{\infty} x(n\Delta t)\delta(t - n\Delta t) \tag{1.23}$$

信号采样过程必须满足奈奎斯特采样定理：采样频率 $\omega_s = 2\pi/\Delta t$ 必须大于振动信号中最高频率的 2 倍（$\omega_s \geqslant 2\omega_{\max}$），这样可以有效地避免信号的混叠，提高信号分析的准确度。

（2）窗函数

任何试验信号都是无限长的，因此必须采用窗函数将无限长的试验信号进行截断处理。工程中常用的窗函数包括矩形窗、汉宁窗、三角窗、汉明窗、布莱克曼窗等，在信号采样过程中多用汉宁窗对信号进行截断处理。

汉宁窗函数 $\omega(t)$ 为

$$\omega(t) = \begin{cases} \dfrac{1}{2} + \dfrac{1}{2}\cos\dfrac{\pi t}{T}, & |t| \leqslant T \\ 0, & |t| \geqslant T \end{cases} \tag{1.24}$$

汉宁窗幅频特性 $W(\omega)$ 为

$$W(\omega) = \frac{\sin \omega T}{\omega} \cdot \frac{1}{1 - \left(\dfrac{\omega T}{\pi}\right)^2} \tag{1.25}$$

（3）傅里叶变换

傅里叶变换是信号分析的重要工具，可以方便、快捷地进行信号的时/频域转换，周期信号 $x(t)$ 在 $\left(-\dfrac{T}{2}, \dfrac{T}{2}\right)$ 区间的傅里叶级数为

$$x(t) = \sum_{n=-\infty}^{\infty} \left[\frac{1}{T} \int_{-\frac{T}{2}}^{\frac{T}{2}} x(t)e^{-jn\omega_0 t} \, dt \right] e^{jn\omega_0 t} \tag{1.26}$$

当 $T \to \infty$ 时，

$$x(t) = \frac{1}{2\pi} \int_{-\infty}^{\infty} \left[\int_{-\infty}^{\infty} x(t)e^{-j\omega t} \, dt \right] e^{j\omega t} \, d\omega \tag{1.27}$$

上式可记为

$$X(\omega) = \int_{-\infty}^{\infty} x(t)e^{-j\omega t} \, dt \tag{1.28}$$

$X(\omega)$ 即为 $x(t)$ 的傅里叶变换。

但是无法采用计算机对傅里叶变换进行直接求解,需要借助离散傅里叶技术,离散傅里叶变换为

$$X\left(\frac{n}{N\Delta t}\right) = \sum_{k=0}^{N-1} x(k\Delta t)\,\mathrm{e}^{-\mathrm{j}2\pi nk/N}\,(n = 0,\,1,\,2,\,3,\cdots,N-1) \quad (1.29)$$

(4)功率谱分析

对于给定信号 $x(t)$,其自相关函数为

$$R_x(\tau) = \lim_{T\to 0}\frac{1}{T}\int_0^T x(t)x(t\pm\tau)\mathrm{d}t \quad (1.30)$$

T 为信号 $x(t)$ 的观测时间,相关函数 $R_x(\tau)$ 描述了 $x(t)$ 和 $x(t\pm\tau)$ 之间的相关性,自相关系数 $\rho_x(\tau)$ 为

$$\rho_x(\tau) = \frac{R_x(\tau)}{\sigma_x^2} \quad (1.31)$$

σ_x 为信号 $x(t)$ 的标准差。

信号 $x(t)$ 的自相关函数进行傅里叶变换即可得到自功率谱密度函数:

$$S_x(\omega) = \int_{-\infty}^{\infty} R_x(\tau)\mathrm{e}^{-\mathrm{j}\omega\tau}\mathrm{d}\tau \quad (1.32)$$

$S_x(\omega)$ 即为自功率谱密度函数,又称为双边功率谱。

当 $\omega \geqslant 0$ 时,

$$G_x(\omega) = 2S_x(\omega) \quad (1.33)$$

当 $\omega < 0$ 时,

$$G_x(\omega) = 0 \quad (1.34)$$

$G_x(\omega)$ 为单边功率谱。

(5)时频分析技术

采用常用的傅里叶变换技术对信号进行处理时,需要利用信号的全部时域信息,傅里叶变换无法反映出随时间变化的信号频率。针对以上缺点,工程中多采用其他信号分析手段,如短时傅里叶变换、小波变换等对信号进行处理,以获得信号特征频率随时间的变化特性。

短时傅里叶变换(STFT)是最常用的时频分析手段,其主要思想是:采用长度较小的窗函数将被分析信号截断,假定短时窗内的信号是平稳的,并进行傅里叶变换,然后在整个时域内不断移动窗函数,得到任意时刻的傅里叶变换,最终集合所有傅里叶变换获得整个信号的时频特性。

短时傅里叶变换定义为

$$STFT(t,f) = \int x(\tau)w(\tau - t)\mathrm{e}^{-\mathrm{j}2\pi f\tau}\mathrm{d}\tau \quad (1.35)$$

式中：$w(\tau-t)$ 为窗函数。

由于短时傅里叶变换采用固定窗长，窗长度的选择至关重要，窗长度越长，频率分辨精度越高，而时间分辨精度降低；反之，频率分辨精度越低，而时间分辨精度增高。图 1.2 为采用短时傅里叶变换得到的典型离心泵压力脉动频谱图[1]。

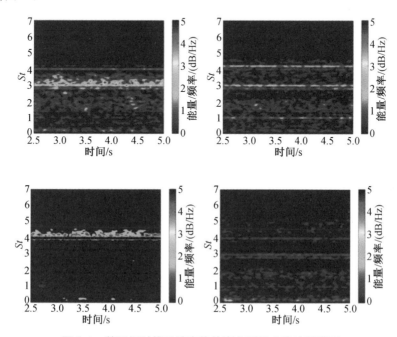

图 1.2　基于短时傅里叶变换的离心泵压力脉动频谱图

STFT 由于采用不变的分析窗，在对某些非平稳信号进行分析时，难以在时间分辨率和频率分辨率之间妥善地彼此兼顾，此时，有一种可替换的方法，就是所谓的小波变换。

实际上，傅里叶变换是将信号分解为一系列基函数，这些基函数就是不同频率的正弦波。小波变换也是将信号分解为一系列基函数，但基函数不再是正弦波，而是所谓的小波。这些基函数在时间上更加集中，能得到信号能量更确切的时间定位。先定义一种称为"原象小波"的基函数，再通过一个"尺度因子"来扩展或收缩该原象函数，就得到分析所需的一系列基函数。

设 $x(t)$ 为定位在时间 t_0 和频率 ω_0 处的原象函数（小波基），那么尺度基函数由下式给出：

$$x_a(t)=\frac{1}{\sqrt{|a|}}x\left(\frac{t}{a}\right) \tag{1.36}$$

式中:a 为尺度因子,其值由 ω_0/ω 给定。

连续小波变换 CWT(continious wavelet transform)定义如下:

$$CWT(a,t) = \frac{1}{\sqrt{|a|}}\int_{-\infty}^{\infty} s(\tau)h\left(\frac{\tau-t}{a}\right)\mathrm{d}\tau \qquad (1.37)$$

式中:τ 为时间定位。

图 1.3 为基于小波变换得到的离心泵典型激励频谱[2]。

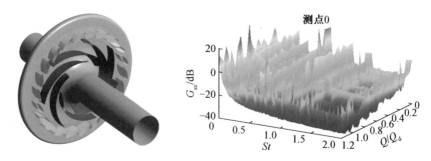

图 1.3　基于小波变换的离心泵激励频谱

1.3　离心泵内复杂压力脉动特性

离心泵叶轮周期性地旋转对流体做功,受有限叶片数、运行工况、几何结构的影响,离心泵内部将产生复杂的流动结构,包括间隙泄漏、冲击、回流、流动分离、旋涡、旋转失速、空化等,这些非稳态流动结构将诱发典型的激励信号。在众多水力因素中,动静干涉现象一般是研究的重点内容,动静干涉现象将造成离心泵内大幅的压力波动,进而诱发振动能量上升以及零部件承受交变应力,因此动静干涉现象也被认为是离心泵内部压力脉动、振动能量的重要来源。

压力脉动是泵内非定常流动的外在表征,是泵内流激振动噪声的关注重点。可压缩介质中非定常的流体流动会产生压力变化,其以声速在系统中传播。离心泵内流体呈现三维非定常流动特性,虽然水的可压缩性较弱,但在泵内同样可以产生压力波,并在系统内传播。泵内大幅的压力脉动可能诱发系统产生声共振,以及部分零件的结构损坏。此外,压力脉动也是离心泵固载噪声和气载噪声的主要诱因。

通常认为压力脉动是由叶轮出口尾迹流非定常脱落及其撞击、干涉导叶产生的,因此尾迹流是泵内压力脉动的重要来源。对于流体机械而言,受叶轮有限叶片数、流体黏性等影响,流体在叶轮流道内呈现非均匀分布状态。

图 1.4 给出了离心式压气机叶轮出口轴面速度的三维空间分布规律,可以看出,在叶片吸力面易形成速度亏损,诱发射流-尾迹结构的产生[3]。

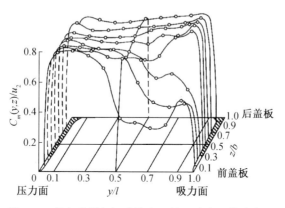

图 1.4　离心式压气机叶轮出口轴面速度三维分布图

当尾迹流周期性地脱落、干涉导叶时,其将在频谱中诱发离散的叶片通过频率 $f_{BPF}=Z\times n/60$ 及其高次谐波信号。由于叶轮流道的非对称性,叶轮周向流动结构呈现一定的差异性,其将在频谱中诱发形成叶轮旋转频率 f_n 及其谐波信号。对于给定匹配的叶轮和导叶叶片数,在同一时刻,可能有两个叶片相遇,处于同一相位,最终诱发相位共振现象,造成剧烈压力脉动。

图 1.5 给出了受尾迹干涉作用,导叶内非定常速度、压力信号的脉动特征[3]。测量点 A1 与叶轮的距离为 $r_2\times4\%$,测量点 D3 位于导叶喉部,F3 位于导叶出口,此时叶轮叶片数为 7,转速为 1 000 r/min,图中脉动信号对应一个完整的叶轮旋转周期。从图中可以明显观察到 7 个速度峰值,根据伯努利方程,速度的波峰位置正好对应静压的波谷位置。从导叶进口到出口,由于流体的掺混作用,速度、压力的波动幅值呈现不断降低的变化趋势。

与尾迹流干涉相比,旋涡、分离流动和湍流主要呈现随机特性,其将在流体机械脉动频谱中诱发连续的频谱信号,而不是典型的离散频率,一般称其为宽带压力脉动信号或白噪声。在附着流动条件下,湍流脉动一般是弱的压力脉动产生源,然而在偏工况条件下,受流动分离形成的强旋涡作用,压力脉动频谱中将出现较强的低频连续激励信号。

在水轮机、泵作透平等机组中,当流体绕过导叶时,可能在流体机械中产生卡门涡脱现象,图 1.6 给出了经典的圆柱绕流形成的卡门涡街结构。图 1.7 给出了水轮机中导叶出口形成的复杂卡门涡街现象[4]。卡门涡脱是一种非定常流动现象,其脱落频率 f 主要取决于流速 v 和叶片的厚度 d,其中 St 为 Strouhal 数,由试验可知,St 的范围为 $0.18<St<0.24$,其取决于绕流几何

结构和雷诺数。由图 1.7 还可知,导叶的出口几何形状直接影响卡门涡脱结构。

$$f = \frac{St \cdot v}{d} \tag{1.38}$$

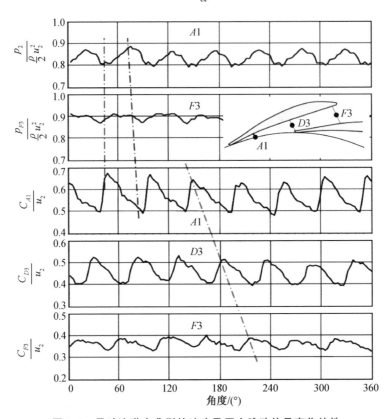

图 1.5　导叶流道内典型的速度及压力脉动信号变化特性

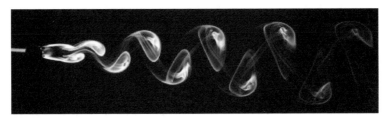

图 1.6　卡门涡街现象

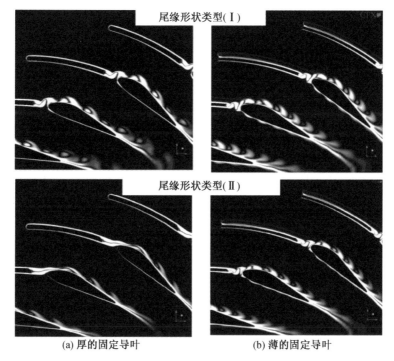

尾缘形状类型(Ⅰ)

尾缘形状类型(Ⅱ)

(a) 厚的固定导叶　　　　　　　　(b) 薄的固定导叶

图 1.7　水轮机导叶出口形成的卡门涡街现象

1.3.1　泵参数对压力脉动的影响

叶轮出口处非均匀分布的流动结构及非定常来流条件对压力脉动有直接影响。当叶轮出口的流动比较均匀时,其将诱发小幅值压力脉动,对于泵而言,该工况点往往略小于最优工况点 BEP(best efficiency point)。通常认为离心泵的压力脉动能量在设计工况点达到最小值,在偏工况点压力脉动能量将快速上升。而实际的压力脉动试验研究证实压力脉动能量与流量的变化关系和水力效率最优点密切相关,在离心泵水力最优点时,叶片出口流动最为均匀,因此激励的压力脉动能量最低。由式(1.39)可知水力最高效率往往偏向小流量 $0.9Q_d$ 工况,图 1.8 给出了水力效率随流量变化特性的统计曲线[3]。

$$\frac{\eta_h}{\eta_{h,max}}=1-0.6(q^*-0.9)^2-0.25(q^*-0.9)^3 \qquad (1.39)$$

式中:q^* 为无量纲流量系数,$q^*=Q/Q_d$。

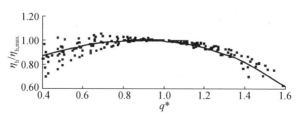

图 1.8　水力效率随流量变化特性

目前还未能建立简单、完善的数学模型来预测离心泵的压力脉动特性，在离心泵设计过程中应合理选择其几何参数，降低叶片出口流动的非均匀度，从而达到低压力脉动离心泵设计的目的。

从提升叶片尾迹流均匀性角度出发，应关注以下参数对压力脉动幅值的影响。

（1）离心泵叶片出口厚度和形状

受有限叶片数的影响，离心泵叶片出口存在明显的速度滑移，在叶片出口边的工作面和背面产生较大的速度梯度，其对叶片出口的非均匀流动结构有显著的影响。因此，改变叶片出口厚度可以有效地降低叶片出口流场结构的非均匀度，从而达到低压力脉动能量设计的目的。

叶片出口边形状不仅关系到叶片出口流场结构的均匀程度，而且对叶片出口尾迹（卡门涡 Von Kármán vortex）脱落频率、强度同样有显著的影响，为了达到低压力脉动设计的目的，改变叶片出口边形状是一种合理、方便、有效的手段。图 1.9 给出了水轮机叶片出口边形状对振动噪声性能的影响[4]。

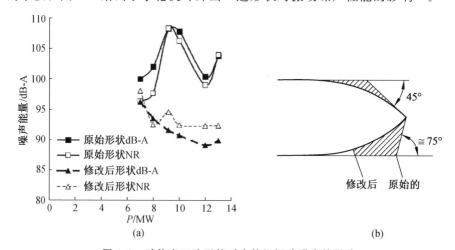

图 1.9　叶片出口边形状对水轮机振动噪声的影响

（2）叶片出口载荷、叶片间距、叶片数的影响

对于流体机械而言，叶片数是重要设计参数，在相同的扬程或者水头下，叶片数直接决定单个叶片的载荷大小和叶轮出口的流动结构等，因此其与水力诱发的压力脉动密切相关。Li 等[5]分析了叶片载荷对径向力及压力脉动的影响，如图 1.10 所示。

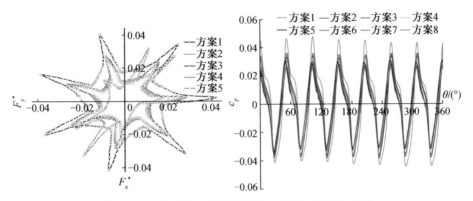

图 1.10　叶片载荷对离心泵径向力及压力脉动的影响

（3）叶片出口速度场分布特性

叶片出口速度场分布特性，即叶轮几何参数对流场结构的影响，尤其是叶片出口安放角 β_2。出口安放角直接决定叶片出口流场结构以及叶片出口尾迹涡的脱落、撞击、干涉隔舌特性。因此，在低压力脉动离心泵的设计过程中应谨慎选择该角度，出口安放角与隔舌的匹配特性对压力脉动的影响规律是低压力脉动能量离心泵设计的重要研究内容。

（4）叶轮内部流动分离结构，偏工况时的回流结构

总的来看，为了获得较低的压力脉动水平，在离心泵设计过程中应尽可能地保证叶片出口形成均匀的流场结构，同时要避免叶轮内部出现流动分离及低强度的二次流结构。当流动分离结构形成时，叶轮出口均匀的流动分布结构将被破坏，从而诱发高幅值压力波动。图 1.11 给出了叶轮内部典型的流动分离结构[6]。其中，$H_n\text{-}rel$ 表示旋涡强度。

（5）叶轮进口入流条件

一般认为均匀的进口入流条件对泵的能量性能和压力脉动特性最为有利，当叶轮进口入流存在部分畸变时，非均匀进口入流条件易破坏叶轮流道内对称的流场结构。尤其在压气机中，进口入流条件对流动、失速、喘振的作用机理是该领域的重要研究课题，图 1.12 给出了气动领域几种典型的进口畸变类型，黑色区域为畸变区，包括周向畸变、径向畸变和组合畸变，方案Ⅰ为

均匀入流状态,方案Ⅱ~Ⅵ为进口畸变状态。

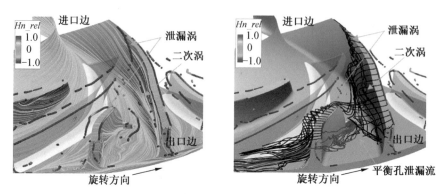

图 1.11　叶轮内部典型流动分离结构

图 1.12　不同进口畸变模式

　　在泵领域,进口入流条件的改变同样引起了研究人员的关注,在一些特殊应用场合存在显著的非均匀入流条件,如核泵、喷水推进泵等。图 1.13 给出了喷水推进泵进口流道内的流动状态,可以看出,流动呈现显著的非均匀性,进口流道内出现大尺度的低速涡结构[7]。图 1.14 显示的是此时喷水推进泵叶轮内部的三维涡结构分布特征。

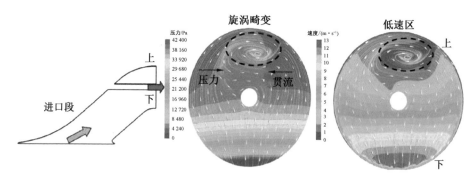

图 1.13　喷水推进泵进口流道内形成的畸变流动结构

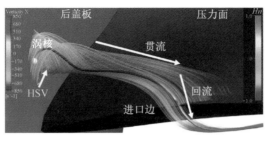

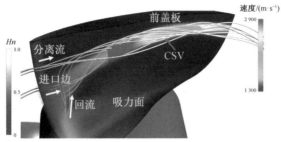

图 1.14　喷水推进泵叶轮内的三维涡结构

进口流动对主流及非定常激励特性的影响仍需进行深入探索,就泵而言,一般认为良好的均匀入流条件可以显著地改善泵的综合性能,但在某些试验中,研究人员观测到了非均匀入流改善小流量扬程驼峰曲线的现象,如图 1.15 中所示[8],该泵的性能参数分别为设计流量 $Q_d = 280$ m³/h,设计扬程 $H_d = 6.5$ m,转速 $n_d = 1\ 800$ r/min,叶轮叶片数 $Z_r = 4$,导叶叶片数 $Z_s = 5$,比转速 $n_s = 445$。可以看出,在非均匀进口入流条件下,小流量时,泵的扬程得到明显提升,改善了此时的驼峰曲线形状,但相关内流机理仍未探明。

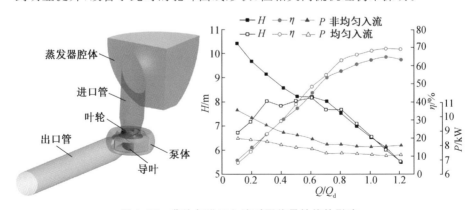

图 1.15　非均匀进口入流对泵能量性能的影响

（6）叶轮-静叶间隙 ΔB

影响压力脉动能量的另外一个因素为叶轮-导叶动静干涉作用的动静叶栅之间的干涉间隙 ΔB，图 1.16 给出了压气机动静叶栅内典型的干涉示意图，以及动静叶栅内形成的三维复杂流动结构[9]。

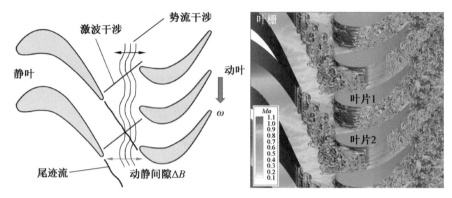

图 1.16　动静干涉示意图

适当增大该间隙可以有效地降低动静干涉诱发的压力脉动能量，压力脉动能量和间隙之间的关系可以用式（1.40）来描述。

$$\Delta P = \frac{1}{\left(\dfrac{D_3}{D_2}-1\right)^{X}} \tag{1.40}$$

式中：D_3 为静叶的进口直径；指数 X 和离心泵的结构形式及工况点密切相关。若离心泵为叶轮-导叶结构形式，当 $q^* = 0.6$ 时，$X = 0.77$；当 $q^* = 1.0$ 时，$X = 0.95$。若离心泵为叶轮-蜗壳结构形式，当 $q^* = 0.5$ 时，$X = 0.88$；当 $q^* = 1.0$ 时，$X = 0.74$。图 1.17 给出了间隙对压力脉动的影响曲线，曲线 8 为叶轮-蜗壳结构匹配形式，可以看出，当间隙超过 10% 时，压力脉动能量变化曲线已经比较平缓，继续增大间隙，对压力脉动能量不再有明显的影响[3]。

对于低噪声泵设计而言，一般会取较大的间隙值，以获得较低的压力脉动水平，一般动静干涉间隙的大小遵循以下规律：

当离心泵为叶轮-导叶匹配结构时，

$$\frac{D_3}{D_2} \geqslant 1.015 + 0.08\left(\frac{\rho H_{st}}{\rho_{ref} H_{ref}} - 0.1\right)^{0.8} (n_s < 40) \tag{1.41}$$

$$\frac{D_3}{D_2} = 1.04 + 0.001(n_s - n_{s,ref})(n_s \geqslant 40) \tag{1.42}$$

对于多级离心泵，H_{st} 为单级泵的扬程，$n_{s,ref} = 40$，$H_{ref} = 1\,000$ m，$\rho_{ref} = 1\,000$ kg/m³。当 $H_{st} < 100$ m 时，D_3/D_2 的最小值为 1.015。

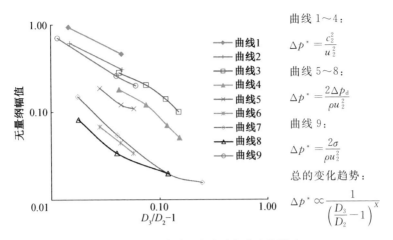

曲线 1~4:
$$\Delta p^* = \frac{c_2^2}{u_2^2}$$

曲线 5~8:
$$\Delta p^* = \frac{2\Delta p_{\mathrm{d}}}{\rho u_2^2}$$

曲线 9:
$$\Delta p^* = \frac{2\sigma}{\rho u_2^2}$$

总的变化趋势:
$$\Delta p^* \propto \frac{1}{\left(\dfrac{D_3}{D_2}-1\right)^X}$$

图 1.17　间隙对压力脉动和应力的影响

当离心泵为叶轮-蜗壳匹配结构时,

$$\frac{D_3}{D_2} \geqslant 1.03 + 0.1\frac{n_{\mathrm{s}}}{n_{\mathrm{s,ref}}} + 0.07\frac{\rho H_{\mathrm{st}}}{\rho_{\mathrm{ref}} H_{\mathrm{ref}}} \tag{1.43}$$

动静干涉间隙同样会对流体机械叶轮径向力产生影响。由图 1.18 可以看出,当叶轮-隔舌间隙减小时,径向力明显增大。此外,非定常激励力在设计工况下达到最小值,偏工况条件下,激励力快速上升[10]。

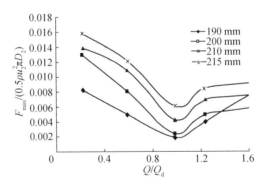

图 1.18　不同间隙下径向力的变化规律

（7）叶片结构及其布置形式

离心泵叶片出口边形状对叶片出口流场结构的影响十分显著,因此设计良好的叶片出口可以有效地降低压力脉动水平。工程中常见的低压力脉动叶片出口结构及其布置形式如图 1.19 所示[3],包括叶片出口倾斜设计、叶片前后盖板流线设计成非等包角、斜切靠近叶轮后盖板叶片等。对于双吸离心泵,叶片采用错列布置同样可以降低压力脉动能量。

(a) 叶片出口倾斜　　(b) 双吸叶片错列布置　　(c) 叶片出口斜切

图 1.19　低压力脉动叶片出口结构及其布置形式

（8）隔舌形状

当离心泵叶片出口的非均匀流动结构运动到隔舌位置时将产生强烈的撞击作用,隔舌作为动静干涉作用的重要组成部分,其形状将对动静干涉作用产生较大的影响。从隔舌角度出发,为了达到低压力脉动能量设计的目的,通常对隔舌进行斜切处理,斜切角 $\theta > 35°$;改变隔舌的形状同样可以达到低压力脉动能量设计的目的,如图 1.20 所示[3]。

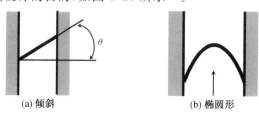

(a) 倾斜　　　　　　　　　　(b) 椭圆形

图 1.20　隔舌形状对压力脉动的影响

1.3.2　系统对压力脉动的影响

压力脉动的幅值大小在很大程度上与系统及测量位置有关。当压力波在系统中传播时,其可能在阀门附近发生反射,当正常传播的压力波与反射波产生相位干涉时,会对压力脉动产生影响。当系统中存在压力波干涉时,可能会造成特征频率处压力脉动能量的增强或者减弱(甚至消失)。因此,压力脉动特性在很大程度上取决于测量点的位置。

图 1.21 给出了不同测量系统对泵压力脉动的影响[3]。在图 1.21a 和图 1.21b 的测量中,系统中使用了橡胶波纹管,其安装在泵的下游几米处,而在图 1.21c 中,并没有安装弹性波纹管,此时叶片数 $Z_r = 5$。由于波纹管具有弹性,其可以对压力波进行反射。在泵下游 355 mm 测点处(见图 1.21a),在压力脉动频谱中可以捕捉到叶片通过频率($f = 5 \times n$)及其一次谐波($f = 10 \times n$)。相反,由于驻波作用,在距离 755 mm 处测量时,这些特征频率处的压力脉动幅值快速增加,其值远大于测点 355 mm 处的频谱能量。在图 1.21c 中,当没有采用弹性波纹管时,叶片通过频率处的压力脉动幅值要明显大于图

1.21a 中。另外,在频谱的低频处还可以捕捉到明显的峰值信号,这些宽带压力脉动频谱由节流阀诱发产生。

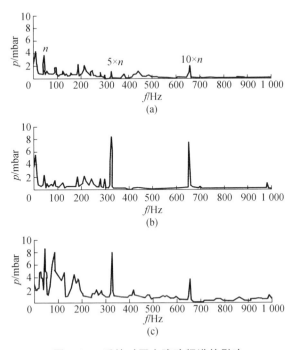

图 1.21 系统对压力脉动频谱的影响

其他的系统因素包括流体介质特性、含气量等。由于声速取决于温度,压力脉动也可能随温度而变化,特别是在发生共振的情况下。图 1.22 给出了不同含气量对离心泵性能的影响,此时的含气量分别为 2% 和 5%,介质为油/气混合,油的黏度为 $18 \text{ mm}^2/\text{s}^{[3]}$。

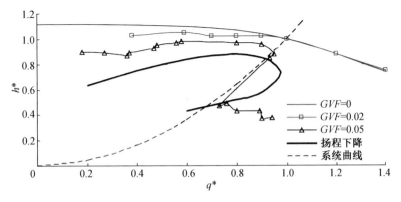

图 1.22 含气量对泵性能的影响

此外,当泵吸入口的自由流体表面产生进气涡流或者泵内部产生空化现象时,都会对泵压力脉动性能造成影响。

对于一些复杂管路系统,压力脉动的变化特性更难分析。图 1.23 给出了复杂管路组合系统条件下泵压力脉动特性的变化规律,此时泵的转速为 1 450 r/min,叶轮叶片数 $Z_r=7$,导叶叶片数 $Z_s=12$,不同条件下系统中存在 3 种不同的压力波反射结构,其距离泵的位置各异[3]。不同安装条件下的系统固有频率差异明显,其值可以采用公式(1.44)进行估计。

$$f=\frac{a}{2L} \tag{1.44}$$

式中:a 为声波在水中的传播速度,$a=1\ 200$ m/s。

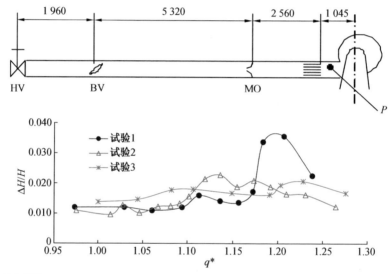

试验方案	系统特性	L/m	f/Hz
1	无 MO,流量调节方式 BV	8.9	67
2	有 MO,流量调节方式 BV	3.6	167
3	无 MO,流量调节方式 HV	10.9	55

注:P 为侧压点,MO 为测量孔,BV 为蝶阀,HV 为手动阀门。

图 1.23 复杂管路系统对泵脉动特性的影响

由图 1.23 可以看出,在 $q^*=1.20$ 流量下,系统 1 所产生的压力脉动幅值约为其他两个方案的 2 倍,这表明在很小的流量范围内,系统存在剧烈的共振现象,该现象没有出现在其他试验方案中。

以上现象的可能解释如下：

在给定的运行工况下，泵内部存在典型的、特定的流动结构，从而诱发特征激励力和压力脉动信号。显然，在图 1.23 的试验 1 中，当泵工作在 $q^* =$ 1.20 流量时，在 $f = 67$ Hz 处出现高幅值压力脉动信号，而该现象并没有出现在其他两个试验中。从试验 2 可以看出，在 $q^* = 1.13$ 流量处，可能诱发频率为 167 Hz 的高幅压力脉动。如果上述推论正确，可以看出即使泵的流量仅发生微小变化，也会对系统的激励响应产生显著影响，即系统与泵的耦合会对压力脉动产生极为明显的影响。

系统中可能存在声波与流体的交互、干涉作用。由于由驻波引起的压力变化，整个系统呈现较强的非稳定状态，可能会造成流量波动，从而影响压力脉动特性。系统中的阀门和节流孔也会对压力脉动产生影响，但在流量发生微小变化时，其性能的改变很小，不会对系统造成太大影响。

当离心泵运行在系统中时，如果运行状态发生改变，其可能出现变转速现象，而当系统中存在变转速工况时，离心泵的转速势必对压力脉动水平产生影响。图 1.24 给出了导叶式离心泵叶轮-导叶匹配图及压力脉动频谱，此时，叶轮叶片数 $Z_r = 7$，导叶叶片数 $Z_s = 12$，泵的参数为 $Q = 0.198$ m³/s，$H =$ 573 m，设计转速 $n = 5\ 000$ r/min[11]，图中 f_N 为叶轮旋转频率。

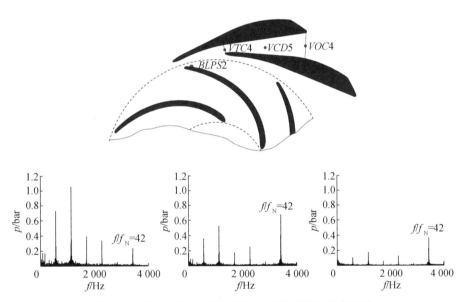

图 1.24　叶轮-导叶式离心泵压力脉动频谱及测点位置

图 1.25 给出了频谱中不同频率时能量随转速的变化规律,从图中可知,随着转速的增加,不同频率处的能量基本呈现不断上升的趋势,尤其在 $f = 42f_N$ 时,其值在 5 000 r/min 附近极速上升。

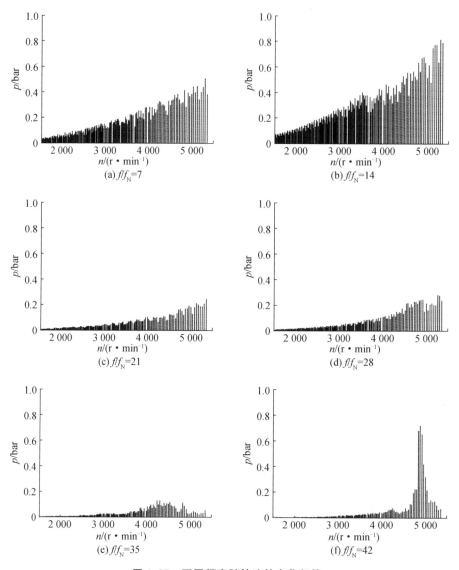

图 1.25　不同频率随转速的变化规律

进一步对压力脉动进行无量纲化处理,即压力幅值除以圆周速度 u_2 的平方,获得无量纲压力脉动系数 c_p,不同转速下压力脉动系数的变化特性如图 1.26 所示。可以看出,当对压力脉动幅值进行无量纲化处理后,在不同转速下,压力脉动系数基本保持不变,VOC4 测点在 5 000 r/min 时压力脉动能量上升,推测可能在该工况点,测点位置出现了流动分离结构,造成该点压力脉动能量的上升。因此可以总结,对于给定的离心泵而言,其压力脉动系数基本与运行转速无关。

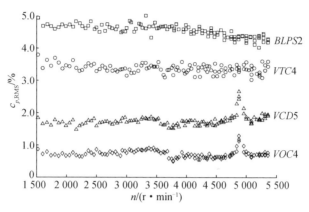

图 1.26 无量纲压力脉动系数

1.3.3 压力脉动信号处理与评估

目前,多采用压电式压力脉动传感器对复杂压力信号进行测量,其具有严格的安装要求,以达到较高的测量精度。图 1.27 给出了 PCB 系列压力脉动传感器的安装示意图,该系列传感器具有响应速度快($<1~\mu s$)、共振频率高($>500~kHz$)、测量不确定度小($<0.2\%$)等特点,可以精确地捕捉到非定常压力脉动信号。高频压力脉动传感器在湍流脉动测量中发挥了重要作用,该传感器通常与测量管路通过螺纹连接,一般要求传感器头部与开设的取压孔端面平齐。

对于压力脉动信号而言,一般可以采用传统的频域分析方法对典型压力脉动特征进行提取,以探索不同激励频率随工况及位置的变化规律,其中快速傅里叶变换是最常见的方法,此外还有短时傅里叶变换和小波分析等手段。图 1.28 给出了普通叶轮-蜗壳式离心泵压力脉动频谱图,此时叶片数 $Z_r = 7$,转速 $n = 1~620$ r/min,可以看出,对于普通离心泵而言,受叶轮-隔舌动静干涉作用影响,压力脉动频谱中出现离散的轴频和叶频信号,且叶频为主导频率[12]。

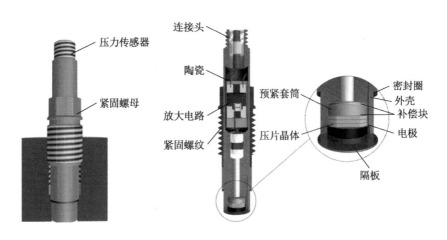

图 1.27　压电传感器安装方法及结构

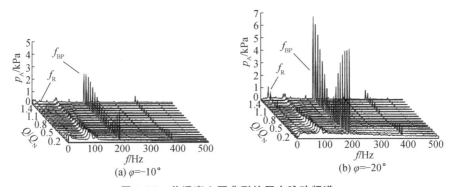

图 1.28　普通离心泵典型的压力脉动频谱

对于时域压力脉动信号,也可以采用以下方法对其进行计算、评估(见图 1.29)。

$\Delta p_{\text{p-p}}$:峰-峰幅值为压力脉动信号波峰与波谷的差值。

Δp_{a}:压力信号的峰值为峰-峰幅值的一半。

压力均方根值的计算方法如下:

$$\Delta p_{\text{RMS}} = \sqrt{\frac{1}{n} \sum_{i=1}^{n} p_i^2} \tag{1.45}$$

式中:p_i 为不同时刻的压力信号幅值。

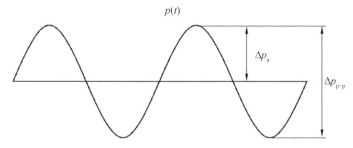

图 1.29 压力脉动信号的时域图

通常在压力脉动频谱中存在大量激励峰值信号,为了对压力脉动频谱中特征频段内各个频率成分的能量进行整体评估,参考振动信号处理方法,可以采用以下公式进行计算。采用公式(1.46)可以方便地对不同频段内的压力脉动进行计算。A_0 和 A_i 分别为频段起始和末尾位置处的压力脉动幅值,A_{i-1} 为频段内不同频率处的压力脉动幅值,如图 1.30 所示。

$$RMS = \frac{1.63}{2} \sqrt{\frac{1}{2} \left(\frac{1}{2} A_0^2 + \sum_{i=2}^{i-1} A_{i-1}^2 + \frac{1}{2} A_i^2 \right)} \tag{1.46}$$

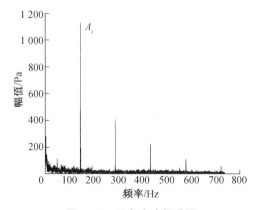

图 1.30 压力脉动频谱图

对于两台几何相似的离心泵,目前还无法建立精确的压力脉动相似换算模型,试验研究表明,压力脉动能量和叶轮出口边的圆周速度关系紧密,因此可以采用式(1.47)对压力脉动幅值进行无量纲化处理。

$$c_p = \frac{\Delta p}{0.5\rho u_2^2} \qquad (1.47)$$

式中:c_p 为无量纲压力系数;ρ 为介质的密度;u_2 为叶轮出口圆周速度。

参考文献

［1］Wang W J, Pei J, Yuan S Q, et al. Experimental investigation on clocking effect of vaned diffuser on performance characteristics and pressure pulsations in a centrifugal pump. Experimental Thermal and Fluid Science, 2018, 90:286 - 298.

［2］Pavesi G, Cavazzini G, Ardizzon G. Time-frequency characterization of rotating instabilities in a centrifugal pump with a vaned diffuser. International Journal of Rotating Machinery, 2008:202179.

［3］Gülich J F. Centrifugal pumps. Springer Heidelberg Dordrecht London New York, 2014.

［4］Dörfler P, Sick M, Coutu A. Flow-induced pulsation and vibration in hydroelectric machinery. Springer-Verlag London, 2013.

［5］Li X J, Gao P L, Zhu Z C, et al. Effect of the blade loading distribution on hydrodynamic performance of a centrifugal pump with cylindrical blades. Journal of Mechanical Science and Technology, 2018, 32(3):1161 - 1170.

［6］Negishi H, Ohno S, Ogawa Y, et al. Numerical analysis of unshrouded impeller flowfield in the LE-X liquid hydrogen pump. 53rd AIAA/SAE/ASEE Joint Propulsion Conference, AIAA Propulsion and Energy Forum, 2017.

［7］曹璞钰. 非均匀进流下喷水推进泵扬程损失机理及失稳特性研究. 镇江:江苏大学,2017.

［8］Xu R, Long Y, Wang D Z. Effects of rotating speed on the unsteady pressure pulsation of reactor coolant pumps with steam-generator simulator. Nuclear Engineering and Design, 2018, 333:25 - 44.

［9］Lin D, Su X R, Yuan X. DDES analysis of the wake vortex related unsteadiness and losses in the environment of a high-pressure turbine stage.

ASME J. Turbomach，2018，140：041001.

［10］Wu Y L，Li S C，Liu S H，et al. Vibration of hydraulic machinery. Springer Dordrecht Heidelberg New York London，2013.

［11］Berten S. Hydrodynamics of high specific power pumps for off-design operating conditions. Lausanne：École Polytechnique Fédérale de Lausanne，2010.

［12］Parrondo J，Fernández J，González J，et al. An experimental study on the unsteady pressure distribution around the impeller outlet of a centrifugal pump. ASME Fluids Engineering Division Summer Meeting，2000：FEDSM00-11302.

② 离心泵非定常压力脉动的内流作用机理

由第 1 章分析可知,压力脉动是诱发离心泵结构振动的水力因素,而压力脉动由泵内三维流动作用诱发产生。泵内非定常流动结构复杂,存在各种流动结构的共同作用,最终诱发高幅压力脉动。本章主要从 4 个方面展开,尝试分析离心泵内部流动与非定常压力脉动之间的关系。

2.1 动静干涉现象

2.1.1 动静干涉基础理论

动静干涉作用是流体机械内非定常脉动流场最重要的来源。当叶轮高速、周期性地扫掠静叶或者隔舌时,从叶轮出流的液体将与静叶产生强烈的干涉作用,从而诱发速度场、压力场的剧烈脉动。动静干涉现象是流体机械内非定常研究的关注重点,尤其在压气机领域,动静干涉诱发的叶片载荷波动对压气机的性能及结构安全都将产生直接影响。图 2.1 给出了压气机动静转子间干涉示意图。

图 2.2 给出了压气机内动静转子间复杂的干涉流动结构[1],在图中可以清晰地捕捉到动叶尾迹流与静叶的干涉过程,甚至还可以捕捉到激波结构。由压气机研究成果可知,动静干涉的内流作用机理被认为是有黏尾迹流干涉和无黏势流干涉的共同作用结果[2]。

对于势流干涉,其诱发的压力梯度波可以往翼型的上、下游进行传播,但随着距离的增大,流场梯度将快速衰减,一般情况下该距离约为叶栅的弦长,因此当动静叶栅的间隙小于 1 倍翼型弦长时,势流干涉诱发的非定常流动效应将对上、下游叶栅造成显著的影响。对于势流干涉,动静叶间的距离是影响势流干涉作用强度的关键参数,通常选择较大的动静干涉间隙,以减弱势流干涉强度。

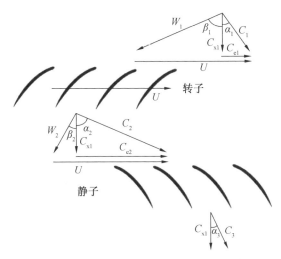

图 2.1　压气机动静干涉示意图

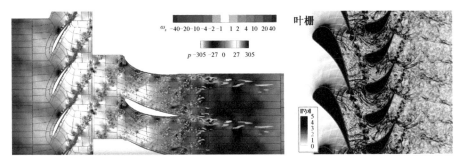

图 2.2　动静叶栅内复杂流动结构

相对于势流干涉作用,尾迹流的衰减速度要小很多,其可以传播至较远的下游流场区域,甚至在数倍叶栅弦长的范围内,仍可以监测到尾迹流诱发的流场波动。由图 2.2 可知,当动叶尾迹流脱落之后,其将与静叶产生显著的干涉效应,并在静叶通道内进行传播、输运,影响范围一直延伸到静叶的下游。因此,尾迹流的影响范围远大于势流干涉效应。在大多数情况下,流体机械内会同时出现这两种干涉现象,因此,势流、尾流耦合干涉作用与非定常流动结构、压力脉动密切相关。

在压气机领域,众多学者对势流、尾流耦合干涉作用进行研究,重点包括叶栅内尾迹分布及演化特性、尾迹耦合对激励的影响、动静间隙对势流干涉的影响等,试图探明动静叶栅内的复杂流动结构及激励特征。

Gallus 等[3]详细地探索了压气机内动静干涉诱发的相关流动现象,图 2.3 给出了研究对象的示意图。通过旋转探针对动叶尾迹进行了详细测量,并在动静叶栅表面布置测点,获得了非定常扫掠过程诱发的压力分布特性。通过布置前置导叶,探索了上游尾迹耦合动叶尾流造成的非定常流动现象,作者进一步改变动静叶栅间隙,分析了间隙对势流干涉作用的影响。

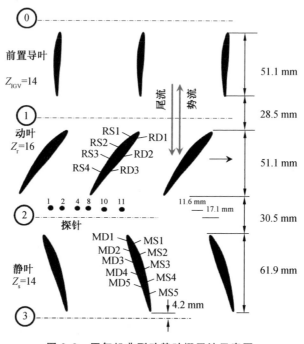

图 2.3 压气机典型动静叶栅干涉示意图

图 2.4 给出了动叶出口从叶片压力面到吸力面静压的分布情况,可以看出,在有无前置导叶条件下,动叶出口的压力分布呈现明显差异。当前置导叶存在时,受前置导叶形成的尾迹流耦合作用影响,在动叶出口形成较大的压力亏损区(或者尾迹区);当前置导叶不存在时,压力分布较为均匀,也说明了上游流动耦合动叶会对动叶出口流动结构产生明显影响。

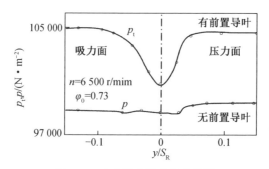

图 2.4 动叶尾迹压力分布特性

　　作者通过测量认为，在较大的动静干涉间隙条件下，势流干涉作用对非定常流场波动的贡献程度要远小于尾迹流干涉作用，如图2.5所示。从图中可以看出，在间隙为48％叶栅弦长条件下，在1,2阶激励频率处，尾迹流干涉对非定常波动的贡献度要远大于势流干涉，因此尾迹流结构、非定常演化及其干涉过程一般是流体机械非定常流动的研究重点。

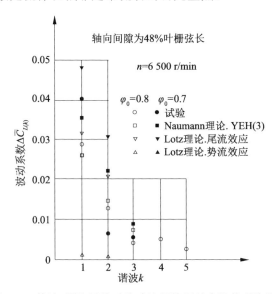

图2.5　势流、尾流干涉对脉动流场的贡献度及其理论预测

　　目前，在CFD技术的帮助下，研究人员可以对动静叶栅内尾迹流形态、速度亏损、尾迹演化、尾迹抖动等进行探索。赵奔[4]基于数值计算技术对压气机动叶尾迹抖动行为进行研究，分析了诱发尾迹抖动的机理，并研究了尾迹流内的速度分布特性、不同叶片数诱发的同/异频干涉、时序效应等复杂流动现象。图2.6给出了尾迹抖动形态和尾迹流内的速度分布特性。

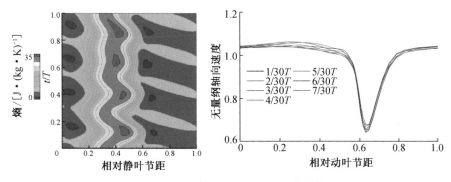

图2.6　尾迹抖动形态及速度分布特性

2.1.2　离心泵内动静干涉现象

离心泵内部流动经典理论认为叶轮出口流动呈现明显的不均匀特性,如图 2.7 所示[5],叶片出口尾迹流动结构将和隔舌、导叶产生撞击、干涉作用,形成强烈的叶轮-隔舌、叶轮-导叶动静干涉现象,造成泵内流场的大幅脉动,动静干涉诱发的复杂水力现象是泵内非定常流动及激励特性的重点研究内容。

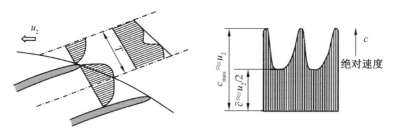

图 2.7　叶片出口典型流动结构

在水轮机中,对于叶轮-导叶匹配结构来说,受导叶非定常尾迹流的影响,导叶出口将出现周期性的流动结构;在转子系统中,转子周围的压力梯度场也会引起周期性流动场失真,动静叶内流动耦合结构示意图见图 2.8[6]。

**图 2.8　叶轮压力场诱发的流动畸变,导叶尾迹诱发的尾迹流结构,
以及两者共同作用形成的畸变流场**

动静叶内周期性流动结构参数可以用傅里叶级数来表示,如公式(2.1)所示。

$$\begin{cases} p_\mathrm{s}(\theta_\mathrm{s},t) = \sum_{n=1}^{\infty} B_m \cos(mZ_\mathrm{s}\theta_\mathrm{s} + \varphi_m) \\ p_\mathrm{r}(\theta_\mathrm{r},t) = \sum_{n=1}^{\infty} B_k \cos(kZ_\mathrm{r}\theta_\mathrm{r} + \varphi_k) \end{cases} \tag{2.1}$$

式中:m,k 为谐波数(harmonic number);B_m 和 φ_m 分别为第 m 阶成分的幅值和相位;θ_s 和 θ_r 分别为静止导叶和旋转叶轮内的角度;Z_r 和 Z_s 分别为动叶和静叶的叶片数。

与压气机相比,离心泵输送介质的可压缩性较弱,不会出现压气机内的激波现象。离心泵内同样存在势流、尾流耦合干涉机制,两者共同作用影响流场的非定常波动特性。借助于数值计算手段,研究人员可以捕捉到离心泵叶轮出口的尾迹流结构,如图 2.9 所示[7,8]。从图中可以看出,叶轮出口存在明显的尾迹流结构,当尾迹脱落并与隔舌、静叶干涉时,其必将诱发剧烈的流场脉动。

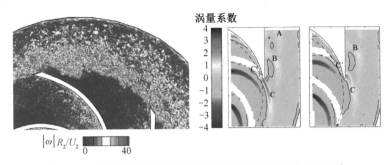

涡量系数

图 2.9　离心泵叶轮出口典型的尾迹流结构及干涉隔舌现象

除了尾迹干涉外,离心泵内还存在势流干涉作用,从已经发表的文献中可以总结势流干涉作用对离心泵压力脉动的影响规律,如图 2.10 所示[9],此时泵的设计参数为 $Q=48\ \mathrm{m^3/h}$, $H=7.8\ \mathrm{m}$, $n=1\ 450\ \mathrm{r/min}$, $Z_r=6$。可以看出,在较小的间隙下,离心泵的叶频处压力脉动幅值远高于大间隙工况,随着间隙的增大,在初始阶段,压力脉动幅值快速下降;当间隙增大至约 $20\%D_2$ 之后,压力脉动幅值呈现缓慢降低的趋势,这表明继续增大间隙对降低压力脉动幅值的影响不再显著。由第 1 章图 1.17 的结果同样可知[5],当间隙大于 $10\%D_2$ 时,压力脉动降幅不再显著。由以上结果可以推断,泵内也存在典型的势流干涉作用,在大间隙条件下,势流干涉作用不再显著,动静干涉作用由非定常尾迹流干涉决定。此外,增大间隙会对离心泵效率产生负面影响,因此在离心泵设计过程中应谨慎选择合适的间隙以降低泵的压力脉动能量,同时保证泵的效率能满足设计要求。

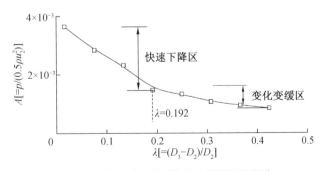

图 2.10　叶轮-隔舌间隙对叶频幅值的影响

综上所述,基于动静干涉的势流、尾流耦合干涉理论,泵内典型的动静干涉示意图如图 2.11 所示[10]。

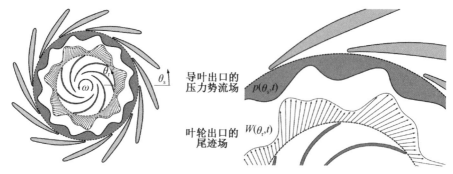

图 2.11 泵内势流、尾流耦合干涉作用示意图

由经典的动静干涉理论可知:当叶片尾迹流撞击隔舌时,将产生叶频激励信号 f_{BPF} 及它的高次谐波峰值信号 kf_{BPF}。同时,由于制造等原因引起的叶轮轴系的非对称性及流场的非对称性,压力脉动频谱中还将出现轴频 f_n 及其高次谐波频率 kf_n。离心泵的压力脉动特性和转子-静子的匹配关系密切相关,尤其当叶轮叶片数和导叶叶片数选择不当时,不同叶片产生的压力脉动信号可能会存在"相位叠加"现象,造成压力脉动幅值的快速上升。

目前还无法建立完整的理论模型来预测叶轮-导叶内部的压力场结构,因此如何选择叶轮叶片数和导叶叶片数就显得尤为重要,匹配良好的叶轮-导叶可以显著地降低离心泵的压力脉动能量。图 2.12 给出了叶轮-导叶动静干涉示意图。

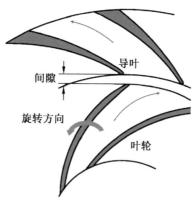

图 2.12 叶轮-导叶动静干涉示意图

对于给定的叶轮-导叶组合,叶轮叶片数为 Z_r,导叶叶片数为 Z_s,任意两个叶片间的干涉作用将激励出离散的峰值信号。对于叶轮旋转角速度为 ω 的离心泵,一个叶轮旋转周期内,任意一个静叶将和 Z_r 个叶轮叶片作用,因此

叶轮对静叶的激励频率 $f_{\text{r-s}}$ 为

$$f_{\text{r-s}}=\omega\times Z_{\text{r}}\times k(k=1,2,3,\cdots) \tag{2.2}$$

同样,导叶也将对叶轮产生激励频率 $f_{\text{s-r}}$:

$$f_{\text{s-r}}=\omega\times Z_{\text{s}}\times m(m=1,2,3,\cdots) \tag{2.3}$$

式中: ωZ_{r} 和 ωZ_{s} 通常称为基频(fundamental frequency); k,m 为谐波数。

当叶轮周期性地扫掠导叶时,导叶对叶轮的激励力在圆周方向并不相等,因此将诱发叶轮出现不同的振动模式,若频谱中出现 k,m 次的高次谐波,通常采用式(2.4)来判断叶轮出现何种模态振型。

$$m\times Z_{\text{s}}+v=k\times Z_{\text{r}}(v=\cdots,-2,-1,0,+1,+2,\cdots) \tag{2.4}$$

式中: v 称为波节直径(nodal diameter)。当 v 为正值时,叶轮模态振型的旋转方向和叶轮旋转方向一致;相反,当 v 为负值时,叶轮模态振型的旋转方向和叶轮旋转方向相反。从导叶中观察时,模态振型的旋转频率为 $f_{\text{r-s}}/v$;若从叶轮中观测,模态振型的旋转频率为 $f_{\text{s-r}}/v$。图 2.13 给出了两种波节直径条件下叶轮的模态振型示意图。

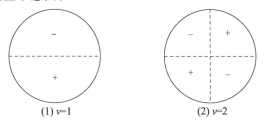

图 2.13　波节直径为 1,2 时叶轮的模态振型

当 $v=0$ 时:离心泵内部将产生高强度的压力脉动,在这种情况下 2 对或者以上的动/静叶片将同时相遇、干涉,因此将产生"强化、放大效应",诱发大幅压力脉动。对于具有导叶形式的离心泵、双蜗壳泵及多蜗壳泵,在水力设计过程中,应极力避免这种动静叶的组合、匹配方式,以有效地降低泵内部的压力脉动能量。这种匹配方式所造成的激励力将诱发系统的轴向波动问题,进而造成扭转振动。

当 $v=1$ 时:在该种条件下,离心泵叶片将受到激励力作用,在叶频及其高次谐波处可能会诱发泵的横向振动问题,此时离心泵叶轮的前盖板将产生 1 阶模态振型。为了避免在 $\omega\times Z_{\text{r}}\times k$ 频率处诱发轴系的横向振动,在谐波数 $k=1,2,3$ 条件下应避免出现 $v=1$ 的情况。

当 $v\geqslant2$ 时:在激励频率 $\omega\times Z_{\text{s}}\times m$ 处将诱发叶轮的振动,如果叶轮的固有频率接近该激励频率,将在叶轮的前后盖板处产生疲劳破坏。与此同时,由于前盖板的振动,离心泵叶片将受到交变的应力,同样可能造成叶片结构破坏。

由公式(2.4)可知:通过有效地改变叶轮-导叶的叶片数匹配,可以调控离心泵压力脉动频谱特征,改变压力脉动频谱中主导信号的频率,从而实现频谱的调控,然而相关调控机制及频谱能量的分配特性仍缺乏研究。

为了对动静干涉现象进行预测,Rodriguez 等[11]基于傅里叶级数提出一种压力脉动频率和幅值预测方法,对于给定的 Z_r,Z_s 组合,叶轮周期性旋转诱发的激励力大小为

$$F_n = \sum_i F_{i,n}\sin(iZ_s\omega t - \phi_{i,n}) \tag{2.5}$$

式中:ω 为叶轮旋转角速度;$F_{i,n}$ 为激励力大小;i,n 为正整数;$\phi_{i,n}$ 为相位角。

F_n 在 x 轴方向的分量大小为

$$F_{n,x} = F_n\cos(\omega t + \Omega_{0,n}) \tag{2.6}$$

式中:$\Omega_{0,n}$ 为第 n 个叶片的初始相位角;Ω_0 为转子的初始相位角。

$$\Omega_{0,n} = n\frac{2\pi}{Z_r} + \Omega_0 \tag{2.7}$$

经过相关数学变换,最终可以得到 x 轴方向的激励力大小。

$$F_{n,x} = \frac{1}{2}\sum_{n=1}^{Z_r}\sum_i F_{i,n}\sin[(iZ_s \pm 1)\omega t - \phi_{i,n} \pm \Omega_{0,n}] \tag{2.8}$$

受动静干涉作用影响,叶频处压力脉动幅值一般在压力频谱中占据主导地位,且其在蜗壳圆周方向上呈现明显的差异,为了对叶频处压力脉动幅值进行预测,Parrondo-Gayo 等[12]提出了一种简单的声学模型,该模型综合考虑了叶片出口的尾迹结构及其和隔舌的动静干涉作用,通过一系列理想的点源来描述上述流动现象,之后整合不同工况下的系统参数即得到该预测模型,如式(2.9)所示。

$$p(\varphi,t) = \sum_{F=1}^{N}\left[P_F\left(\frac{S_\varphi}{S_F}\right)^\alpha \cdot e^{-j\cdot(\omega t - k_1 \cdot |\varphi - \varphi_F| - \beta_F)}\right] + P_B \cdot e^{-j\cdot(\omega t - 7\varphi)} \tag{2.9}$$

$$\omega = 2\pi f_{BPF} \tag{2.10}$$

$$\alpha = -(0.5 + k_E)(\varphi \geqslant \varphi_F) \tag{2.11}$$

$$\alpha = 0.5 - k_E(\varphi < \varphi_F) \tag{2.12}$$

$$j = \sqrt{-1} \tag{2.13}$$

$$k_1 = \pi f_{BPF}D_2/c \tag{2.14}$$

式中:c 为声速;$k_E = 1.4$;S_φ 为 φ 断面面积;D_2 为叶轮外径。式(2.9)中认为圆周方向的压力 P_B 呈现均匀分布特性,因此该公式实际上不能有效地预测偏工况下的叶频压力脉动幅值特性。此外,公式中相关系数由研究对象的试验统计得出,公式不具备普适性。

对于叶轮-蜗壳匹配的离心泵,受动静干涉作用,将诱发叶频 f_{BPF} 及其倍

频谐波信号,通常叶频在压力脉动频谱中处于主导地位,在叶频的高次谐波处,其压力脉动能量值通常较小,如图 2.14 所示。可以看出,设计工况下叶频处的压力脉动幅值远高于其高次谐波的能量,此时叶轮转速 $n=1\ 450$ r/min,叶片数 $Z_r=6$[13]。

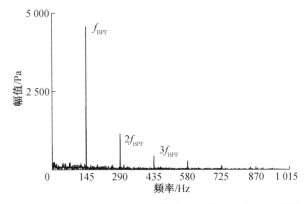

图 2.14 叶轮-蜗壳匹配结构的离心泵典型压力脉动频谱

对于具有叶轮-导叶匹配结构的离心泵而言,其压力脉动频谱与叶轮叶片数 Z_r 和导叶叶片数 Z_s 密切相关,满足式(2.4)的关系,主导频率一般发生在最小的波节直径 v 处,表 2.1 给出了 $Z_r=7$ 和 $Z_s=16$ 匹配条件下的压力脉动频谱特征。当 $m=4$,此时 $k=9$,$v=-1$,有 $4\times16-1=9\times7$,满足式(2.4)的要求,此时压力脉动频谱的主导频率出现在 $9f_{BPF}$ 处。表 2.1 给出了当 $v<10$ 时不同匹配条件下压力脉动频谱中可能出现的频率信号。

表 2.1 典型叶轮-导叶匹配条件下压力脉动频谱信号

v	m				
	1	2	3	4	5
1				$k=9$	
2	$k=2$				
3		$k=5$			$k=11$
4		$k=4$			$k=12$
5	$k=3$				
6			$k=6$	$k=10$	
7					
8		$k=4$		$k=8$	
9	$k=1$				

图 2.15 给出了叶轮叶片数 $Z_r=4$ 和导叶叶片数 $Z_s=12$ 匹配条件下,压

水室内压力脉动典型频谱特性[14]，由计算可知，此时 $k=3, v=0, m=1$，满足公式 $1 \times 12 + 0 = 3 \times 4$，即压力脉动频谱的主导频率理论上应该出现在 $3f_{BPF}$ 处。由压力脉动频谱可知，此时的主导频率确实出现在 $3f_{BPF}$ 处。

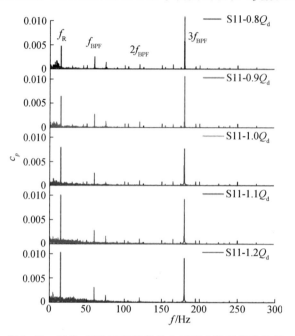

图 2.15　叶轮-导叶匹配诱发的典型压力脉动频谱特征

当离心泵轴系高速旋转时，由于叶轮质量不对称、轴系不对中，可能在压力脉动频谱中诱发轴频信号，此外，轴频-叶频之间的非线性干涉作用将诱发部分特征频率（$f = mf_{BPF} + nf_n$），如图 2.16 所示[15]。

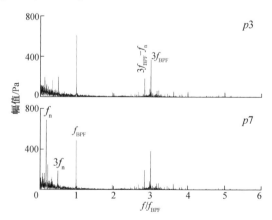

图 2.16　叶频和轴频非线性干涉诱发的频谱特征（$1.0Q_d$）

对于叶轮-导叶匹配结构,动静干涉诱发的激励频率特征还可以通过动静叶相遇图来确定,此时叶轮叶片数为 Z_r,导叶叶片数为 Z_s。图 2.17 中每条竖线表示某个固定时刻,从左到右,叶轮完成了一个完整的旋转周期,叶轮和导叶相遇的时刻如图中不同颜色的圆点所示。从叶轮-导叶相遇图中,可以捕捉到 1 倍的叶轮旋转频率成分 1Ω(Ω 为叶轮旋转频率),如图中对角线所示。除了 1Ω 频率外,还可以捕捉到其他对角线形成的频率,如图中沿着反向传播的扰动团频率 -6Ω。

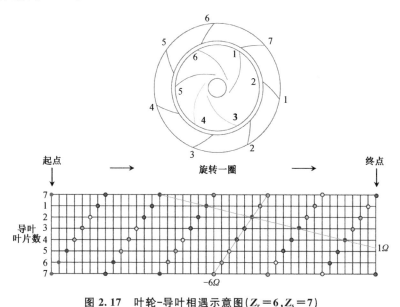

图 2.17　叶轮-导叶相遇示意图($Z_r = 6, Z_s = 7$)

图 2.18 给出了 $Z_r = 6$ 和 $Z_s = 16$ 匹配条件下,叶轮-导叶的相遇图。从图中的对角连线可以看出,泵内存在 9Ω 的频率信号,以及反向传播的 -3Ω 扰动频率信号。由图 2.17 和图 2.18 可知,图中还存在其他的对角线连接方式,但只有那些在每个周期出现大量相遇的干扰,才能形成明显的扰动频率信号。

为了清晰、直观地展示流体机械内部的扰动团传播特性,Miyagawa 等[16]通过可视化技术观察了高水头水轮机内部的典型流动结构,以探索动静干涉作用下,水轮机内扰动团的产生及传播特性。图 2.19 给出了 $Z_r = 6$ 和 $Z_s = 16$ 匹配条件下,水轮机流道内扰动团的分布特性。通过连续的图片可以看出,流道内存在两个截然相反的扰动团结构,并以 9Ω 的速度传播,如图 2.18 中的相遇图所示。

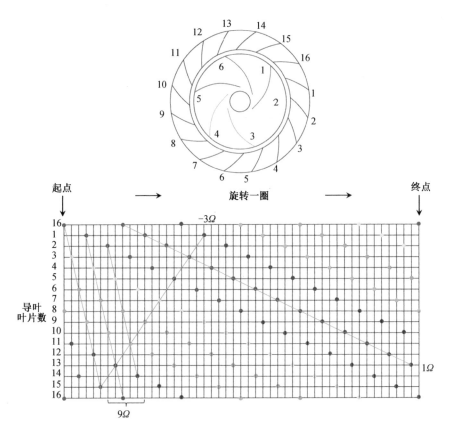

图 2.18　叶轮-导叶相遇示意图($Z_r = 6$, $Z_s = 16$)

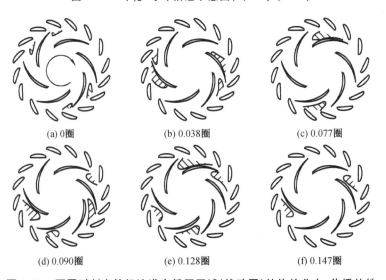

(a) 0圈　　　　　(b) 0.038圈　　　　　(c) 0.077圈

(d) 0.090圈　　　　　(e) 0.128圈　　　　　(f) 0.147圈

图 2.19　不同时刻水轮机流道内低压区域(扰动团)结构的分布、传播特性

通过数值计算手段,也可以构建叶轮-导叶相遇的时空图谱,从而获得流体机械内扰动微团的分布特征及其传播规律。Yang[17]采用 DES 数值计算方法对导叶泵内部复杂流动特征进行捕捉,此时叶轮和导叶的匹配特性为 $Z_r = 7, Z_s = 22, Z_{rc} = 11$。图 2.20 给出了动静叶相遇图,从图中可以捕捉到 -1.75Ω 的扰动频率。

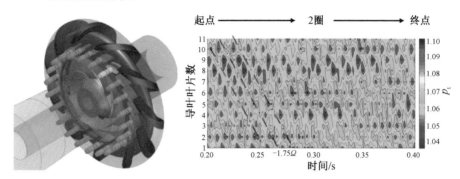

图 2.20 动静叶相遇形成的时空图谱

借助于数值计算手段,研究人员可以较为便捷地获得动静干涉诱发的激励特性,包括时域、频域、非定常激励力等。目前有多种数值计算方法可以对动静干涉现象进行计算、预测,不同方法对计算资源的需求如图 2.21 所示[16]。

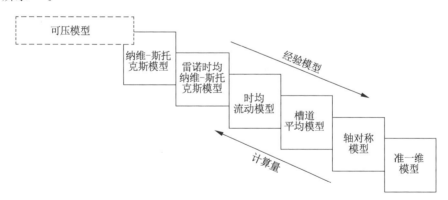

图 2.21 不同数值计算方法的对比情况

图 2.22 给出了基于数值计算手段对水轮机非定常压力脉动特性的计算结果,湍流模型为 k-ε,采用结构化网格,由试验结果对比可知,基于常规雷诺时均的 RANS 模型也可以较好地捕捉动静干涉诱发的压力脉动信号[6]。

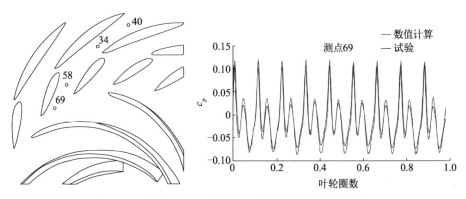

图 2.22　基于 RANS 方法的水轮机压力脉动预测结果

2.2　旋转失速现象

2.2.1　压气机及水轮机内旋转失速现象

旋转失速是典型的非定常流动现象,也是流体机械内非稳态流动研究的重点内容,尤其在压气机领域,旋转失速及喘振诱发的复杂流动及激励特性是压气机稳定性研究的关键内容。

图 2.23 给出了叶栅内旋转失速形成的示意图[5]。假设叶栅正处于较大的攻角或者严重减速工况,此时叶栅内开始出现明显的流动分离现象。如果流动分离首先出现在叶片 A 上,分离的流体将阻塞部分流道,这种堵塞作用将促使流体进入相邻的两个流道中。在叶片 B 上,当流体入射角增大时,将出现流动分离结构。但是在叶片 C 上,由于入射角的减小,并不会出现由流动分离诱发的失速现象。最终,失速流动结构将朝叶轮反向进行传播,叶轮诱发的旋转失速频率一般为 $0.5f_n \sim 0.9f_n$,导叶内旋转失速频率一般为 $0.10f_n \sim 0.25f_n$。

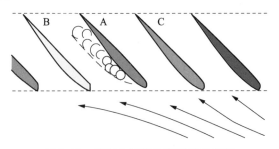

图 2.23　叶栅内旋转失速形成示意图

针对压气机旋转失速问题,图 2.24 给出了轴流式压气机典型的性能曲线,从图中可以总结出非稳态旋转失速诱发的特征现象[18]。

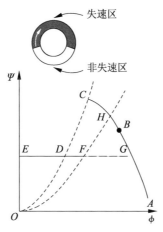

图 2.24　压气机典型的性能曲线

① 对于压气机而言,当失速发生时,总是伴随着突然的、大幅的压力损失,如从图 2.24 中的点 C 到点 D。

② 压气机旋转失速现象对应的工况点一般出现在压升系数曲线最高点,如图 2.24 中点 C 所示。需要注意的是,压气机的旋转失速裕度对应设计工况点 B 和失速工况点 C 之间的区域。

③ 一般而言,压气机非失速工况的节流设置会超出流量首次失速点,这会促使滞后回路 $C{\rightarrow}D{\rightarrow}F{\rightarrow}H$ 的形成,该回路的尺寸随设计压升及流量增加而增大。

④ 当失速发生时,压气机内的流动结构可以明显分成失速区和非失速区。

⑤ 失速团将以较低的速度在压气机内部运动、传播。

⑥ 对于高载荷、低弦展比的短叶片而言,其一般诱发单一、大尺度、全跨度的失速结构;对于长叶片而言,通常会产生多个、小尺度、局部跨度的失速结构。

⑦ 发生失速时,流量突降过程几乎总是发生在转子尖端附近。

⑧ 失速先兆一般可以总结为两种模式,其一为大尺度的模态扰动团结构(modal stall:以周长为单位长度),其二为小尺度扰动结构(以叶片距为单位长度),主要表现为尖峰状(spike stall)。在初始失速时,两种失速模式可能同时存在。

⑨ 局部跨度的失速团传播速度高于全局失速结构,通常干扰团尺寸越小,其旋转、传播速度越快。

⑩ 在失速前工况,即压气机流量大于失速工况流量时,通常可以在压气机内部观测到径向旋涡或者振荡的尖端间隙流。

图 2.25 给出了离心式压气机内典型的 spike 和 modal 失速诱发的压力波形图[19]。从图中可以看出,spike 失速先兆的特征信号为突尖波,初始扰动微团属于小尺度扰动,流动特征为展向集中涡。而 modal 失速先兆的特征信号为模态波,初始扰动微团属于大尺度扰动,流动特征为周向进流形成的谐波型扰动。两种不同失速模式诱发的压力脉动信号差异显著。在压气机中,对于 spike stall 而言,其是一种强非稳态流动现象,此时的内流结构通常表现为龙卷风式分离涡[18]。

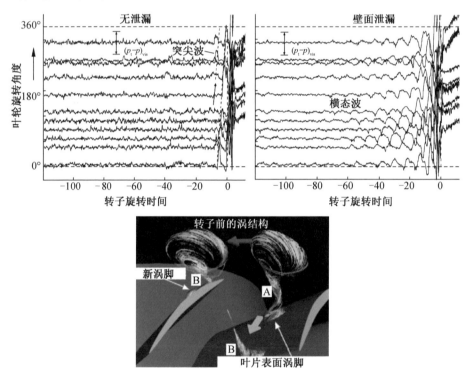

图 2.25　压气机内 spike stall 和 modal stall 模式

图 2.26 给出了轴流式压气机典型失速工况的频谱特性[20],该压气机的性能如图 2.27 所示。在工况 A5 处,当压气机工作在设计流量工况时,频谱由叶片通过频率主导。从工况 A12 开始,频谱中出现较多的扰动频率成分,其值约为叶频的 45%。随着压气机流量的减小,扰动频率幅值增加,并向低频移动。当压气机运行变得不稳定时,频谱中的宽带扰动频率幅值不断增加。在工况 A19,B20 时,频谱中出现了旋转失速诱发的特征频率,其值为 3.4% 叶频,这表明此时压气机内部出现了旋转失速现象,其传播频率约为转子旋转频率的一半,即 $0.5f_n$。

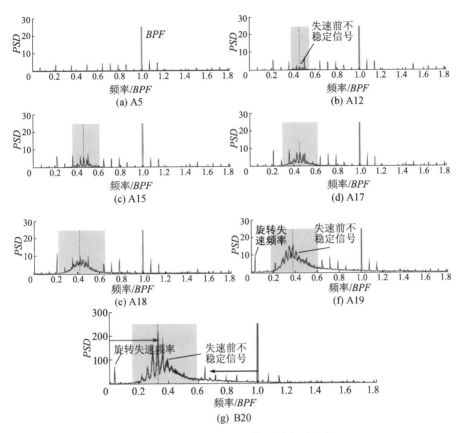

图 2.26　不同流量下压气机的频谱特征

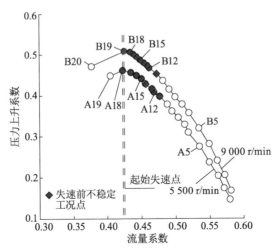

图 2.27　轴流式压气机性能图

对于水轮机而言,旋转失速同样容易出现在偏工况运行条件下。图 2.28 给出了水轮机流道瞬态流动分布特性[21]。由图可知,导叶流道 a—b 和流道 f—g 内流速较高,流动比较通畅,流道的通流性能不受失速团的影响。流道 b—c 此时正在经历失速过程,部分流道区域内出现低流速区域,而流道 c—d 则处于失速状态,流道的大部分区域都被低速区占据,该流道失去通流能力。流道 d—e 和流道 e—f 此时正从失速状态解除,恢复部分通流能力。

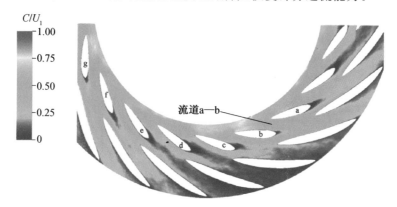

图 2.28　失速工况水轮机内流动分布特征

由于旋转失速的非定常特性,不同导叶流道内的流量必定呈现波动特性,因此分析旋转失速的演化过程时,需要连续变化的内流结构,以探索旋转失速结构的产生及其衰减、消亡过程。为了分析失速结构的动态变化过程,图 2.29 给出了不同阶段时导叶流道内的流动分布结构,不同的工作阶段如图 2.29f 所示,图中变化曲线表示通过导叶喉部的脉动流量[21],此时叶轮叶片数为 9,导叶叶片数为 20。图 2.29a 表示失速的晚期恢复阶段;图 2.29b 表示最高流量阶段;图 2.29c 表示失速发展阶段;图 2.29d 表示失速阶段;图 2.29e 表示失速的早期恢复阶段。数值计算获得的失速传播频率约为 $2\%f_n$。

图 2.30 给出了导叶上游 3 种不同位置(5%,10%,15% 导叶弦长)处来流攻角在不同阶段的变化特性,AOA 表示来流攻角,其定义为流速与导叶弦长的夹角,水轮机的参数及状态阶段特性如图 2.29 所示。从图 2.30 中可以看出,当不断靠近导叶的进口边时,AOA 幅值不断增加。结合图 2.29 可以看出,在较大的流量下(见图 2.29a,b),AOA 减小,意味着此时流体较好地沿着导叶在运动。当流量减小时,水轮机处于失速工况(见图 2.29c),AOA 曲线开始快速上升,在整个流量较小的区间内(见图 2.29b~d),AOA 曲线基本处于持续上升状态。

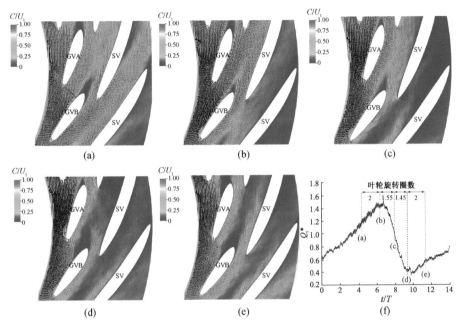

图 2.29　不同失速阶段导叶流道内流场结构分布特性

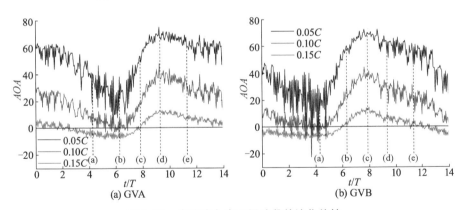

图 2.30　来流攻角在不同阶段的演化特性

2.2.2　离心泵内旋转失速现象

当泵内部出现由旋转失速诱发的驼峰现象时,对于泵系统而言,有可能出现系统不稳定运行现象,图 2.31 给出了几种典型的泵系统运行特性[10]。对于特定转速泵而言,其运行性能曲线保持不变,当系统损失 K_S 增加,例如调小阀门开度时,系统性能曲线斜率增大,系统与泵性能曲线的交点将朝小流量工况偏移,如图 2.31a 所示。当调整系统基准高度差 ΔZ 时,系统运行性能曲线将产生平移,如图2.31b所示。当改变泵的转速时,泵的性能曲线将近似平移,如图2.31c所示。

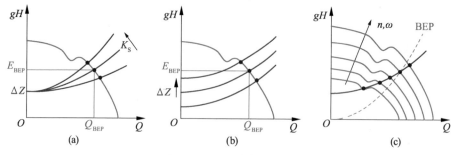

图2.31 泵系统运行特性

针对特定运行的泵系统,其能量平衡控制方程如下:

$$g\Delta Z+K_{\mathrm{S}}\frac{Q^2}{2A_{\mathrm{S}}^2}+L_{\mathrm{h}}\frac{\mathrm{d}Q}{\mathrm{d}t}=E(Q,\omega,y) \tag{2.15}$$

式中:L_{h}为系统水力尺寸;A_{S}为系统特征参考截面积;$E(Q,\omega,y)$为泵对系统的输入能量。

当系统中存在流量变化δQ和能量变化δE时,方程(2.15)具有如下形式:

$$g\Delta Z+K_{\mathrm{S}}\frac{(Q+\delta Q)^2}{2A_{\mathrm{S}}^2}+L_{\mathrm{h}}\left(\frac{\mathrm{d}Q}{\mathrm{d}t}+\frac{\mathrm{d}\delta Q}{\mathrm{d}t}\right)=E(Q,\omega,y)+\delta E \tag{2.16}$$

将式(2.16)减去式(2.15)可得

$$\frac{K_{\mathrm{S}}}{2A_{\mathrm{S}}^2}(2Q\delta Q+\delta Q^2)+L_{\mathrm{h}}\frac{\mathrm{d}\delta Q}{\mathrm{d}t}=\delta E \tag{2.17}$$

式(2.17)忽略二次项可得

$$\frac{K_{\mathrm{S}}}{A_{\mathrm{S}}^2}Q\delta Q+L_{\mathrm{h}}\frac{\mathrm{d}\delta Q}{\mathrm{d}t}=\delta E \tag{2.18}$$

能量波动由流量及其他因素共同决定,则

$$\delta E=\frac{\partial E}{\partial Q}\delta Q+\delta E'(t) \tag{2.19}$$

由式(2.18)和式(2.19)可得

$$L_{\mathrm{h}}\frac{\mathrm{d}\delta Q}{\mathrm{d}t}+\delta Q\left(\frac{K_{\mathrm{S}}}{A_{\mathrm{S}}^2}Q-\frac{\partial E}{\partial Q}\right)=\delta E'(t) \tag{2.20}$$

由式(2.20)可知系统的稳定性条件为

$$\frac{K_{\mathrm{S}}}{A_{\mathrm{S}}^2}Q-\frac{\partial E}{\partial Q}>0,\text{即}\frac{\partial E}{\partial Q}<\frac{K_{\mathrm{S}}}{A_{\mathrm{S}}^2}Q \tag{2.21}$$

图2.32给出了系统典型的不稳定运行示意图,从图中可以看出,在某些

特定条件下,系统性能曲线与泵的性能曲线有两个交点,这将直接导致系统的非稳定运行状态,因此在进行泵设计时应尽量避免驼峰现象的出现。

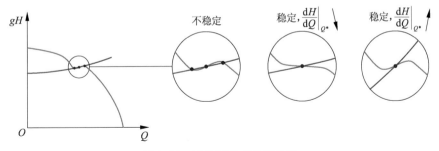

图 2.32 系统不稳定运行特性

当泵运行在小流量工况时,进口液流角减小,进口冲角增大,此时在叶片背面会形成明显的流动分离,最终诱发失速团,并在叶轮流道内传播,形成非稳态旋转失速现象。旋转失速现象在离心泵、混流泵、轴流泵内都可以被观测到,此时泵的扬程曲线将出现非常明显的驼峰现象,如图 2.33 所示[22]。

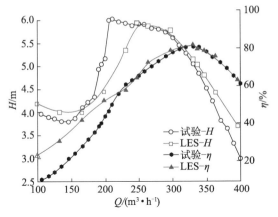

图 2.33 轴流泵扬程驼峰现象

图 2.34 给出了不同工况下泵内典型流动结构,可以看出:在设计工况下(见图 2.34a),叶轮内部流动分布均匀,此时冲角为 0°,即流体以无冲击方式进入叶轮;在小流量工况下(见图 2.34b),进口液流角减小,冲角增大,此时叶片背面形成明显的流动分离结构;进一步降低流量,背面流动分离将扩张,在叶轮流道内形成大尺度分离团,如图 2.34c 所示;由于失速团的存在,此时叶轮流道 2 将形成堵塞现象,随着叶轮周期性旋转,失速团将在叶轮流道内传播,形成非稳态旋转失速现象,并诱发失速特征频率[23]。

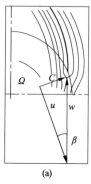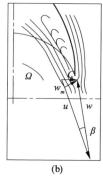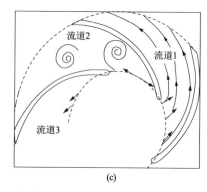

图 2.34　旋转失速形成示意图

　　目前主要依据失速团的传播方式对旋转失速现象进行划分,在压缩机中,Kline[24]将旋转失速分为 3 种不同类型,即旋转失速、交替失速和非对称失速。旋转失速的主要特点是失速团以特定速度沿着周向传播;交替失速是指非失速团和失速团在叶轮流道内交替分布,周向传播速度为 0;非对称失速的特点是失速团在叶轮内呈非对称分布,但失速团的周向传播速度为 0。在导叶式离心泵内,上述 3 种失速现象同样存在,相关研究可见 Sano 等[25]的研究成果。

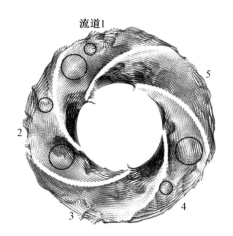

图 2.35　旋转失速工况下叶轮内典型
流动结构

（1）失速团个数

　　目前对于失速团的定义仍不统一,部分学者认为叶轮进口附近的大尺度流动分离结构为失速团,也有研究认为叶轮中明显的低压区为失速团结构。当旋转失速现象出现时,泵内部往往存在不止一个失速团,泵内失速团个数可以通过压力/速度频谱特性分析得到。图 2.35 给出了旋转失速条件下叶轮流道内典型的速度场分布特征[26]。由图可以看出,当旋转失速出现时,流道 1,2,4 同时出现 2 个不同尺度的旋涡结构,此时流道 1,2,4 处于流动堵塞状态。

　　图 2.36 为旋转失速工况下的速度脉动频谱[26]。在低频段可以捕捉到 7.3 Hz,14 Hz 和 21 Hz 峰值信号,可以认为 14 Hz 和 21 Hz 信号分别为 7.3 Hz 频率的 2 倍和 3 倍频,因此可以推测此时的旋转失速频率为 7.3 Hz,而由 3 倍频可以推测,叶轮内部同时出现 3 个失速团。

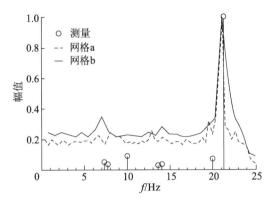

图 2.36　旋转失速速度频谱

（2）失速频率和失速团传播速度

失速频率是指失速团周期性生成、脱落诱发的频率。水泵中失速团的频率通常低于 0.25 倍转频，Krause 等[27]通过 PIV 试验认为离心泵内失速频率为 0.21～0.24 倍转频。Sinha 等[28]认为导叶式离心泵的失速频率约为 0.062 倍转频。失速团传播速度指的是失速团相对于叶轮的周向旋转速度，一般在风机和压缩机叶轮内，失速团传播速度为 0.5～0.7 倍转频，而在泵中，失速团传播速度一般小于 0.25 倍转频。失速团传播速度与失速频率及失速团个数有关，计算方法如下[29]：

在叶轮流道内设置两个旋转失速信号监测点 A 和 B，两点之间的夹角为 $\Delta\theta$，则失速团的旋转速度为

$$\omega_{s} = \frac{\Delta\theta}{\Delta t} \tag{2.22}$$

式中：Δt 为两点之间压力脉动信号的时间延迟。

失速团旋转一周的时间 T 为

$$T = \left(\frac{360}{\Delta\theta}\right)\Delta t \tag{2.23}$$

失速团旋转频率为

$$f = 1/T \tag{2.24}$$

当失速团旋转一周，监测点 A 发出 N 个波形，则 N 为叶轮内旋转失速团的个数，计算公式如下：

$$N = \left(\frac{360}{\Delta\theta}\right)f\Delta t \tag{2.25}$$

图 2.37 给出了大型导叶式离心泵不同工况旋转失速特性，以及基于离散傅里叶变换（DFT）的压力脉动频谱，k_s 表示旋转失速核个数，ω_s 表示旋转失

速核的传播速度,此时叶轮叶片数 $Z_r = 9$,导叶叶片数 $Z_s = 20^{[10]}$。

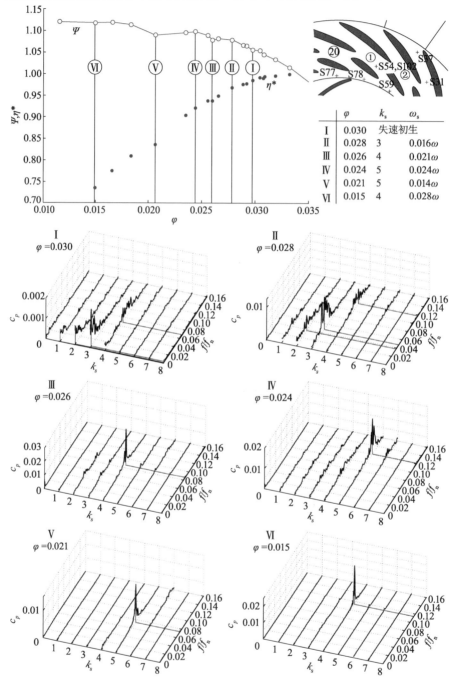

图 2.37 旋转失速工况对压力频谱特性的影响

由图 2.37 可知,对于导叶式离心泵而言,不同旋转失速工况下,旋转失速诱发的复杂流动结构特性差异显著,尤其在失速核个数方面。随着工况的变化,旋转失速核个数呈现不断改变的变化规律,旋转失速核的传播频率也呈现一定的差异性,但失速频率总体较小,约为叶轮旋转频率的 2%。

2.3 空化流动现象

2.3.1 空泡基本理论

空化是水力机械中振动噪声的重要激励源,在部分运行条件下,当局部区域的静压严重下降并且低于汽化压力时将产生空化现象。单个空泡及空泡群的溃灭将诱发大幅压力波动,进而造成水力机械振动能量的上升,最终影响水力机械内部的流动稳定性。空化发生时,由于空泡直径的跨度范围较大,空泡溃灭周期各异,将激励宽频噪声信号,因此空化是水力机械非稳态研究的重要内容。图 2.38 给出了翼型及螺旋桨表面空泡分布情况[30]。

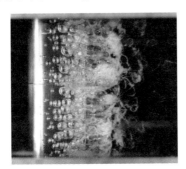

图 2.38　翼型及螺旋桨空化形态

由于液体中空化核的存在,空泡将首先依附空化核产生,对于单个理想球形空泡,其运动特性与液体表面张力、空泡内外压差有关,因此空泡的平衡半径可以用式(2.26)来描述[30]：

$$p_V - p_\infty + p_{GE} - \frac{2S}{R_E} = 0 \tag{2.26}$$

式中：R_E 为空泡平衡半径；p_V 为汽化压力；p_{GE} 为空泡内非可压缩气体压力；p_∞ 为周围环境压力；S 为液体表面张力。

当压力变化时将造成空泡半径的变化,可以采用经典的 Rayleigh - Plesset 方程来描述空泡半径的变化规律：

$$\frac{p_B(t) - p_\infty(t)}{\rho_L} = R\frac{d^2R}{dt^2} + \frac{3}{2}\left(\frac{dR}{dt}\right)^2 + \frac{4\nu_L}{R}\frac{dB}{dt} + \frac{2S}{\rho_L R} \tag{2.27}$$

受空泡直径及外界压力的影响,空泡可能会产生溃灭现象或者形成更大的空穴。对于理想球形空泡来说,当空泡半径超过布莱克临界半径 R_C 后,空泡将失稳,如式(2.28)所示。

$$R_E > R_C = \frac{2S}{3k\,p_{GE}} \tag{2.28}$$

其中 k 非恒定值,随空泡半径的改变而变化。

空泡增长之后将朝高压区运动、溃灭、释放冲击能量,当空泡中含有气体(例如空气)时,其尺寸将呈现振荡特性,当液体密度为 ρ_L 时,其自振频率可以用式(2.30)来估算:

$$\omega_N = \left\{ \frac{1}{\rho_L R_E^2} \left[3K(\bar{p}_\infty - p_V) + 2(3k-1)\frac{S}{R_E} \right] \right\}^{\frac{1}{2}} \tag{2.29}$$

$$f_N = \omega_N / (2\pi) \tag{2.30}$$

对于直径为 $0.1\sim1$ mm 的单个理想球形空泡,其自振频率为 $1\sim10$ kHz。在实际流动中,空泡经常以空泡云的形式出现,和单个球形空泡相比,空泡云的自振频率要小得多。由于空泡云有多个自振频率,实际应用时一般只考虑其第一阶自振频率:

$$\omega_1 = \omega_N \Big/ \sqrt{1 + \frac{4}{3\pi^2} \frac{A_0^2}{R_0^2} \frac{\alpha_0}{1-\alpha_0}} \tag{2.31}$$

式中:R_0 为单个空泡直径;A_0 为空泡云的等效半径;α_0 为稳态空泡云的空泡空隙率。

$$fl/U = 0.25\sqrt{1+\sigma} \tag{2.32}$$

$$\sigma = 2(p_\infty - p_V)/(\rho_L u_\infty^2) \tag{2.33}$$

空泡溃灭过程是强非线性现象,其将激励宽频噪声信号,翼型试验研究中空化诱发的主激励信号频率与空穴长度 l 和空化数 σ 密切相关,如式(2.33)所示。

对于单空泡溃灭来说,可以通过可视化手段对其进行研究。主流研究认为空泡的溃灭模式可以分为两种,即微射流模式和冲击波模式,当空泡溃灭作用于固体表面时,可能会产生空蚀破坏现象。

单个空泡的生长、溃灭过程如图2.39所示[31]。在初始阶段,受外界环境变化的影响,空泡开始出现,其生长过程需克服空泡周围的环境压力 p_∞,在平衡状态下,空泡的生长半径达到最大值 R_0,此时空泡已经具有一定的势能,如公式(2.34)所示。之后,空泡开始溃灭,并产生回弹现象和发光效应。图2.39上部给出了球形空泡生长至溃灭的连续图片,其周期为 112 ms;中部给出了空泡半径的演化过程;下部给出了空泡演化周期内释放的噪声信号。可以看出，空泡第一次溃灭的生长周期约为 0.35 ms。

$$E_0 = \frac{4\pi}{3} R_0^3 \Delta p \tag{2.34}$$

$$\Delta p = p_\infty - p_V \tag{2.35}$$

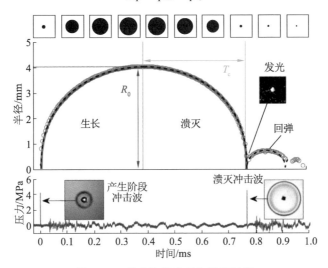

图 2.39　单空泡的生长和溃灭过程

当球形空泡受到外部作用力而发生溃灭时，空泡可能在溃灭的过程中被液体射流击穿，如图 2.40 所示[31]。在空泡溃灭时，空泡局部界面向中心坍塌的速度要比其余部分更快，这是引起微射流的直接原因。研究表明，球形空泡溃灭的能量将被冲击波带走，或者再次形成一个回弹的空泡。

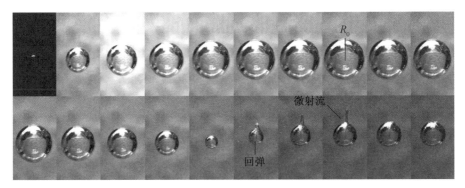

图 2.40　空泡溃灭的微射流模式

针对空泡的微射流溃灭模式，Supponen[31] 提出了一种无量纲参数以对微射流模式进行进一步的划分，如公式（2.36）所示。微射流可以进一步划分为 3 种不同模式：弱微射流模式，此时 $\zeta \leqslant 10^{-3}$；中等强度微射流模式，此时

$10^{-3} < \zeta < 0.1$；强微射流模式，此时 $\zeta \geqslant 0.1$。3 种不同微射流模式的基本形态如图 2.41 所示。弱微射流模式一般产生在空泡溃灭后回弹的空泡内部；中等强度微射流模式一般出现在回弹空泡产生的过程中；强微射流模式在空泡溃灭阶段即可被观测到。

$$\zeta \equiv |\zeta| \equiv -\nabla p R_0 \Delta p^{-1} \tag{2.36}$$

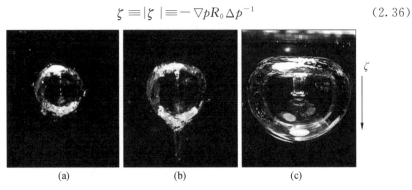

图 2.41 微射流的 3 种不同细分模式

当空泡溃灭形成微射流后，射流速度在特殊工况下甚至可以超过声速，图 2.42 给出了不同模式下微射流形成的射流速度分布特性[31]。纵坐标为无量纲射流速度，$(\Delta p/\rho)^{1/2} \approx 10$ m/s，可以看出弱射流速度值要大于强射流速度值，在 $\zeta < 0.01$ 条件下，微射流速度甚至可以达到 $U_{jet} = 900$ m/s。

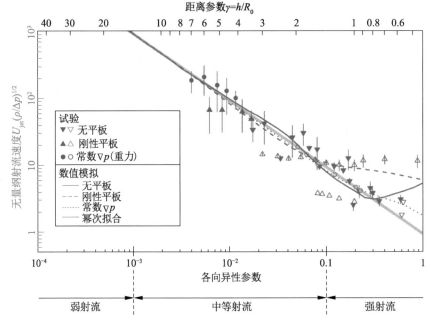

图 2.42 不同条件下微射流速度变化特性

空泡溃灭诱发的冲击波具有极强的破坏性,其幅值甚至可以达到 GPa 量级,冲击波模式是空泡研究长期关注的问题,图 2.43 给出了采用激光诱导空泡产生及溃灭的试验装置[31]。试验中的高速相机帧频可以达到 10^7 fps,水听器的带宽可以达到 30 MHz,以捕捉空泡产生、溃灭诱发的冲击波信号。

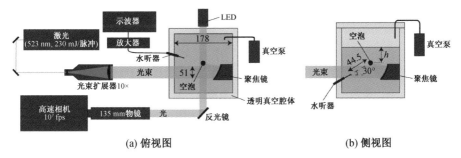

(a) 俯视图   (b) 侧视图

图 2.43   空泡溃灭研究装置

对于球形空泡溃灭过程,假定空泡溃灭诱发的冲击波以球面形状传播,其能量可以用如下公式进行预测:

$$E_S = aU_{max}^b \int U^2(t)\,\mathrm{d}t \tag{2.37}$$

式中:$U(t)$ 为空泡溃灭过程中水听器产生的电压信号;U_{max} 是电压最大值;a 和 b 分别为标定的常数[31]。

采用不可压缩 Rayleigh 方程可以估算空泡溃灭诱发的压力大小,如公式(2.38)所示。

$$\frac{p}{p_0} = 1 + \frac{R}{3r}\left(\frac{R_0^3}{R^3} - 4\right) - \frac{R^4}{3r^4}\left(\frac{R_0^3}{R^3} - 1\right) \tag{2.38}$$

式中:r 为距离空泡中心的半径。

空泡溃灭过程中,半径的变化规律可以采用公式(2.39)进行估算。

$$R(t) \approx R_0(1 - t_2)^{2/5} \tag{2.39}$$

当半径 $R_0 = 3.8$ mm 的球形空泡溃灭时,水听器距离空泡的半径为 44.5 mm,冲击波从溃灭的空泡传播至水听器大约需要 30 μs,由公式(2.38) 预测的冲击波压力大小为 $p - p_0 = 3.8$ MPa,此时 p_0 表示为空泡位置处,未被扰动流场的压力大小。图 2.44 给出了试验获得的空泡溃灭形成的冲击波图像及水听器捕捉到的压力信号。此时,$\zeta < 10^{-3}$,图像帧幅时间为 0.1 μs,图中虚线为公式(2.38)的预测曲线,可以看出试验获得的冲击波幅值与理论值较为一致。

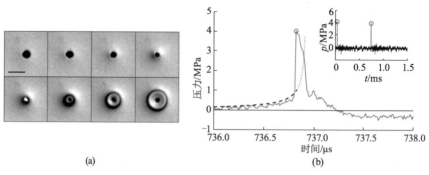

图 2.44　球形空泡溃灭的冲击波模式及诱发的压力信号

当空泡为非球形时,其在近壁面溃灭的过程及诱发的冲击信号与球形空泡存在显著的差异性,图 2.45 给出了几种不同条件下非球形空泡溃灭的演化过程及诱发的冲击波信号特征[31]。图 2.45a,b 中,$R_0 = 3.6$ mm,$\zeta = 2.9 \times 10^{-2}$;图 2.45c,d 中,$R_0 = 3.6$ mm,$\zeta = 4.6 \times 10^{-2}$;图 2.45e,f 中,$R_0 = 3.2$ mm,$\zeta = 0.19$;图 2.45g,h 中,$R_0 = 3.0$ mm,$\zeta = 0.33$。图像帧幅时间间隔:图 2.45a 为 0.2 μs,图 2.45c 为 0.3 μs,图 2.45e 为 0.6 μs,图 2.45g 为 0.4 μs。从非球形空泡溃灭演化图像可以看出,空泡溃灭过程中存在以下冲击波特征,如图中 1~5 所示,其中 1 为射流冲击波,2 为环面破灭冲击波,3 为尖端空泡破灭冲击波,4 为第二次环面溃灭冲击波,5 为第二次尖端空泡溃灭产生的冲击波。关于水听器捕捉到的空泡溃灭过程产生的压力信号,图中的红点和蓝点分别表示空泡产生和溃灭诱发的冲击波峰值信号。

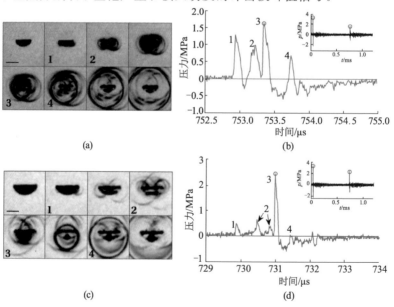

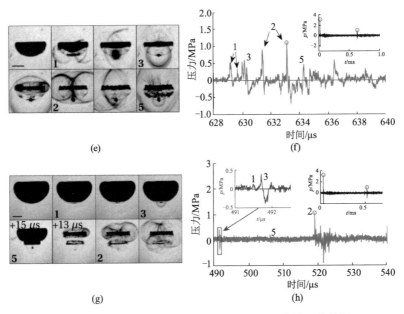

图 2.45　非球形空泡溃灭的冲击波模式及诱发的压力信号

图 2.46 给出了空泡溃灭冲击波能量的分布特性。由图可知,在 $10^{-3} <$ $\zeta < 2 \times 10^{-2}$ 区间内,空泡诱发的冲击波能量快速减弱,在该工况内,射流冲击形成的水锤波起主导作用。随着空泡的变形,流向空泡中心的液体将呈现各向异性,被空泡包围的气体的压缩程度会降低,从而产生较弱的冲击波。随着 ζ 的增加,冲击波的辐射能量减弱,更多的能量将被用来形成微射流及回弹空泡。

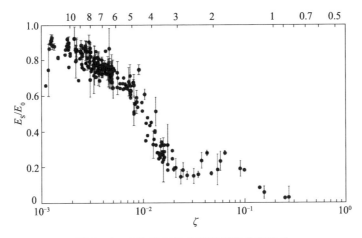

图 2.46　空泡溃灭冲击波的能量分布特性

在空泡溃灭过程中,甚至会出现发光现象,图 2.47 给出了不同条件下空泡溃灭诱发的发光现象[31]，此时，帧幅间隔时间为 100 ns，高速相机的曝光时间为 50 ns，空泡的最大半径 R_0 分别为 4.1 mm，4.3 mm，4.8 mm，5.1 mm，6.1 mm 和 7.1 mm。从中间图片可知，空泡溃灭过程产生了发光现象，之后空泡经历回弹过程。

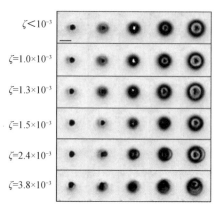

图 2.47　空泡溃灭过程的发光现象

对于单空泡而言，其溃灭周期短，诱发的激励信号频率高，但是对于空泡群而言，其易诱发低频压力脉动。Ji 等研究认为，空泡群诱发的低频脉动与空泡体积对时间的二阶导数呈正比关系，如公式（2.40）所示。图 2.48 给出了数值计算曲线与一维理论模型的对比结果[32]。公式（2.40）揭示了空化流动中低频压力脉动的产生根源。这不但对空化状态与空化激振力的关系进行了定量描述，更为工程中控制空化激振力提供了新的思路，即控制空化体积对时间的二阶导数即可，此时不需要严格要求处于无空化流动状态。

$$p = p_{\text{out}} + \rho_1 \frac{L}{A} \frac{\mathrm{d}^2 V_{\text{cav}}}{\mathrm{d}t^2} \qquad (2.40)$$

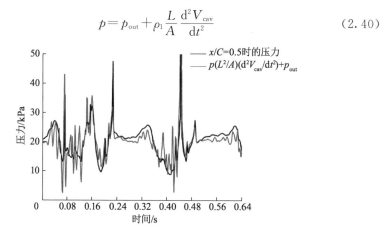

图 2.48　数值计算预测曲线与理论的对比

2.3.2 泵内空化现象

对于泵装置而言,一般用 NPSH$_a$ 来表征装置空化余量,其与装置属性有关,与泵内部流动无关,装置空化余量定义如下:

$$\mathrm{NPSH_a}=\frac{p_s}{\rho g}+\frac{v_s^2}{2g}-\frac{p_V}{\rho g} \tag{2.41}$$

式中:p_s 和 v_s 分别为泵吸入端附近的绝对压力和速度大小;p_V 为此时的饱和蒸汽压力。

泵的必需空化余量如公式(2.42)所示,其与泵的设计、内部流动有关,与装置无关。

$$\mathrm{NPSH_r}=\frac{v_0^2}{2g}+\lambda\,\frac{w_0^2}{2g} \tag{2.42}$$

式中:v_0 和 w_0 分别为叶片进口边附近位置的绝对速度和相对速度大小;λ 为叶片进口绕流压降系数。

当 NPSH$_a$>NPSH$_r$ 时,泵内无空化产生;当 NPSH$_a$=NPSH$_r$ 时,泵内处于空化初生状态;当 NPSH$_a$<NPSH$_r$ 时,泵内产生空化现象。

工程应用中,一般认为当泵的扬程曲线下降 3% 时,泵内开始出现空化现象,图 2.49 给出了轴流泵典型的空化曲线图[5]。

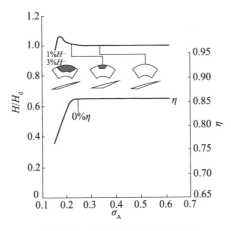

图 2.49　轴流泵空化性能曲线

图 2.49 中横坐标为空化数 σ_A,其定义如下:

$$\sigma_A=\frac{\mathrm{NPSH_a}}{H} \tag{2.43}$$

对于几何相似的泵,存在空化相似,如公式(2.44)所示:

$$\frac{NPSH_r}{(Dn)^2} = const \qquad (2.44)$$

由泵相似定律可知：

$$\frac{Q}{D^3 n} = const \qquad (2.45)$$

由式(2.44)和式(2.45)可得空化比转速 C：

$$C = \frac{5.62n\sqrt{Q}}{NPSH_r^{3/4}} \qquad (2.46)$$

通常用临界空化余量 $NPSH_c$ 来代替必需空化余量 $NPSH_r$。

空化比转速 C 的范围，对于抗空化性能高的泵，$C = 1\,000 \sim 1\,600$；兼顾效率和抗空化性能的泵，$C = 800 \sim 1\,000$；主要考虑效率的泵，$C = 600 \sim 800$。

当流体机械内部出现空化现象时，除了能量性能受到影响外，振动噪声性能也会受到影响。流体机械内部存在多种形式的空化形态，包括间隙泄漏空化、旋涡空化、局部空化等，图 2.50 给出了间隙泄漏空化及尾水管内的空化涡带结构[33]。

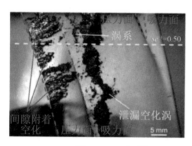

图 2.50　间隙泄漏空化和空化涡带

图 2.51 给出了空化和未空化时离心泵典型的振动、噪声频谱的对比，可以看出，空化对宽频振动、噪声信号皆产生了明显的影响，尤其在频谱的高频段，振动、噪声能量快速上升。试验过程中可以采用压力传感器对空化溃灭诱发的噪声信号进行采集，压力信号的强度与空泡数量、空泡体积、溃灭压力有关，因此声压信号是空化强度的量度。针对空化噪声的研究重点主要集中在 3 个工程应用方面，即通过空化噪声判断空化的产生、建立空化噪声与空蚀之间的关系、基于空化噪声对机组稳定性进行诊断。

图 2.52 给出了空化发展过程对空泡体积、噪声、空蚀、潜在内爆能量的影响规律[5]，可以看出，在较高的进口压力下，空化不会产生，此时可以测量到背景噪声信号 NL_0，它由湍流、不稳定的叶片力和机械噪声产生，与泵的进口压力无关。当第一个空泡出现时，噪声信号受到影响，可以看出声压开始上升，出现空化初生状态，此时的噪声空化初生状态要略早于可视化观测到的初生

空泡,因为在叶片上观察到空泡之前,回路中可能已经形成微气泡。随着空化的进一步发展,空化数 σ_A 不断降低,空化噪声能量不断增加,并在扬程出现下降的时候达到极大值,之后空化噪声能量快速降低。

$$E_{pot} = \frac{4}{3}\pi(R_0^3 - R_{end}^3)(p - p_V) \qquad (2.47)$$

式中:R_{end} 为空泡溃灭结束时的半径。

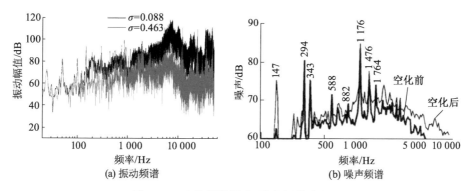

(a) 振动频谱   (b) 噪声频谱

图 2.51　空化诱发振动、噪声频谱对比图

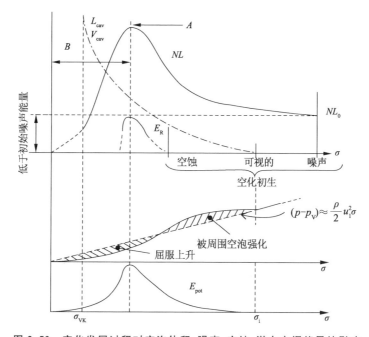

图 2.52　空化发展过程对空泡体积、噪声、空蚀、潜在内爆能量的影响

由图 2.52 可知,空化噪声曲线可以被划分为两个区域,即区域 A,B。在

区域 A 中,空化发展程度有限,主要集中在叶片的某个局部,此时的空化噪声特性可以作为空化强度的量度。而在区域 B 中,当空化发展严重时,具有两相特性的空泡区域可以有效地吸收空泡的溃灭噪声能量,此时空化噪声不能有效地作为空化发展的量度。

对于空化噪声(cavitation noise level)计算而言,其等于总噪声 NL 减去背景噪声 NL_0,具有如下关系:

$$CNL = \sqrt{NL^2 - NL_0^2} \tag{2.48}$$

当空化发生在叶轮内时,每个叶片上都将产生空泡,引入参考叶片数 $Z_{La,Ref} = 7$ 对空化噪声进行无量纲化处理。

$$CNL_{Ref} = CNL \sqrt{\frac{Z_{La,Ref}}{Z_{La}}} \tag{2.49}$$

无量纲空化噪声计算式如下:

$$NL^* = \frac{2NL}{\rho u_1^2} \tag{2.50}$$

式中:u_1 为叶片进口圆周速度。

图 2.53 给出了不同转速下空化诱发的流体噪声和固载噪声的变化特性,可以看出,不同转速下空化噪声曲线具有较高的相似度,满足式(2.50)的无量纲相似准则。

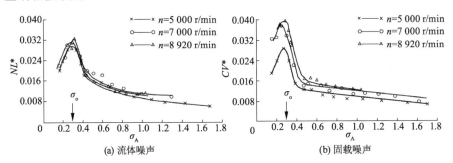

图 2.53 不同转速下的空化噪声曲线

离心泵空化激励特性研究的重要目的是建立相对完善的空化监测理论,避免离心泵工作在空化工况。离心泵空化产生的常规判据是 3% 扬程下降临界点,然而在该临界点,空化实际上已经发展得比较严重,因此该判据存在一定的不足,不能有效地判断离心泵空化初生和空化发展过程。图 2.54 给出了水力机械振动能量随空化数降低的典型变化趋势,可以看出,在扬程临界空化点前,空化实际上早已经对振动能量产生影响,因此,从空化诱导振动噪声角度出发可以为空化的监测提供更早、更有效的判断准则。

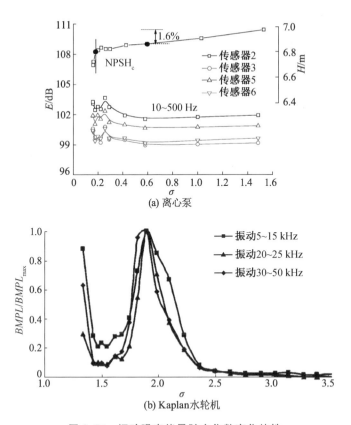

(a) 离心泵

(b) Kaplan水轮机

图 2.54 振动噪声能量随空化数变化特性

除了对水力机械的外特性造成影响,空化现象的另外一个严重后果是将造成叶片的空蚀破坏,如图 2.55 所示[5]。空蚀破坏与空化形态、叶片材料属性、介质属性等因素密切相关,目前还未能建立比较好的预测模型来准确地判断空蚀类型和空蚀发生区域。因此,要避免空蚀现象的出现,应从发展空化监测手段入手,准确地判断空化的发生,从源头上避免空蚀现象的产生。

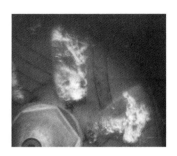

图 2.55 离心泵叶片空蚀现象

2.4 高频涡脱现象

高频涡激现象同样是水力机械非稳态流动激励特性的重要来源,尤其在Francis水轮机装置中,在转子、活动和静止导叶内皆可能产生卡门涡激现象[34,35],这对水轮机的稳定运行极为不利。早在 1960 年 Heskestad G 和Olberts D R[36] 就通过试验研究了不同叶片尾缘对水轮机涡激振动特性的影响,试验对比结果证实设计良好的叶片尾缘结构可以显著地降低涡激诱发的振动能量。因此,当水轮机出现异常振动时,修改叶片出口形状往往可以取得理想的效果,这种方法在早期的水轮机研究中十分常见。

研究证实涡脱频率 f 和来流速度 W、特征尺寸 δ_w 关系密切,可以用式(2.51)来描述[37]:

$$f = S_{Str} \cdot W / \delta_w \qquad (2.51)$$

式中:S_{Str} 为无量纲斯特劳哈尔数,其与物体的固有形状和来流雷诺数有关,图2.56 给出了几种常见形状的斯特劳哈尔数[5]。

结构		S_{Str}
圆柱体 $S_{Str} = f(Re)$	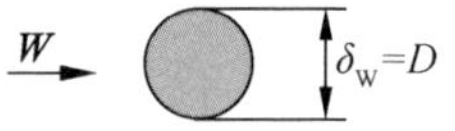 $W \rightarrow$ ⬤ $\delta_w = D$	0.2～0.3
四方体	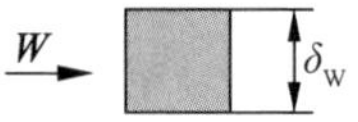 $W \rightarrow$ ▮ δ_w	0.125
矩形	$\frac{L}{\delta_w} = 0.5$ $\quad W \rightarrow$ ▯ L δ_w	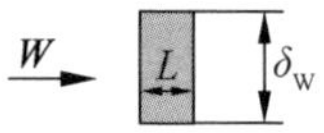 0.170
	$\frac{L}{\delta_w} = 2.0$ $\quad W \rightarrow$ ▭ L δ_w	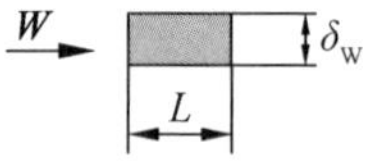 0.068

图 2.56 几种常见形状的斯特劳哈尔数

对于给定的物体,旋涡将从物体尾缘上下表面交替性地脱落,旋涡脱落强度及流动分离点受尾缘形状影响显著。当改变尾缘形状时,由于上下旋涡的分离位置各异,因此将造成脱落涡的碰撞,弱化旋涡脱落强度,最终达到降低涡激振动能量的目的。图 2.57 给出了几种不同尾缘形状时的脱落涡结构强度、分离点及其演变过程[37]。

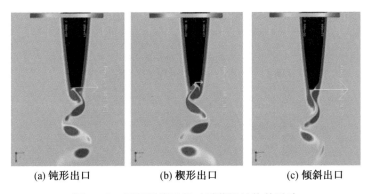

(a) 钝形出口   (b) 楔形出口   (c) 倾斜出口

图 2.57 不同尾缘形状对脱落涡结构的影响

对于经典的翼型绕流试验来说,其涡脱频率随来流速度的变化特性分为几个阶段,如图 2.58 所示。当来流速度较小时,即雷诺数较低时,涡脱频率随来流速度基本呈线性增加的变化趋势。当雷诺数增加时,在特定的来流速度,涡脱频率基本保持不变,此时涡脱频率和翼型的固有频率一致,这就是翼型绕流典型的"锁定"现象(lock-in)。由于涡脱频率和翼型的固有频率相近,将诱发翼型共振,翼型的振动幅值将大幅增加。继续增大来流速度,"锁定"现象解除(lock-off),此时涡脱频率随来流速度基本呈线性增加特性,同时涡脱频率避开翼型固有频率,共振现象不再出现,翼型振动幅值下降。

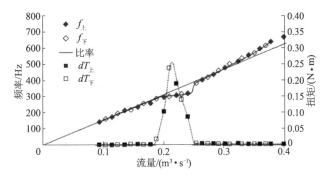

图 2.58 翼型绕流涡脱频率及幅值随来流变化特性

卡门涡脱现象不仅在翼型、平面、圆柱等简单几何体的绕流中出现,这种高频涡激振动现象在叶轮-导叶结构的离心泵、混流泵中同样存在,尤其在导叶出口会出现周期性的涡脱现象。

图 2.59 给出了混流式核主泵导叶中间截面上典型的涡量分布结构,可以看出在导叶出口边形成了周期性的涡脱现象,这种涡激振动特性将可能对模型泵的振动能量产生显著的影响,因此在模型泵的设计过程中应对其加以重

视,以降低涡激振动能量。

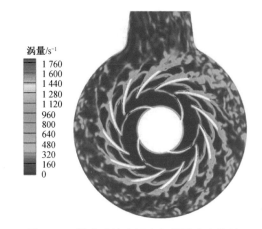

图 2.59　混流式核主泵内部涡量分布特性

对于旋转叶片来说,绕流叶片形成的脱落涡频率为

$$f = \frac{k_1 W_2}{\delta_2} \tag{2.52}$$

式中:W_2 为尾迹流速度;δ_2 为叶片尾缘厚度,如图 2.60 所示[16]。

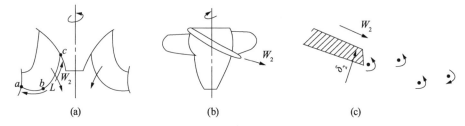

图 2.60　水轮机尾迹涡脱落示意图

斯特劳哈尔数为

$$S_{\text{Str}} = \frac{f \delta_2}{W_2} \tag{2.53}$$

叶轮脱落的卡门涡强度可以采用公式(2.54)进行计算:

$$\Gamma = 32.95 k_2 \delta_2 (0.29 W_2 - f k_2 \delta_2) \tag{2.54}$$

根据势流理论,受卡门涡脱影响,在长 l(同步长度)叶轮上产生的作用力 P 为

$$P = k \rho \delta_2 l \overline{W_2^2} \sin(2\pi f t) \tag{2.55}$$

$$k = 26.71 k_2 (0.29 - k_1 k_2) \tag{2.56}$$

其中 $l = 0.1L$,$k_1 = 0.19$,$k_2 = 1$。

尾迹涡脱诱发的振动能量 Y 为

$$Y = K\rho\delta_2 / \{Cf[1-\cos(2\pi x_p/L)](l/L)W_2^2\} \tag{2.57}$$

由上述公式可以估算旋涡脱落诱发的振动能量,其中,L 为阻尼因子,x_p 约为 $0.5L$,K 为尾缘形状系数,$K=2k/(3\pi)$。

除了上面阐述的几种激励源外,离心泵中还存在其他非稳态流动激励源,例如偏工况进口回流结构、出口流动分离等现象将诱发低频信号,这些激励源同样会对离心泵的压力脉动、振动特性产生影响。由于低频信号能量极难被吸收,同时其很容易和机组固有频率吻合,诱发共振现象,因此在离心泵设计、运行过程中应有效地避免上述现象的出现。

本章主要阐述了 4 种不同水力因素对压力脉动的影响机制,表 2.2 给出了流体机械内不同水力现象对应的频率范围。

表 2.2　流体机械内特征激励频率

现象	频率范围
喘振	与系统有关,压气机内为 $3\sim10$ Hz
自激振动	与系统有关,$(0.1\sim0.4)\Omega$(叶轮旋转频率)
转子旋转失速	$(0.5\sim0.7)\Omega$
导叶旋转失速	$(0.05\sim0.25)\Omega$
旋转空化	$(1.1\sim1.2)\Omega$
局部空化	$<\Omega$
径向力过大	部分转子旋转频率
转子动力振动	部分转子旋转频率
动静干涉	$Z_r\Omega, mZ_r\Omega$
叶片颤振	流体中叶片固有频率
空化噪声	$1\sim20$ kHz

参考文献

［1］Lin D, Su X R, Yuan X. DDES analysis of the wake vortex related unsteadiness and losses in the environment of a high-pressure turbine stage. J. Turbomach, 2018, 140:041001.

［2］Dring R P, Joslyn H D, Hardin L W, et al. Turbine rotor-stator interaction. Journal of Engineering for Power, 1982, 104:729－742.

［3］Gallus H E，Lambertz J，Wallmann Th. Blade-row interaction in an axial-flow subsonic compressor stage. Journal of Engineering for Power，1980，102：169 - 177.

［4］赵奔.基于频率和相位的叶轮机械内流多因素耦合干涉效应研究. 北京：北京理工大学，2015.

［5］Gülich J F. Centrifugal pumps. Springer Heidelberg Dordrecht London New York，2014.

［6］Zobeiri A. Investigations of time dependent flow phenomena in a turbine and a pump-turbine of francis type：Rotor-stator interactions and precessing vortex rope. Lausanne：École Polytechnique Fédérale de Lausanne，2009.

［7］Kyea B，Parka K，Choia H. Flow characteristics in a volute-type centrifugal pump using large eddy simulation. Int. J. Heat Fluid Flow，2018，72：52 - 60.

［8］Keller J，Blanco E，Barrio R. PIV measurements of the unsteady flow structures in a volute centrifugal pump at a high flow rate. Exp. Fluid，2014，10(55)：1820.

［9］Zhang N，Yang M G，Gao B，et al. Unsteady pressure pulsation and rotating stall characteristics in a centrifugal pump with slope volute. Advances in Mechanical Engineering，2014：710791.

［10］Braun O. Part load flow in radial centrifugal pumps. Lausanne：École Polytechnique Fédérale de Lausanne，2009.

［11］Rodriguez C G，Egusquiza E，Santos I F. Frequencies in the vibration induced by the rotor stator interaction in a centrifugal pump turbine. ASME J. Fluids Eng，2007，129(11)：1428 - 1435.

［12］Parrondo-Gayo J L，Gonzaález-Peérez J，Fernaández-Francos J. The effect of the operating point on the pressure fluctuations at the blade passage frequency in the volute of a centrifugal pump. ASME J. Fluids Eng，2002，124(3)：784 - 790.

［13］Gao B，Zhang N，Li Z，et al. Influence of the blade trailing edge profile on the performance and unsteady pressure pulsations in a low specific speed centrifugal pump. ASME J. Fluids Eng，2016，138(5)：051106.

［14］倪丹.混流式核主泵内部非稳态流动特性的研究.镇江：江苏大学，2018.

［15］ Zhang N，Yang M G，Gao B，et al. Experimental investigation on unsteady pressure pulsation in a centrifugal pump with special slope volute. ASME J. Fluids Eng，2015，137：061103.

［16］ Wu Y L，Li S C，Liu S H，et al. Vibration of hydraulic machinery. Springer Dordrecht Heidelberg New York London，2013.

［17］ Yang J. Flow patterns causing saddle instability in the performance curve of a centrifugal pump with vaned diffuser. Padua：University of Padua，2015.

［18］ Day I J. Stall，surge，and 75 years of research. Journal of Turbomachinery，2016，138：011001.

［19］ Spakovszky Z S，Roduner C H. Spike and modal stall inception in an advanced turbocharger centrifugal compressor. Journal of Turbomachinery，2009，131：031012.

［20］ Eck M，Geist S，Peitsch D. Physics of prestall propagating disturbances in axial compressors and their potential as a stall warning indicator. Applied Sciences，2017，7：285.

［21］ Pacot O. Large scale computation of the rotating stall in a pump-turbine using an overset finite element large eddy simulation numerical code. Lausanne：École Polytechnique Fédérale de Lausanne，2014.

［22］付立志. 轴流式循环泵失速非定常流动特性研究. 镇江：江苏大学，2018.

［23］ Emmons H W，Kronauer R E，Rockett J A. A survey of stall propagation—experiment and theory. ASME J. Basic Eng，1959，81：409 - 416.

［24］ Kline S J. On the nature of stall. Stanford University，1958.

［25］ Sano T，Yoshida Y，Tsujimoto Y，et al. Numerical study of rotating stall in a pump vaned diffuser. ASME J. Fluids Eng，2002，124：363 - 370.

［26］ Lucius A，Brenner G. Numerical simulation and evaluation of velocity fluctuations during rotating stall of a centrifugal pump. ASME J. Fluids Eng，2011，133(8)：081102.

［27］ Krause N，Zähringer K，Pap E. Time-resolved particle imaging velocimetry for the investigation of rotating stall in a radial pump. Experiments in Fluids，2005，39(2)：192 - 201.

[28] Sinha M, Pinarbashi A, Katz J. The flow structure during onset and developed states of rotating stall within a vaned diffuser of a centrifugal pump. ASME J. Fluids Eng, 2001, 123(3):490 – 499.

[29] 周佩剑. 离心泵失速特性研究. 北京:中国农业大学,2015.

[30] Brennen C E. Cavitation and bubble dynamics. Oxford University Press, 1995.

[31] Supponen O. Collapse phenomena of deformed cavitation bubbles. Lausanne: École Polytechnique Fédérale de Lausanne, 2017.

[32] Ji B, Luo X W, Arndt R E A, et al. Large Eddy Simulation and theoretical investigations of the transient cavitating vortical flow structure around a NACA66 hydrofoil. International Journal of Multiphase Flow, 2015, 68:121 – 134.

[33] Wu H X, Tan D, Mi R L, et al. Three-dimensional flow structures and associated turbulence in the tip region of a waterjet pump rotor blade. Exp Fluids, 2011, 51:1721 – 1737.

[34] Contini D, Manfrida G, Michelassi V, et al. Measurements of vortex shedding and wake decay downstream of a turbine inlet guide vane. Flow, Turbulence and Combustion, 2000,64: 253 – 278.

[35] Bourgoyne D A, Ceccio S L, Dowling D R. Vortex shedding from a hydrofoil at high Reynolds number. J. Fluid Mech, 2005, 531:293 – 324.

[36] Heskestad G, Olberts D R. Influence of trailing-edge geometry on hydraulic-turbine-blade vibration resulting from vortex excitation. J. Eng. Power, 1960, 82(2):103 – 109.

[37] Dörfler P, Sick M, Coutu A. Flow-induced pulsation and vibration in hydroelectric machinery. Springer-Verlag London, 2013.

3

离心泵内复杂流动结构的数值计算

离心泵内部流动属于强湍流运动,叶轮出口流动雷诺数甚至可以达到 10^6 量级,因此其内部同时存在大量不同尺度的涡,涡是流体的"肌腱",同时还是湍流运动噪声的唯一声源。通过对叶轮、蜗壳内部三维涡的分布特征以及大尺度涡的分离—发展—破碎—脱落过程的探索,可以清晰地刻画出泵内部复杂的三维非稳态运动流谱,研究湍流诱发水力激励的内在本质。当离心泵叶轮周期性地扫掠隔舌时,叶轮出口尾迹涡与隔舌的撞击作用是离心泵内部压力脉动的重要来源,如何刻画叶轮-隔舌的动静干涉过程是离心泵非稳态激励特性研究的核心问题。随着高性能计算机的飞速发展,CFD 技术的应用范围急剧扩大,因此本章拟采用数值计算技术分析离心泵内部非稳态流动特性,尤其是叶片尾迹脱落涡及其与隔舌的撞击、干涉过程,以及三维涡结构的分布特征。

3.1　控制方程

自然界任何物理和化学过程都遵循能量守恒、质量守恒、动量守恒定律,由于离心泵内部流动基本不涉及热量传递,因此质量及动量守恒是离心泵内部流体遵循的基本运动规律。

质量守恒方程(连续性方程):

$$\frac{\partial \rho}{\partial t}+\frac{\partial(\rho u_i)}{\partial x_i}=0(i=1,2,3) \tag{3.1}$$

流体不可压时:

$$\frac{\partial u_i}{\partial x_i}=0 \tag{3.2}$$

动量方程:

$$\frac{\partial}{\partial x_j}(\rho u_i u_j) = -\frac{\partial p}{\partial x_i} + \frac{\partial}{\partial x_j}\left(\mu\frac{\partial u_i}{\partial x_j}\right) + S_i \tag{3.3}$$

式中：p 为平均静压；u_i 为 i 方向速度；ρ 为液体密度；S_i 为广义源项。

动量方程又称纳维-斯托克斯（Navier - Stokes）方程，纳维-斯托克斯方程的离散和求解是计算流体力学研究的核心内容，经过多年的发展，研究人员提出了多种湍流计算方法，主要可以分为两大类：直接数值模拟（DNS）和非直接数值模拟，图 3.1 给出了主要湍流模型的分类方法。

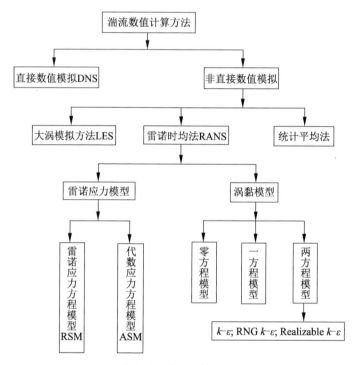

图 3.1　湍流计算模型

湍流运动的一个重要特征就是其运动物理量呈现不稳定特性，流动参数可以用时间平均值及脉动值来表示：

$$u = \bar{u} + u' \tag{3.4}$$

方程(3.3)可以变换为

$$\frac{\partial}{\partial x_j}(\rho\bar{u}_i\bar{u}_j) = -\frac{\partial p}{\partial x_i} + \frac{\partial}{\partial x_j}\left(\mu\frac{\partial\bar{u}_i}{\partial x_j} - \rho\overline{u_i'u_j'}\right) + S_i \tag{3.5}$$

式中：u_i' 为速度脉动量；$\bar{u}_i$ 为 i 方向的雷诺平均速度；$\rho\overline{u_i'u_j'}$ 为雷诺应力项。方程(3.5)又称为雷诺时均形式的纳维-斯托克斯方程（简称 RANS），如何确定雷诺应力项是雷诺时均方程求解的核心内容。为了封闭雷诺时均方程，工程应用中常见的湍流模型主要有标准 k-ε 模型、RNG k-ε 模型、SST k-ω 模型等。

（1）标准 k-ε 模型

标准 k-ε 模型引入了湍动能 k 和湍动能耗散率 ε：

$$\varepsilon = \frac{\mu}{\rho} \overline{\left(\frac{\partial u_i'}{\partial x_k}\right)\left(\frac{\partial u_i'}{\partial x_k}\right)} \tag{3.6}$$

定义湍动黏度 μ_t：

$$\mu_t = \frac{C_\mu \rho k^2}{\varepsilon} \tag{3.7}$$

将式(3.6)和式(3.7)代入式(3.5)，则得到标准 k-ε 方程：

$$\frac{\partial(\rho k \bar{u}_i)}{\partial x_i} = \frac{\partial}{\partial x_j}\left[\left(\mu + \frac{\mu_t}{\sigma_k}\right)\frac{\partial k}{\partial x_j}\right] + G_k - \rho\varepsilon \tag{3.8}$$

$$\frac{\partial(\rho\varepsilon\bar{u}_i)}{\partial x_i} = \frac{\partial}{\partial x_j}\left[\left(\mu + \frac{\mu_t}{\sigma_\varepsilon}\right)\frac{\partial\varepsilon}{\partial x_j}\right] + \frac{C_{1\varepsilon}}{k}G_k - C_{2\varepsilon}\frac{\varepsilon^2}{k} \tag{3.9}$$

$$G_k = \mu_t\left(\frac{\partial\bar{u}_i}{\partial x_j} + \frac{\partial\bar{u}_j}{\partial x_i}\right)\frac{\partial\bar{u}_i}{\partial x_j} \tag{3.10}$$

式中：$C_{1\varepsilon}=1.44$；$C_{2\varepsilon}=1.92$；$C_\mu=0.09$；$\sigma_\varepsilon=1.3$；$\sigma_k=1.0$；G_k 为湍动能生成项。

（2）RNG k-ε 模型

$$\frac{\partial(\rho k)}{\partial t} + \frac{\partial(\rho k \bar{u}_i)}{\partial x_i} = \frac{\partial}{\partial x_j}\left(\alpha_k \mu_{\mathrm{eff}}\frac{\partial k}{\partial x_j}\right) + G_k + \rho\varepsilon \tag{3.11}$$

$$\frac{\partial(\rho\varepsilon)}{\partial t} + \frac{\partial(\rho\varepsilon\bar{u}_i)}{\partial x_i} = \frac{\partial}{\partial x_j}\left(\alpha_\varepsilon\mu_{\mathrm{eff}}\frac{\partial\varepsilon}{\partial x_j}\right) + \frac{C_{1\varepsilon}^*}{k}G_k - C_{2\varepsilon}\rho\frac{\varepsilon^2}{k} \tag{3.12}$$

式中：$\mu_{\mathrm{eff}} = \mu + \mu_t$；$\mu_t = \rho C_\mu \dfrac{k^2}{\varepsilon}$；$C_\mu = 0.084\ 5$，$\alpha_\varepsilon = \alpha_k = 1.39$；$C_{1\varepsilon}^* = C_{1\varepsilon} - \dfrac{\eta(1-\eta/\eta_0)}{1+\beta\eta^3}$；$C_{1\varepsilon} = 1.41$，$C_{2\varepsilon} = 1.68$；$\eta = (2E_{ij} \cdot E_{ij})^{1/2}\dfrac{k}{\varepsilon}$；$E_{ij} = \dfrac{1}{2}\left(\dfrac{\partial\bar{u}_i}{\partial x_j} + \dfrac{\partial\bar{u}_j}{\partial x_j}\right)$；$\eta_0 = 4.377$，$\beta = 0.012$。

（3）SST k-ω 模型

$$\frac{\partial(\rho k)}{\partial t} + \frac{\partial(\rho k \bar{u}_i)}{\partial x_i} = \frac{\partial}{\partial x_j}\left[\left(\mu + \frac{\mu_t}{\sigma_k}\right)\frac{\partial k}{\partial x_j}\right] + G_k - \rho k\omega\beta^* \tag{3.13}$$

$$\frac{\partial(\rho\omega)}{\partial t} + \frac{\partial(\rho\omega\bar{u}_i)}{\partial x_i} = \frac{\partial}{\partial x_j}\left[\left(\mu + \frac{\mu_t}{\sigma_\omega}\right)\frac{\partial\omega}{\partial x_j}\right] + \frac{\alpha\omega}{k}G_k - \rho\omega^2\beta + 2(1-F_1)\rho\frac{1}{\omega\sigma_\omega}\frac{\partial k}{\partial x_j}\frac{\partial\omega}{\partial x_j} \tag{3.14}$$

$$\mu_t = \frac{\rho k}{\omega} \tag{3.15}$$

式中：$\sigma_k = \sigma_\omega = 2$；$\beta = 0.075$；$\beta^* = 0.09$；$\alpha = 0.555$。

（4）DDES 数值计算方法

$$\frac{\partial(\rho k)}{\partial t} + \frac{\partial(\rho k u_i)}{\partial x_i} = \frac{\partial}{\partial x_j}\left[(\mu + \sigma_k \mu_t)\frac{\partial k}{\partial x_j}\right] + P_k - \rho\sqrt{k^3}/l_{DDES} \quad (3.16)$$

$$\frac{\partial(\rho\omega)}{\partial t} + \frac{\partial(\rho\omega u_i)}{\partial x_i} = \frac{\partial}{\partial x_j}\left[(\mu + \sigma_\omega \mu_t)\frac{\partial\omega}{\partial x_j}\right] + 2(1-F_1)\frac{\rho\sigma_{\omega 2}}{\omega}\frac{\partial k}{\partial x_j}\frac{\partial\omega}{\partial x_j} - \rho\omega^2\beta + \frac{\rho\alpha}{\mu_t}P_k$$

$$(3.17)$$

$$\mu_t = \frac{\rho k a_1}{\max(\omega a_1, sF_2)} \quad (3.18)$$

式中：F_1 和 F_2 为 SST 模型的混合函数。

$$F_1 = \tanh(\arg_1^4) \quad (3.19)$$

$$\arg_1 = \min\left[\max\left(\frac{\sqrt{k}}{C_\mu \omega d_\omega}, \frac{500v}{\omega d_\omega^2}\right), \frac{4\rho\sigma_{\omega 2}k}{CD_{k\omega}d_\omega^2}\right] \quad (3.20)$$

$$CD_{k\omega} = \max\left(\frac{2\rho\sigma_{\omega 2}\nabla k \cdot \nabla\omega}{\omega}, 10^{-10}\right) \quad (3.21)$$

$$F_2 = \tanh(\arg_2^2) \quad (3.22)$$

$$\arg_2 = \max\left(\frac{2\sqrt{k}}{C_\mu \omega d_\omega}, \frac{500v}{\omega d_\omega^2}\right) \quad (3.23)$$

$$P_k = \min(\mu_t s^2, 10 \cdot C_\mu \rho k\omega) \quad (3.24)$$

l_{DDES} 计算方法为

$$l_{DDES} = l_{RANS} - f_d \max(0, l_{RANS} - l_{LES}) \quad (3.25)$$

$$l_{LES} = C_{DES} H_{max} \quad (3.26)$$

$$l_{RANS} = \frac{\sqrt{k}}{C_\mu \omega} \quad (3.27)$$

$$C_{DES} = F_1 C_{DES1} + (1-F_1)C_{DES2} \quad (3.28)$$

式中：H_{max} 为网格最大特征长度。

经验混合函数 f_d 计算方法如下：

$$f_d = 1 - \tanh\left[(C_{d1}r_d)^{C_{d2}}\right] \quad (3.29)$$

$$r_d = \frac{v_t + v}{k^2 d_w^2 \sqrt{0.5(s^2 + \Omega^2)}} \quad (3.30)$$

式中：$C_{d1} = 20$；$C_{d2} = 3$；$k = 0.41$；v_t 为涡黏度；v 为分子黏度；d_w 为距离；s,Ω 分别为应变率张量和涡量张量。

（5）大涡模拟

大涡模拟是介于直接数值模拟（DNS）和雷诺时均法（RANS）之间的一种湍流计算方法，通过对 RANS 添加一个滤波函数即可得到大涡模拟运动方程：

$$\frac{\partial \bar{u}_i}{\partial t}+\frac{\partial}{\partial x_j}(\bar{u}_i \bar{u}_j)=-\frac{1}{\rho}\frac{\partial \bar{p}}{\partial x_i}+\frac{\partial}{\partial x_j}\left[v\left(\frac{\partial \bar{u}_i}{\partial x_j}+\frac{\partial \bar{u}_j}{\partial x_i}\right)\right]+\frac{\partial \bar{\tau}_{ij}}{\partial x_j}+S_i \quad (3.31)$$

$$\bar{\tau}=\bar{u}_i \bar{u}_j-\overline{u_i u_j} \qquad\qquad (3.32)$$

式中:$\bar{\tau}_{ij}$ 为亚格子尺度应力,简称 SGS 应力,最常见的亚格子尺度模型为 Smagorinsky - Lilly 模型:

$$\bar{\tau}_{ij}-\frac{1}{3}\delta_{ij}\bar{\tau}_{kk}=-2\nu_T \bar{S}_{ij} \qquad\qquad (3.33)$$

式中:$\bar{S}_{ij}$ 为应变率张量;ν_T 为亚格子湍流黏度。

$$\nu_T=(C_s \Delta)^2 |\bar{S}| \qquad\qquad (3.34)$$

$$|\bar{S}|\equiv \sqrt{2\bar{S}_{ij}\bar{S}_{ij}} \qquad\qquad (3.35)$$

式中:Δ 为滤波尺度;C_s 为 Smagorinsky - Lilly 常数,通常取 $C_s=0.1$。

3.2　数值计算方法

3.2.1　模型泵设计

为了分析离心泵典型的流动特征,本章设计了一台二维圆柱叶片形式的低比转速离心泵,其主要参数如表 3.1 所示。

表 3.1　模型泵主要设计参数

设计参数	设计值
设计流量 $Q_d/(\mathrm{m}^3 \cdot \mathrm{h}^{-1})$	55
设计扬程 H_d/m	20
转速 $n_d/(\mathrm{r} \cdot \mathrm{min}^{-1})$	1 450
比转速 n_s	69
叶片数 Z	6
叶轮进口直径 D_1/mm	80
叶轮外径 D_2/mm	260
叶轮出口宽度 b_2/mm	17
叶片出口安放角 $\beta_2/(°)$	30
叶片包角 $\varphi/(°)$	115
隔舌安放角 $\alpha/(°)$	20
蜗壳基圆直径 D_3/mm	290
蜗壳出口直径 D_4/mm	80

图 3.2 给出了叶轮、蜗壳水力图及模型泵的总装示意图。

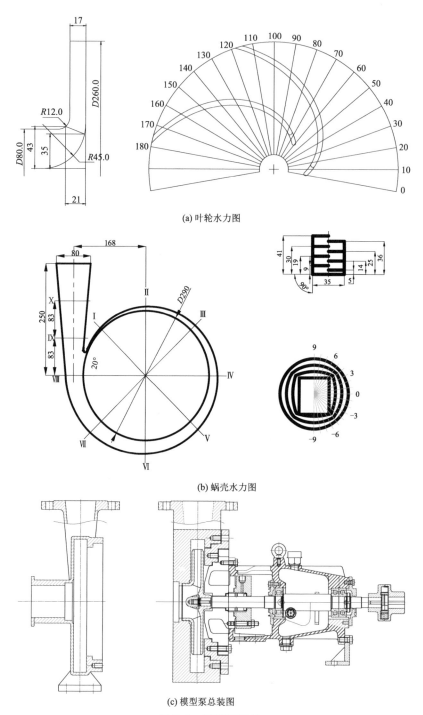

(a) 叶轮水力图

(b) 蜗壳水力图

(c) 模型泵总装图

图 3.2 模型泵设计

3.2.2 网格生成

离心泵正常运行时,部分流体将通过叶轮口环间隙返回叶轮的进口段,这将对叶轮进口流动特性产生一定的影响。对于高比转速离心泵而言,由于口环间隙泄漏量较小,因此在数值计算过程中通常忽略叶轮前泵腔及口环间隙的影响。但低比转速离心泵的口环间隙泄漏量通常大于叶轮流量的 5%,该部分流体对低比转速离心泵的性能及内部流动结构都将产生显著的影响[1-4]。本章在数值计算过程中考虑了前后泵腔和口环间隙对泵性能的影响,因此整个计算域包括进口段、出口段、叶轮、蜗壳、前泵腔、后泵腔,口环间隙设计为 0.5 mm,图 3.3 给出了模型泵的计算域。

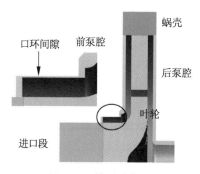

图 3.3 模型计算域

网格质量对数值计算精度影响极大,因此采用 ANSYS ICEM-CFD 对全流域进行结构网格划分,在叶片及固体边界附近采用网格加密手段以确保壁面 y^+ 值满足数值计算要求。完成网格无关性检查后发现,当网格数量大于 2×10^6 时,模型泵的水力效率基本不变,考虑目前的计算能力,确定最终的网格数量约为 2.5×10^6。模型泵进口段、出口段、叶轮、蜗壳、前泵腔、后泵腔的网格数量分别为 58 240,56 128,1 298 386,752 361,270 668,127 372。图 3.4 给出了叶轮部分流道的网格图,表 3.2 给出了网格无关性检查结果。

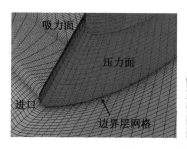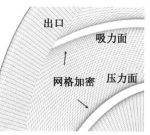

图 3.4 叶轮网格

表 3.2　网格无关性检查

方案	网格数	网格类型	收敛精度	壁面平均 y^+	效率/%
A	1 102 567	结构网格	$3×10^{-5}$	62.5	70.1
B	1 823 654	结构网格	$3×10^{-5}$	24.2	71.1
C	2 563 155	结构网格	$3×10^{-5}$	4.5	71.3

3.2.3　计算方法及边界条件

采用 ANSYS Fluent 软件对模型泵内部流动结构进行研究。定常数值计算采用 SST k-ω 湍流模型,进口采用速度进口边界条件,出口采用压力出口边界条件,压力设置为 $p=1.0×10^5$ Pa。为了更加精确地获得离心泵内部流动结构,非定常计算采用 LES 数值计算方法,亚格子模型选择 Smagorinsky - Lilly(SM)模型[5-7]。将定常数值计算结果作为非定常计算的初始条件,时间步长 $\Delta t=1.15×10^{-4}$ s,即叶轮每转动1°计算一次[8],同时为了保证非定常结果收敛,至少需要计算 30 个叶轮旋转周期。为了获得模型泵的压力脉动特性,在壳体周向均匀设置了 20 个压力脉动监测点,因此相邻两个监测点的夹角为18°,测点 A 作为起始点,其角度为 0°,如图 3.5 所示。当计算完成时,对最后 14 个叶轮旋转周期的数据进行 FFT 分析,因此压力脉动频谱的分辨率为 1.7 Hz 左右。

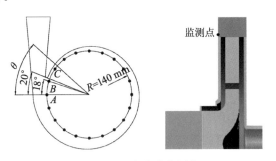

图 3.5　压力脉动监测点

3.3　试验台搭建

为了验证数值计算结果的可信度,搭建模型泵闭式试验系统以获得模型泵的实际性能,试验系统如图 3.6 所示。采用电磁流量计获得不同工况下模型泵的流量,其测量精度为±0.2%;在模型泵的进口、出口处布置压力表以测量模型泵的扬程;采用扭矩仪测量模型泵的输入功率;采用变频器保证不同流量下模型泵的转速皆为 1 450 r/min 左右;同时在泵体上布置压力脉动传感器(PCB113B27 系列)以获得模型泵压力脉动频谱特性。

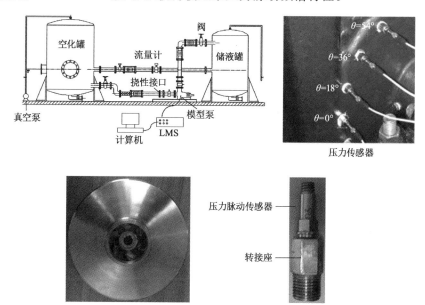

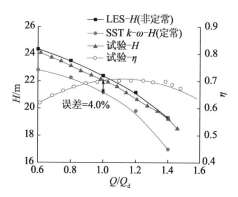

图 3.6　模型泵闭式试验装置

3.4　LES 结果分析

3.4.1　数值方法验证

　　为了验证数值计算的准确性,图 3.7 给出了模型泵扬程的数值计算和试验的对比结果。由图可知:模型泵最高效率点在 $1.1Q_d$ 左右,不同流量下,LES 数值计算结果和试验值高度吻合。在设计工况点时,LES 数值计算误差小于 2%;SST $k\text{-}\omega$ 数值计算结果的误差大于 LES,在设计工况点,其误差为 4.0% 左右,偏工况时,尤其在大流量工况,其计算误差增

图 3.7　数值计算和试验对比结果

大。从以上对比结果可知：LES 可以更加精确地捕捉模型泵内部的流动结构，即使在偏工况时，模型泵内部出现冲击、流动分离等复杂流动，LES 亦可以有效地捕捉、解析这些复杂的流动结构。

图 3.8 给出了设计工况下 4 个测点（$\theta = 0°, 18°, 36°, 54°$）处 LES 数值计算和试验的压力脉动频谱对比结果。由图可知：压力脉动频谱中可以明显地捕捉到叶频 $f_{BPF} = 145$ Hz 及其高次谐波 $2f_{BPF}$ 和 $3f_{BPF}$ 信号，且不同测点处，叶频处压力脉动信号的幅值大于其他频率处，因此其在压力脉动频谱中起主导作用。测点 $\theta = 36°, 54°$ 叶频处的压力脉动幅值远大于测点 $\theta = 0°, 18°$，因此在该区域叶轮-隔舌的动静干涉作用更加强烈。叶频处压力脉动幅值和试验值吻合较好，尤其在测点 $\theta = 0°, 36°$ 和 $54°$ 处，数值计算误差小于 10%，对于非稳态压力脉动预测而言，该误差已经令人满意。但对于测点 $\theta = 18°$，叶频处计算误差达到 40%，且不同测点处，数值计算压力频谱中出现了大量的低频峰值信号，但该现象并没有出现在试验得到的压力脉动频谱中。

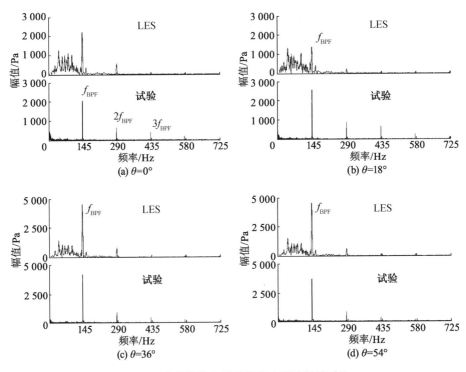

图 3.8　数值计算和试验的压力脉动频谱对比

笔者认为有两种原因可能造成上述误差。其一，数值计算过程中，各个监测点均匀分布在蜗壳上，而在壳体的制造过程中，由于加工、钻孔误差的存在,测点位置无法和数值计算保持完全一致,这可能是导致数值计算误差的主要原因,尤其在测点 $\theta=18°$ 处。其二,压力脉动传感器的测量直径为 6 mm 左右,试验过程中,压力脉动信号实际是整个面上的平均信号;而数值计算过程中,网格尺寸远小于 6 mm,压力脉动信号实际上接近于点上的信号。因此可以推断,试验及数值计算过程中,不同信号提取方法对压力信号的响应能力各异;LES 方法对压力脉动的响应更加灵敏,因此其可以捕捉到更多的低频峰值信号。

3.4.2　非稳态流动特性分析

图 3.9 给出了测点 $\theta=36°$ 处不同工况下模型泵压力脉动的时/频域信号变化特性。

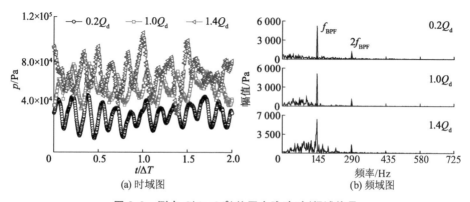

图 3.9　测点 $C(\theta=36°)$ 处压力脉动时/频域信号

由图 3.9a 时域信号可知:叶轮周期性地扫掠隔舌将造成压力脉动信号呈现大幅波动特性,且一个周期内($t/\Delta T=1.0$),压力脉动信号呈现 6 个波峰和 6 个波谷,这和叶轮叶片数相吻合。由压力脉动频谱图可知:不同工况下,压力脉动频谱中的主峰值出现在叶频 f_{BPF} 处,且该幅值远大于其高次谐波处的幅值,因此叶频在压力脉动频谱中起主要支配作用,该结论和图 3.8 一致。

由图 3.9 可知:叶频处信号在压力脉动频谱中起主导作用。由于蜗壳结构的非对称性及叶轮出口不均匀的射流-尾迹结构,蜗壳周向的流场结构呈现非均匀分布的特性,这将对不同测点处的非定常压力脉动特性产生显著影响。为了分析沿蜗壳周向不同测点处的压力脉动频谱特性,图 3.10 给出了叶频处压力脉动幅值沿蜗壳周向的分布规律。由图可以看出:不同工况下,叶频处压力脉动幅值呈现"调制"现象,即出现 6 个波峰和 6 个波谷,该种分布特性和叶轮-隔舌的动静干涉作用密切相关;偏工况时,尤其在 $1.4Q_d$ 工况,压力脉动幅值快速增加,大于其在设计工况点附近的值。

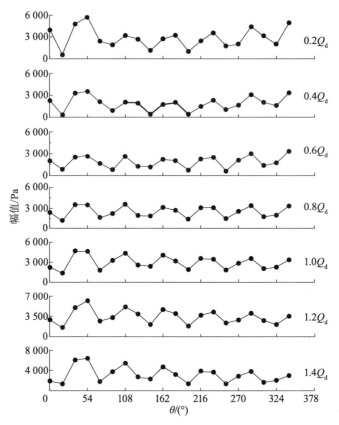

图 3.10　不同工况下叶频处压力脉动幅值沿蜗壳周向分布特性

　　由图 3.10 还可知:不同工况下,测点 $A,B,C(\theta=0°,18°,36°)$ 处,叶频处压力脉动幅值差距十分明显。图 3.11 给出了设计工况下叶频处压力脉动幅值沿圆周方向的分布图。在测点 $\theta=18°$ 处,叶频处压力脉动幅值极小,而在测点 $\theta=36°$ 处,压力脉动幅值达到最大值,其值为测点 $\theta=18°$ 处的 4 倍左右,这就意味着叶轮-隔舌的动静干涉作用在该区域更加强烈。在远离隔舌的位置($\theta>54°$)处,受蜗壳非对称性影响,叶轮-蜗壳壁面之间的间隙不断增大,叶轮-壳体的动静干涉作用不断变弱,因此叶频处压力脉动幅值呈现不断减小的趋势。在这些区域,压力脉动特性主要由叶轮出口处非均匀的射流-尾迹结构干涉壳体壁面决定。

　　由上述分析可知:隔舌前、后测点叶频处的压力脉动幅值差异十分显著,意味着在隔舌前、后位置处,压力脉动产生的原因各异。为了研究动静干涉的内在作用机制,需要对模型泵内部流场结构进行详细分析,以探索非稳态流动结构和压力脉动特性之间的关联,尤其在蜗壳隔舌附近区域。

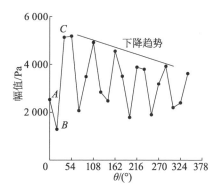

图 3.11　设计工况下叶频处压力脉动幅值的分布特性

在某些特定场合,离心泵须在偏工况范围内运行,因此图 3.12 给出了不同流量下,即 $0.2Q_d$,$0.6Q_d$,$1.0Q_d$,$1.4Q_d$,叶轮中间断面上相对流速的分布特性。

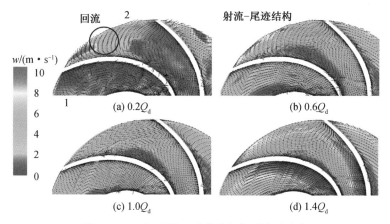

图 3.12　不同流量下叶轮内部相对流速分布

在大流量 $1.4Q_d$ 工况,由于液体入流角度的增大,流体主要集中在叶片背面,导致叶片背面流速较大,这种高流速流动区域一直向叶片出口边方向延伸。在叶片工作面长度的 1/2 附近,可以明显地观测到低速流动分离区域。在小流量 $0.6Q_d$ 工况,叶片工作面的低速流动分离区域向叶轮中心流道扩展,形成明显的、与叶轮旋向相反的逆时针旋涡结构。在叶片出口边靠近工作面处,相对流速大于靠近叶片背面的流体速度,因此在叶片出口处形成明显的非均匀射流-尾迹结构,这种非均匀流动结构将造成蜗壳周向不同测点处压力信号呈现大幅波动现象。在极小流量 $0.2Q_d$ 工况时,在叶片出口观测到大尺度流动回流结构。理论分析认为流动分离结构极易在小流量工况产生,在叶轮流道 1 内部,流动处于一种十分紊乱的状态,叶片工作面上的大尺度流动分离结构消失,而在叶轮流道内产生大量的小尺度旋涡结构。在设计工况 $1.0Q_d$ 下,叶轮出口处的流场较为均匀,没有观测到明显的射流-尾迹结构,但叶片工作面同样出现大尺度的流动分离结构。

叶片工作面流动分离结构产生的原因可能是:首先,由于叶片进口来流存在冲角,液体趋于向叶片背面运动,因此容易在叶片工作面形成低速流动区域;其次,由于叶片设计参数之间的匹配问题可能导致叶片曲率过大,流体不能完全沿着叶片运动。以上两个原因的共同作用将在叶片工作面形成较大的压力梯度,诱发产生垂直于主流方向的二次流结构,最终将在叶片工作面形成大尺度的流动分离结构。

在分析叶轮内部相对流速分布特性的基础上,从涡量分布规律入手揭示非定常流动结构和压力脉动之间的内在关联,如式(3.36)所定义[9]。

$$\Omega = 2\omega_z = \left(\frac{\partial v_y}{\partial x} - \frac{\partial v_x}{\partial y} \right) \tag{3.36}$$

图 3.13 给出了设计工况下叶轮中间断面上的涡量分布图,可以看出:叶轮内部出现 4 个高涡量分布区域,即涡量区域 $\alpha, \beta, \gamma, \delta$;在叶片工作面上出现了高涡量区域 β,该区域和图 3.12 中叶片工作面的流动分离区相吻合;在叶轮流道的中心区域,涡量值较小,意味着该区域的流动稳定、均匀,没有明显的流动分离产生;在叶片背面产生了另外一个高涡量区域 γ,该区域几乎起始于叶片进口边,并且延伸发展到叶片出口边,几乎占据了整个叶轮流道长度,该高涡量区域的产生与叶片背面较高的速度梯度相关;在接近叶片出口边之前,该高涡量结构附着在叶片背面上,而在叶片出口边,其和叶片背面分离,最终形成脱落涡并进入蜗壳流道内,形成另外一个高涡量区域 δ;当叶片出口处的尾迹涡周期性地脱落进入蜗壳流道时,将造成该区域压力呈现大幅波动状态,因此模型泵压力脉动特性和叶片出口脱落涡关系密切;在蜗壳隔舌附近区域,形成高涡量区 α,该高涡量结构由叶片脱落涡撞击隔舌作用产生。由于撞击作用,隔舌区域的湍流活动更加剧烈,因此隔舌附近的压力脉动特性主要由叶片脱落涡撞击隔舌作用决定,也就意味着隔舌附近的压力脉动特性与涡量分布密切相关。

由于叶轮-隔舌的动静干涉作用,隔舌附近的流动结构极为复杂,同时也造成了该区域压力脉动频谱特性的明显差异,如图 3.11 所示,测点 $C(\theta=36°)$ 的叶频处压力脉动幅值远大于测点 $B(\theta=18°)$ 的压力脉动幅值。此外,从图 3.13 中也可以发现隔舌前、后区域涡量大小差异显著,因此很有必要对隔舌附近涡结构的演变特性进行研究,以揭示不同测点压力脉动差异的内在流动本质。

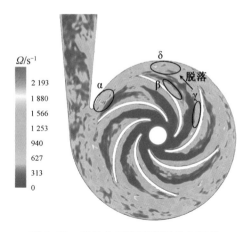

Ω/s^{-1}

2 193
1 880
1 566
1 253
940
627
313
0

图 3.13　叶轮中间断面涡量分布特性

　　图 3.14 给出了设计工况下隔舌附近涡结构的时/空演变过程,ΔT 为叶轮旋转周期。在 $t_1 = 0$ 时刻(见图 3.14a),在蜗壳隔舌前后形成了两个高涡量的旋涡结构,分别定义为 VS1 和 VS2,这两个旋涡结构由叶片 3 的脱落涡撞击隔舌形成。当叶片 3 的脱落涡靠近隔舌时,其将被隔舌强制切分为两个涡结构,即 VS1 和 VS2;之后 VS1 和 VS2 将分别朝蜗壳出口和隔舌的右侧区域运动。在图 3.14b 中,此时叶片 2 恰好开始扫掠隔舌,涡结构 VS1 已经运动到蜗壳扩散段内,并且经历了强度减小的过程;VS1 旋涡强度衰减过程在图 3.14d 中更加明显。旋涡强度的衰减主要是由 VS1 和扩散段内低旋涡强度流体的混合作用造成的,随着叶轮的旋转,VS1 继续朝扩散段出口运动,并最终耗散在扩散段中。随着叶轮的旋转,VS2 也经历了旋涡强度不断衰减的过程,在图 3.14b 中,VS2 的旋涡强度明显小于 $t_1 = 0$ 时刻,这是由叶轮-蜗壳壁面之间间隙不断增大造成的。在图 3.14c 中,当叶片 2 已经通过隔舌时,其叶片出口脱落涡还没有到达蜗壳隔舌,因此脱落涡和隔舌的冲击、干涉作用没有发生,测点 $B(\theta = 18°)$ 区域的旋涡强度将一直处于较低水平,也就意味着该区域的湍流运动相对而言不剧烈。

　　由上述分析可知:蜗壳隔舌前、后区域的流动结构差异显著,这也是测点 B、C 叶频处压力脉动幅值存在较大差异的原因。由于叶片脱落涡和隔舌的撞击作用,在测点 C 区域将形成高涡量区域,意味着该区域的湍流运动剧烈;而随着叶轮的旋转,测点 B 区域一直经历强度较低的湍流活动。因此可以推断隔舌附近的压力脉动特性与脱落涡撞击隔舌的演变过程密切相关,高强度旋涡结构区域将诱发大幅值压力脉动信号。

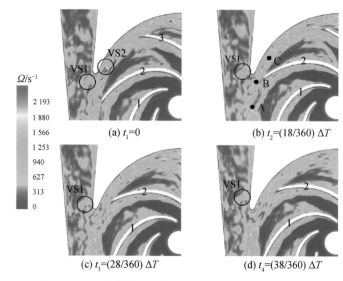

图 3.14 设计流量下叶轮中间断面上涡量的演变特性

非稳态叶轮-隔舌动静干涉作用将对泵内流动结构产生两种影响:其一为叶轮对蜗壳的下游效应,主要表现为叶轮出口非均匀的射流-尾迹流动结构;其二为蜗壳对叶轮的上游效应,主要表现为蜗壳对叶轮内部流动结构的影响,也就是说,当叶片扫掠隔舌时,其内部的流动结构将产生变化[10]。从叶轮中间断面的涡量分布特性可以清楚地观察到隔舌对叶轮上游效应的影响。

图 3.15 给出了隔舌上游效应对叶轮流道内涡量分布演变特性的影响。由图可知:当叶轮流道接近隔舌时,叶片 2 工作面上的旋涡结构不同于其他叶轮流道内旋涡结构的分布特性。由图 3.13 可以看出,旋涡结构 β 很好地附着在叶片工作面上,而在图 3.15a 中,旋涡结构 β1 则从叶片 2 工作面上分离,并向叶轮中间流道延伸。在图 3.15b 中,当叶片 2 扫掠过隔舌并远离时,旋涡结构 β1 从叶片工作面上完全分离,并且经历了旋涡强度不断减弱的过程。由于其和叶轮流道内低涡量流体的混合作用,在图 3.15d 中可以看出,旋涡结构 β1 的强度已经大幅变弱,最终将在叶片出口处脱落进入蜗壳流道内。当叶片 1 向隔舌靠近时,叶片工作面上的旋涡结构同样将受到隔舌上游效应的影响。在图 3.15b 中可以看出,旋涡结构 β2 开始分离并向叶轮流道延展,当叶轮继续旋转时,旋涡结构 β2 将完全从叶片工作面上分离进入叶轮流道内,并最终从叶片出口处周期性地脱落进入蜗壳流道内。

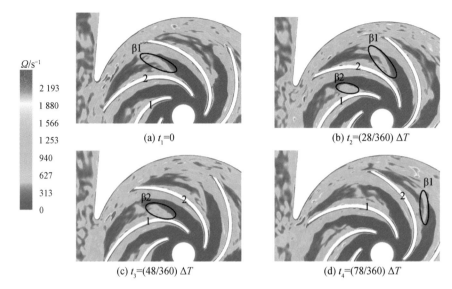

Ω/s^{-1}

2 193
1 880
1 566
1 253
940
627
313
0

(a) $t_1=0$

(b) $t_2=(28/360)\Delta T$

(c) $t_3=(48/360)\Delta T$

(d) $t_4=(78/360)\Delta T$

图 3.15　隔舌上游效应对叶轮流道内涡量演变过程的影响

由上述分析可知：由于隔舌对叶轮上游效应的影响，不同叶轮流道内的旋涡结构分布特性存在差异；当叶片扫掠隔舌时，其工作面上的旋涡结构将产生分离，并向叶轮流道内发展，最终从叶片出口脱落，而其他叶片工作面上的旋涡结构则呈现较好的附着特性，受隔舌上游效应影响较弱。

偏工况时，模型泵内部流动结构将产生明显的变化，图 3.16 给出了 $0.8Q_d$ 工况下叶轮中间断面上涡量的演变特性。和设计工况相比，小流量工况时，叶轮进口入流角减小，冲角增大，流体趋向叶片工作面运动，因此其将对模型泵内部流动结构产生影响。从图 3.16 可以看出，小流量工况时，模型泵内部旋涡结构分布和设计工况相比存在明显区别，尤其在隔舌附近区域。当叶片 3 远离隔舌，叶片尾迹脱落涡到达隔舌时，其与隔舌的冲击、干涉作用并不显著，尾迹脱落涡几乎整体运动到隔舌右侧，隔舌对旋涡结构的切割作用减弱。由于脱落涡与隔舌的撞击作用减弱，在隔舌右侧并没有形成高强度旋涡结构，意味着该区域的湍流活动剧烈程度较低，而在其他流道形成了高强度的脱落涡结构。这是 $0.8Q_d$ 工况时隔舌附近叶频处压力脉动幅值并没有明显高于蜗壳其他位置测点的原因，如图 3.10 所示。和设计工况相比，隔舌对叶轮的上游效应同样呈现明显的差异性。叶片 1 工作面上的旋涡结构 β 从叶片表面分离并向叶轮中间流道发展，而在设计工况这种旋涡分离结构产生在叶片 2 上。当叶片 2 的脱落涡到达隔舌时，如图 3.16d 所示，隔舌对旋涡结构的剪切作用不明显，旋涡结构将整体向隔舌右侧运动。因此推断隔舌附近压力脉动特性与脱落涡和隔舌的撞击、干涉作用关系紧密。

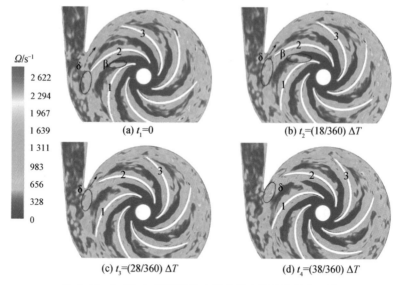

图 3.16 　0.8Q_d 工况下叶轮中间断面上涡量的演变特性

当模型泵运行在大流量工况 1.2Q_d 时，由于来流角度的增大，流体趋向叶片背面运动，图 3.17 给出了叶轮中间断面上涡量的演变特性。由图可以看出，叶片背面上的高涡量区域的起始点向叶轮出口方向移动，在隔舌区域，旋涡结构的演变特性也和设计工况有所不同。在叶片 3 的脱落涡到达隔舌前，脱落涡结构将分解为两个部分，分别为主涡结构 VS 和部分分离涡结构 δ；部分分离涡结构 δ 将朝扩散段运动，而主涡结构 VS 将和隔舌产生强烈的撞击、干涉作用。此外，在大流量工况下，隔舌对叶轮内部流动结构的上游效应影响不是非常明显，当叶片 2 靠近隔舌并扫掠时，其工作面上的旋涡结构并没有出现明显的分离现象，旋涡结构 β 显示出了很好的附着性。当叶片 1 靠近隔舌时，部分分离涡结构 δ1 同样将从主脱落涡上脱落。

当偏工况情况严重时，图 3.18 给出了 0.2Q_d 和 1.4Q_d 工况下某个时刻叶轮中间断面上的涡量分布特性。在 1.4Q_d 工况下，由于流体对叶片背面的冲击作用，旋涡结构 γ 的起始位置将更加向叶片出口边发展。在 0.2Q_d 工况下，隔舌附近的旋涡结构分布和 0.8Q_d 工况基本一致，但在整个叶轮流道内产生了大量的高强度旋涡结构，这和叶轮流道内产生的流动分离密切相关，如图 3.12 所示，同时在叶片进口边也形成了高涡量区域 ε。

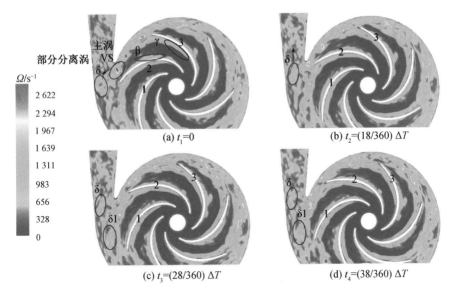

图 3.17　1.2Q_d 工况下叶轮中间断面上涡量的演变特性

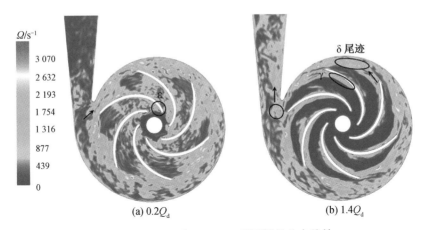

图 3.18　0.2Q_d 和 1.4Q_d 工况下涡量分布特性

偏工况条件下隔舌附近旋涡结构的演变特性存在明显的差异，这是由隔舌附近的绝对速度分布决定的，图 3.19 给出了 0.2Q_d 和 1.4Q_d 工况下隔舌附近区域的绝对速度分布特性。由图可以看出，在 0.2Q_d 工况下，部分流体从蜗壳扩散段泄漏流入隔舌右侧的蜗壳流道，而在 1.4Q_d 工况下，流体皆向扩散段运动。因此，隔舌附近旋涡结构的演变特性由该区域的流动速度方向所决定。同时还可以推论：不同工况下，隔舌附近流体运动方向不一致，其和隔舌的撞击角度各异，因此其与隔舌的撞击、干涉强度差异明显，这也是不同流量下隔舌附近叶频处压力脉动幅值各异的主要原因。因此,如何更好地匹配叶轮出口流体与隔舌的冲击、干涉角度是低噪声泵主动控制的研究方向之一。

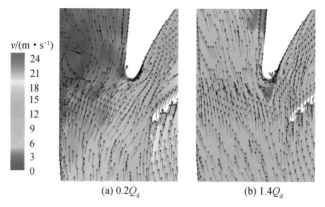

(a) 0.2Q_d (b) 1.4Q_d

图 3.19　0.2Q_d 和 1.4Q_d 工况下隔舌附近绝对速度分布特性

3.5　尾迹非定常演化分析

为了进一步分析泵内复杂流动结构的演化特性,尤其是叶轮出口射流-尾迹结构的时空分布,采用精密网格对模型泵内流结构进行捕捉,重点剖析叶轮出口射流-尾迹结构的定量演化过程。

图 3.20 给出了 DDES 采用的网格示意图,模型泵整体计算域的网格总数约为 1 200 万,定常计算湍流模型采用 SST $k-\omega$,时间步长及计算方法与 3.2.3 一致。

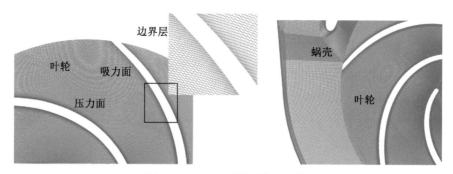

图 3.20　DDES 数值计算用网格

为了定量地验证 DDES 数值计算方法的准确性,搭建模型泵 PIV 试验系统对泵内流进行测量,该 PIV 系统为 Dantec 公司的二维 PIV 测量设备,PIV

相关参数的介绍和内流测试方法详见第 4 章。图 3.21 给出了 PIV 试验的测量视窗,即重点分析隔舌区域复杂的流动结构分布特性。

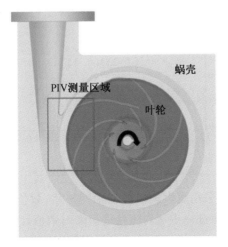

图 3.21　PIV 测量区域示意图

3.5.1　设计工况下射流-尾迹结构的演化

采用公式(3.37)将扬程进行无量纲化处理。

$$\Psi = \frac{gH_d}{u_2^2} \tag{3.37}$$

式中:u_2 为叶轮出口圆周速度,$u_2 = 19.7 \text{ m/s}$。

图 3.22 给出了 DDES 数值计算结果和试验结果的对比情况。根据经验公式,模型泵的容积效率和机械效率的乘积约为 0.89。可以看出,数值计算预测的最高效率点和试验高度吻合,最高效率点位于 $1.05Q_d$ 工况附近。由扬程曲线可知,在小流量工况区域($Q < 0.4Q_d$),扬程曲线出现明显的驼峰现象,意味着此时泵内出现非稳态旋转失速流动结构。从 DDES - H 扬程曲线可知,DDES 结果与试验值吻合良好,尤其在小流量工况区域,DDES 方法可以成功捕捉到扬程的驼峰现象,在设计工况点,扬程计算误差为 2.5%。从 DDES - η 效率曲线可知,全工况范围内,DDES 结果和试验值吻合良好,设计工况点的效率误差约为 3%。由定常 SST k - ω 结果可知,大流量工况的扬程预测值与试验值吻合很好,但在小于 $0.4Q_d$ 工况时,扬程曲线出现快速下降的趋势。

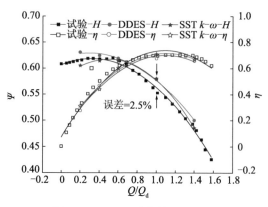

图 3.22   DDES 计算精度的验证

由图 3.22 可知,采用更大规模的精细网格后,数值计算预测的泵性能与试验值吻合良好,下面进一步从内流角度出发对数值计算结果进行验证。

首先采用公式(3.38)将相对速度进行无量纲化处理。

$$w^* = \frac{w}{u_2} \tag{3.38}$$

图 3.23 给出了相同位置处数值计算结果和 PIV 测量结果的对比情况。从图 3.23 中可以看出,设计工况下 PIV、定常 SST k-ω 和非定常 DDES 相对速度分布非常相似,可以在叶片工作面捕捉到典型的低相对速度分布区域。这种流动现象在低比转速离心泵中并不罕见,如 Keller 等[9]采用 PIV 测量技术也捕捉到该低速流动结构。这种低速现象与两种流动结构的共同作用有关,即与流速相关的贯通流和由流体趋于保持其角动量而产生的反向旋转流动。对于低比转速离心泵,在某些特殊区域经常会出现较高的压力梯度,当压力梯度大于流体的惯性力,流体的动能无法克服压力梯度时,将导致压力侧的二次流动结构,并在叶片工作面形成低相对速度分布区域。从数值结果可以看出,该低速区域几乎从叶片进口边开始,发展、延伸至占据叶片弦长的 70% 左右。从 SST k-ω 结果可知,低速区域所占据的叶片工作面积小于 PIV 结果,与试验和 DDES 结果相比,在叶片出口处产生了较高的相对速度分布区域,笔者认为它是由湍流模型本身引起的,该现象并没有出现在 PIV 和 DDES 结果中。由能量性能及相对速度对比可以总结:不同方法所获得的相对速度流动结构是相似的,只能观察到较小的差异,因此从速度云图上看,不同数值方法捕捉精确流动结构的能力十分接近。

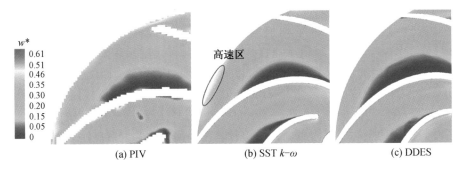

(a) PIV   (b) SST k-ω (c) DDES

图 3.23　相对速度的对比结果

　　下面进一步定量地对数值计算方法进行验证。图 3.24 给出了模型泵叶轮、蜗壳匹配示意图。此时选择叶片 B1—B2 之间的流道作为研究对象,从而可以定量地提取出口边弧线上($R=R_2=130$ mm)的相对速度大小。这里采用 φ 来表示不同被提取测点距离叶片工作面的角度,即当 $\varphi=0°$ 时,被提取测点位于叶片 B1 的工作面;当 $\varphi=57°$ 时,被提取测点位于叶片 B2 的背面。

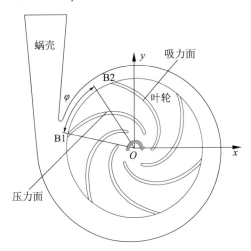

图 3.24　定量分析用叶轮流道示意图

　　图 3.25 显示了当模型泵在设计工况下工作时,不同方法所获得的叶轮出口相对速度的定量对比结果,横坐标为无量纲量 $L=\varphi/57°$,$L=0$ 表示该点位于叶片工作面,$L=1.0$ 表示该点位于叶片背面。对离心泵而言,一般认为受有限叶片数影响,叶片出口区域的流动结构呈现非均匀分布特性,通常表征为典型的射流-尾迹结构,低速的尾迹区将造成明显的水力损失,影响泵的能量性能。从 PIV 结果可以看出,PIV 试验可以成功捕捉到射流-尾迹结构。从叶片工作面到背面,相对速度被分为高速射流区和低速尾迹区。高速射流

区域从 $L=0$ 开始到 $L=0.5$，而低速尾迹区域位于 $L=0.5\sim1.0$ 范围内。由平均速度可知，射流区的平均速度为 $w^*=0.355$，而尾迹区的平均速度为 $w^*=0.325$，两个区域的相对速度差异约为 10%。这表明即使在设计工况下，在低比转速离心泵叶轮出口也可以捕捉到明显的射流-尾迹流动结构。从 PIV 获得的相对速度分布可以看出，在射流-尾迹区域之间存在明显的速度拐点，该拐点位于 $L=0.5\sim0.6$ 区域，可以推断设计工况下的射流-尾迹拐点位于叶轮流道的中间区域附近。由数值计算结果可以看出，SST $k-\omega$ 和 DDES 湍流模型捕捉复杂流动结构的能力差异显著。对于 DDES 模型，在 $L=0\sim0.6$ 范围内，数值计算结果与 PIV 结果吻合度很高，相对速度的平均值为 $w^*=0.3364$，DDES 在射流区的计算误差约为 5%。对于 $L=0.6\sim1.0$ 区域内的相对速度，DDES 结果明显小于 PIV 结果，尤其在叶片背面附近的区域，相对速度迅速减小，该现象在 PIV 结果中并不明显。尾迹区域中的相对速度平均值为 $w^*=0.233$，与 PIV 结果相比，计算误差约为 28%，该误差远高于射流区域的数值计算结果。从 SST $k-\omega$ 数值计算结果可以看出，对于几乎整个叶轮流道，SST $k-\omega$ 的相对速度明显大于 PIV 结果，此外，SST $k-\omega$ 无法捕捉到射流-尾迹结构。在位置 $L=0.5$ 时，SST $k-\omega$ 模型的计算误差约为 23%。由比较结果可知，在相同的网格条件下，SST $k-\omega$ 模型没有足够的能力来捕捉叶片出口处的复杂流动特征，尤其是典型的射流-尾迹结构。DDES 模型可以精确地捕捉射流结构和射流-尾迹的拐点。然而，对于 $L=0.6\sim1.0$ 区域中的尾迹流结构，DDES 将产生较大的湍流耗散，导致尾迹区相对速度大小明显小于 PIV 的测量结果。

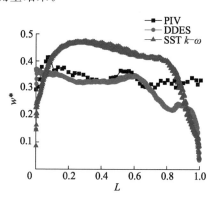

图 3.25　相对速度定量对比结果

为了全面获得不同断面上叶轮出口相对速度的分布特征，选择叶轮的 3 个不同断面来进行研究，即 $S=0.2$，$S=0.5$ 和 $S=0.8$，其中 $S=0.5$ 为叶轮中间断面，如图 3.26 所示。

图 3.26　叶轮不同断面示意图

图 3.27 给出了当叶片 B2 与蜗壳隔舌对齐时，叶轮出口周向相对速度的分布特性，此时引入变量 θ 来表示不同测点的角度。由图可以看出，不同叶轮流道内的相对速度分布相似，在不同叶轮流道内都可以捕捉到射流-尾迹结构。通过比较可以发现，靠近蜗壳隔舌的叶轮流道相对速度明显高于其他叶轮流道，这意味着隔舌附近区域的流体将显著受到隔舌的影响，这也被称为隔舌对叶轮流道内流动的上游影响效应。

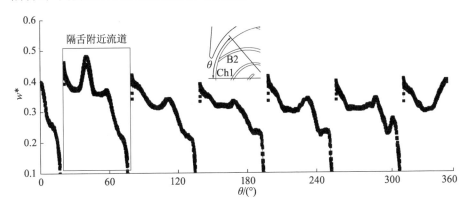

图 3.27　中间断面上叶轮周向相对速度分布特性

当叶片 B2 扫掠过蜗壳隔舌时，为了获得隔舌对叶轮出口处流动结构的影响，进一步对不同叶轮-隔舌位置处叶轮流道 Ch1 内的相对速度演化特性进行分析，结果如图 3.28 所示。初始时刻 t_0 表示此时叶片 B2 刚好与蜗壳隔舌对齐，Δt 为 DDES 非定常计算的时间步长。

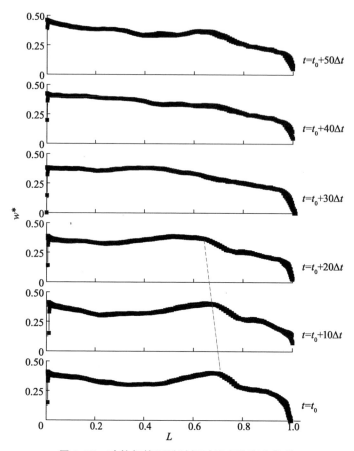

图 3.28　叶轮扫掠隔舌时相对速度的变化特性

从图 3.28 可以看出，当叶片 B2 通过隔舌时，叶轮出口的流动结构受到明显影响，包括射流-尾迹结构的相对速度大小和拐点。在初始时刻 $t=t_0$，射流-尾迹结构的拐点出现在 $L=0.7$ 处，即从 $L=0$ 到 $L=0.7$ 为高速射流区，而从 $L=0.7$ 到 $L=1.0$ 为低速尾迹区。当叶轮运动到 $t=t_0+10\Delta t$ 和 $t=t_0+20\Delta t$ 时刻，与 $t=t_0$ 时刻相比，此时射流-尾迹结构的拐点发生变化，在 $t=t_0+20\Delta t$ 时刻，拐点移动到 $L=0.62$ 处。这意味着随着叶轮的旋转，射流-尾迹结构将受到不同叶轮-隔舌位置的影响，并且射流-尾迹结构的拐点将向叶片工作面偏移。上述现象与叶轮-隔舌相互作用过程有关，当叶轮扫掠隔舌时，隔舌周围的流动结构将产生明显的脉动，从而导致射流-尾迹结构拐点位置的改变，这种现象通常被称为隔舌对叶轮流场的上游影响效应。此外，可以发现射流区域中的相对速度呈现明显的增加，例如在位置 $L=0.4$ 处，和初始时刻相比，相对速度在 $t=t_0+20\Delta t$ 时刻增加了 19％。当叶片 B2 继续运动到 $t=$

$t_0+30\Delta t$ 和 $t=t_0+40\Delta t$ 时刻,相对速度的分布发生显著变化,尤其在 $t=t_0+$ $30\Delta t$ 时刻,射流-尾迹结构的拐点并不明显,相对速度在尾迹区缓慢地减小。最后,在 $t=t_0+50\Delta t$ 时刻,射流-尾迹结构的拐点再次出现在 $L=0.7$ 处。从上述分析可知,当叶轮通过隔舌时,叶轮出口处的流动结构将受到显著的影响。

为了定量比较不同时刻叶轮流道 Ch1 内相对速度的大小,图 3.29 给出了从 $L=0$ 到 $L=1.0$ 整个流道内相对速度的平均值,以及射流区内不同时刻相对速度的平均值,此时将 $L=0.6$ 作为射流-尾迹结构的拐点。由图 3.29 可知,当叶片扫掠隔舌时,射流区内的相对速度逐渐增加,与 $t=t_0$ 时刻相比,相对速度在 $t=t_0+50\Delta t$ 时刻的增量为 12%。而对于整个叶轮流道 Ch1 内的相对速度平均值而言,随着叶轮旋转,相对速度首先在 $t=t_0+30\Delta t$ 时刻达到最小值,然后增加,与 $t=t_0$ 时刻相比,相对速度平均值在 $t=t_0+50\Delta t$ 时刻的增量约为 3%。

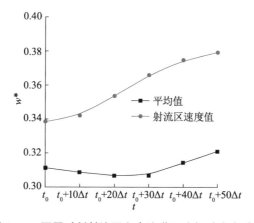

图 3.29　不同时刻射流区和全流道平均相对速度对比

在离心泵中,从叶轮前盖板到后盖板,流动结构存在明显差异。因此,为了获得叶轮不同断面上的复杂流动结构,图 3.30 给出了 3 个不同断面上叶轮出口周向相对速度对比情况。由图 3.30 可知,在 3 个不同断面上都可以捕捉到射流-尾迹流动结构,断面 $S=0.2$ 上的相对速度明显大于断面 $S=0.5$ 和 $S=0.8$ 上的相对速度,3 个断面上的平均相对速度分别为 $w^*=0.360,0.344$ 和 0.316。通过比较可以看出,相较于断面 $S=0.2$,断面 $S=0.8$ 上的相对速度降低了 12%。因此可以认为,叶轮不同断面上的相对速度结构相似,但速度大小显示出明显差异,从叶轮前盖板到后盖板,相对速度呈现降低的趋势,且射流-尾迹流动结构的拐点向叶片背面偏移。

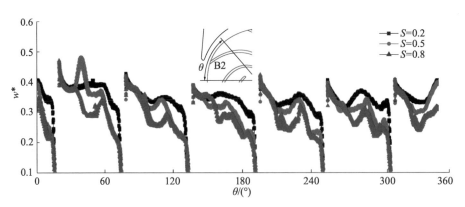

图3.30　不同断面上叶轮周向相对速度分布特性

图3.31给出了3个不同断面上相对速度平均值的对比,这里只计算$L=0\sim0.6$范围内的相对速度大小。由图可以看出,对于射流区的相对速度而言,3个断面上的速度变化趋势是相似的。随着叶片B2扫掠过隔舌,相对速度逐渐增加。对于断面$S=0.2$,相较于初始时刻,相对速度在$t=t_0+50\Delta t$时刻的增量为16%,而在断面$S=0.8$上,增量为28%。因此,对于射流区域中的相对速度,当叶片扫掠隔舌时,相对速度的大小将增大。

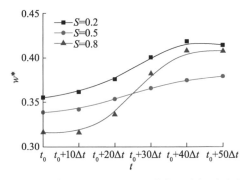

图3.31　不同断面$L=0\sim0.6$区域内平均相对速度对比

3.5.2　偏工况下射流-尾迹结构的演化

下面进一步分析偏工况条件下泵内复杂流动的演化规律,图3.32首先给出了3种不同工况下DDES数值计算结果和PIV结果的对比情况。从PIV结果可以看出,在$0.2Q_d$工况下,在叶轮出口形成了大尺度旋涡结构,该区域的相对速度值远大于叶轮其他区域的速度大小。而在叶轮流道内,相对速度分布结构复杂,出现多种尺度的旋涡结构,这是由叶片进口处液流角的不断减小引起的。从DDES数值计算结果可以看出,当泵工作在$0.2Q_d$工况时,

DDES 方法可以成功捕捉叶片出口区域处的大尺度旋涡结构。随着流量增加到 $0.4Q_d$,由 PIV 结果可以看出,此时在叶片出口区域仍会出现大尺度回流结构,该典型流动特征也可以被 DDES 方法捕捉。相比于 $0.2Q_d$ 工况,此时叶轮流道内的流线更加光顺,此外 PIV 和 DDES 方法都可以获得叶片工作面的流动分离结构,如图中红色区域所示。当泵工作在 $0.6Q_d$ 工况时,可以看出,在工作面局部区域,数值计算和试验流动结构呈现明显的差异性。从上述比较可以看出,DDES 结果与 PIV 结果相似,可以捕捉泵内主要的大尺度流动结构,但对于流场的局部细节,仍存在明显的差异。

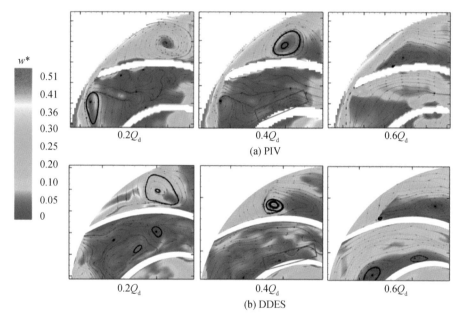

(a) PIV

(b) DDES

图 3.32 偏工况下 DDES 与 PIV 结果比较

为了定量获得 DDES 数值计算方法对偏工况流场结构的捕捉能力,拟提取叶轮出口相对速度大小来进行比较,如图 3.33 所示。

图 3.34 给出了 3 种不同工况下 DDES 和 PIV 相对速度定量的对比结果。同样引入无量纲参数 L 来表示不同被提取测点的位置,即 $L=\varphi/57°$,当 $L=0$ 时,测点位于叶片 B1 的工作面,$L=1.0$ 表示测点位于叶片 B2 的背面。可以看出,在 $0.2Q_d$ 工况下,

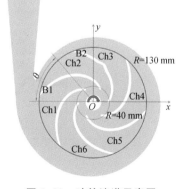

图 3.33 叶轮流道示意图

DDES 获得的叶片出口处相对速度分布与 PIV 结果吻合良好,并且可以成功获得射流-尾迹结构。由 PIV 结果可知,此时射流-尾迹结构的拐点位于 $L=0.5$ 附近,在射流区,平均相对速度为 $w^*=0.35$,而在尾迹区,$w^*=0.28$,两者的差异为 20%。由 DDES 结果可以看出,在射流区,平均相对速度大小为 $w^*=0.37$,数值计算与 PIV 结果的差异约为 5%。在尾迹区,相对速度的平均值为 $w^*=0.14$,此时计算误差增加到 50%。当模型泵工作在 $0.4Q_d$ 和 $0.6Q_d$ 工况时,在叶轮出口仍可捕捉到射流-尾迹结构,由 PIV 可知,射流-尾迹结构的拐点位于 $L=0.5$ 附近。在 $0.4Q_d$ 工况下,在射流区,DDES 和 PIV 之间的差异约为 6%,而在尾迹区,误差增加至 51%。在 $0.6Q_d$ 工况下,由于 DDES 得到的相对速度在 $L=0.3\sim0.5$ 的范围内迅速下降,导致射流区的计算误差上升至 17%,尾迹区的相应误差为 46%。从以上分析可知,当前的数值计算方法可以捕捉到小流量工况下叶轮出口的射流-尾迹结构,在特定的叶轮-隔舌位置,射流-尾迹结构的拐点位于流道中间位置附近。此外,DDES 数值方法可以精确地获得射流区的流动结构,相较于 PIV,其计算误差较小,但该方法仍然未能较好地模拟出尾迹区内的复杂流场结构,相对速度误差快速上升。

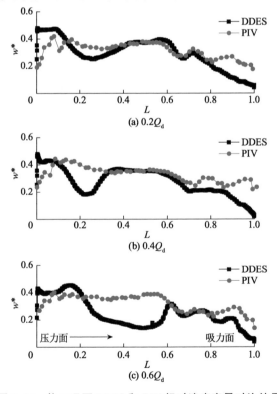

图 3.34 偏工况下 DDES 和 PIV 相对速度定量对比结果

图 3.35 给出了 3 种不同工况下叶轮流道内相对速度的分布情况。这里要特别注意 $0.2Q_d$ 工况，可以看出叶轮流道 Ch1，Ch2 和 Ch3 内流动结构较为相似，即除了叶片出口区域的大尺度旋涡外，在叶轮流道内还可以捕捉到其他大尺度流动分离结构；而在叶轮流道 Ch4，Ch5 和 Ch6 内，则无此现象。因此，在小流量工况（旋转失速工况附近）下，不同叶轮流道内的相对速度分布呈现明显的非均匀分布特性。

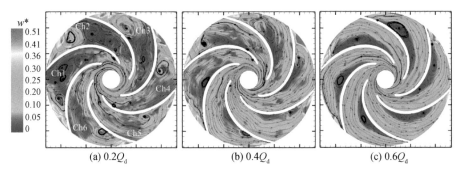

(a) $0.2Q_d$ (b) $0.4Q_d$ (c) $0.6Q_d$

图 3.35　偏工况下叶轮流道内相对速度分布情况

为了定量地分析偏工况条件下叶轮流道内流动结构的分布、演化特性，拟对 Ch2 流道进口和出口区域的相对速度进行定量提取，位置分别为 $R=40$ mm 和 $R=130$ mm，叶轮流道示意图如图 3.33 所示。

图 3.36 给出了 3 种不同工况下叶轮进口相对速度在圆周方向的分布特性。当泵工作在 $0.6Q_d$ 工况时，每个叶轮流道内的相对速度分布非常相似，相对速度从叶片工作面到背面逐渐增加，这意味着在该流量下叶轮进口的流动均匀性没有被明显破坏。当流量减小至 $0.4Q_d$ 工况时，可以看出不同叶轮流道内的相对速度呈现明显的差异性。在叶轮流道 Ch1 和 Ch3 中，相对速度在靠近叶轮工作面处急剧下降，之后朝叶片背面不断增加。在 $0.2Q_d$ 旋转失速工况时，各个叶轮流道内的相对速度分布差异显著。在 Ch1，Ch2 和 Ch3 流道中，相对速度平均值分别为 $w^*=0.141$，$w^*=0.125$ 和 $w^*=0.134$，而在叶轮流道 Ch4，Ch5 和 Ch6 中，其值分别达到 $w^*=0.173$，$w^*=0.148$ 和 $w^*=0.150$，通过比较可以看出，流道 Ch2 和 Ch4 之间的差异约为 38%。在离心泵中，如果叶片进口处的相对速度降低，则进口轴面流速减小，意味着此时 Ch1，Ch2 和 Ch3 流道中的流量减小，即在旋转失速工况下，这些流道处于部分堵塞状态，如图 3.35 相对速度云图所示。

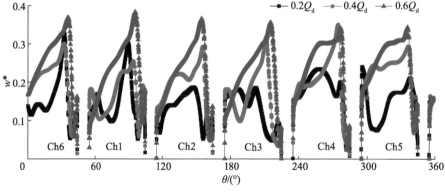

图 3.36　叶轮进口边相对速度的周向分布特性

图 3.37 给出了 $R=130$ mm 位置处沿叶轮周向相对速度的分布情况,可以看出,在不同工况下,从叶片工作面到背面,相对速度分布仍呈现射流-尾迹结构,但不同流道内速度分布差异性显著(与设计工况相比,见图 3.30),即在偏工况条件下,叶轮流道内速度的均匀性被严重破坏。

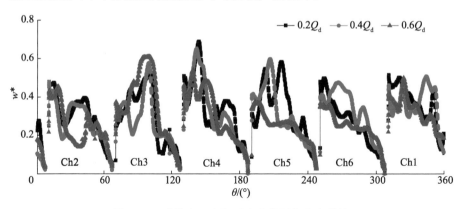

图 3.37　叶轮出口边相对速度的周向分布特性

为了获得小流量 $0.2Q_d$ 工况下相对速度的演化过程,图 3.38 给出了当叶片 B1 完整扫掠过隔舌时,不同时刻叶轮流道 Ch1 内相对速度的分布情况。在 $t=t_0$ 时刻,相对速度分布呈现出典型的射流-尾迹结构,此时 $L=0.7$ 被认为是射流-尾迹区域的拐点。随着叶片继续运动到 $t=t_0+10\Delta t$ 时刻,射流-尾迹区域的拐点改变,偏移至 $L=0.65$ 处;在 $t=t_0+20\Delta t$ 时刻,拐点进一步偏移至 $L=0.61$ 附近。这意味着在小流量工况下,叶轮出口区域的流动分布亦受叶轮旋转的影响,该现象同样出现在设计流量下(见图 3.28)。当叶片 B1 远离隔舌时,射流区域内的速度明显增加,与 $t=t_0$ 时刻相比,在 $t=t_0+20\Delta t$

时刻,射流区域的平均相对速度增量约为 7%。

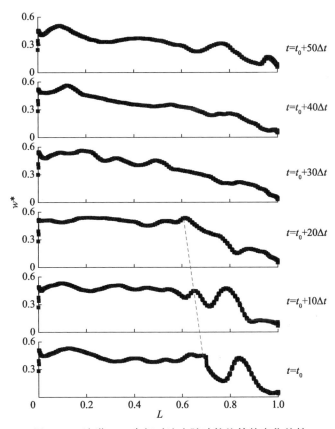

图 3.38　流道 Ch1 内相对速度随叶轮旋转的变化特性

为了研究小流量工况尤其是旋转失速条件下叶轮流道内速度结构的演化特性,图 3.39 给出了叶轮旋转 240°时叶轮流道内的相对速度分布情况。选择 $t=t_0+90\Delta t$ 作为初始时刻,并重点关注叶轮流道 Ch4 内流场结构的演化过程。当叶片旋转到 $t=t_0+150\Delta t$ 时刻时,流道内的流线变为扭曲状态,尤其是在叶片进口区域,但该流道内没有产生明显的失速团结构。随着叶片旋转至 $t=t_0+180\Delta t$ 时刻,在叶片进口出现了小尺度的旋涡分离结构,如红色区域所示,同时,在叶轮流道内存在多个旋涡结构,几乎占据整个 Ch4 流道,该流道此时处于堵塞状态。当叶片从 $t=t_0+210\Delta t$ 时刻旋转到 $t=t_0+270\Delta t$ 时刻时,Ch4 流道内的旋涡结构开始消失,该流道逐渐恢复通流能力。最后在 $t=t_0+330\Delta t$ 时刻,叶轮流道中的失速团完全消失,流道中形成较为均匀的流动状态。由连续的相对速度分布可知,叶轮流道内失速团的演化周期约为 $T=240\Delta t$,即 $T=0.027\ 6$ s,相应的频率 $f=1/T=36.2$ Hz。失速团完整地在 6 个流道内传播一周大约需要 0.165 6 s,因此旋转失速传播频率等于 6 Hz,即 $f=0.25f_n$。

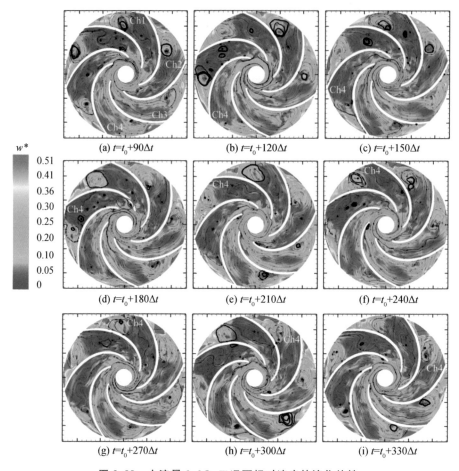

图 3.39 小流量 $0.2Q_d$ 工况下相对速度的演化特性

3.5.3 叶轮流道内三维涡结构分布特性

为了获得叶轮流道内三维涡结构的分布特性,采用 Q-criterion 对三维复杂涡结构进行识别,公式如下:

$$Q=\frac{1}{2}\left[\,|\boldsymbol{\Omega}|^2-|\boldsymbol{S}|^2\,\right] \tag{3.39}$$

式中:$\boldsymbol{\Omega}$ 为旋转速率张量;$\boldsymbol{S}$ 为应变率张量。

$$\boldsymbol{\Omega}=\frac{1}{2}\left[\nabla\boldsymbol{v}-(\nabla\boldsymbol{v})^{\mathrm{T}}\right] \tag{3.40}$$

$$\boldsymbol{S}=\frac{1}{2}\big[\bigtriangledown\boldsymbol{v}+(\bigtriangledown\boldsymbol{v})^{\mathrm{T}}\big] \tag{3.41}$$

速度梯度 $\bigtriangledown\boldsymbol{v}$ 为

$$\bigtriangledown\boldsymbol{v}=\boldsymbol{\Omega}+\boldsymbol{S} \tag{3.42}$$

当 Q-criterion>0，旋转作用力大于流体的应变力时，在特定位置将产生旋涡结构。

采用公式(3.43)将 Q-criterion 进行无量纲化处理。

$$Q^{*}=\sqrt{\frac{Q}{Q_{\max}}} \tag{3.43}$$

图 3.40~图 3.42 分别给出了 $1.0Q_d$，$1.4Q_d$ 和 $0.2Q_d$ 工况下叶轮流道内三维涡结构的分布特性。图 3.40 给出了设计工况下基于 Q-criterion($Q^{*}=0.006$)准则识别的叶轮流道内三维涡结构的分布特性，可以看出，在叶片 B2 上成功捕捉到涡结构 γ，如图 3.13 所示。在叶片 B1 上，捕捉到涡结构 β，该三维涡结构起始于叶片进口边，并在特定位置与叶片分离，朝叶轮流道中心区域发展，该涡结构的位置与图 3.12 和图 3.23 中的低速区高度吻合，可以认为该涡结构 β 是由叶片工作面的大尺度流动分离结构诱发产生。当叶轮旋转到特定角度时，如图 3.40b 所示，可以看出，在叶片进口边附近形成了明显的湍流边界层，之后流动分离形成旋涡结构 β，其结构与发卡涡相似[11,12]，这意味着对于该种类型的离心泵，可以在叶片工作面捕捉到明显的发卡涡结构。由图 3.41b 可知，在大流量 $1.4Q_d$ 工况下，这种发卡涡结构依然可以被捕捉到。

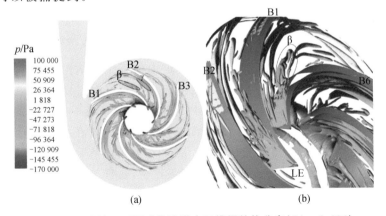

(a)   (b)

图 3.40 设计工况下叶轮流道内三维涡结构分布($Q^{*}=0.006$)

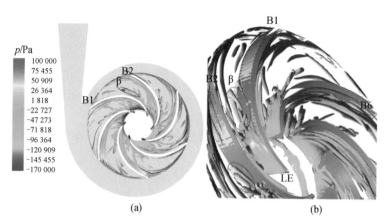

图 3.41 1.4Q_d 工况下叶轮流道内三维涡结构分布($Q^*=0.006$)

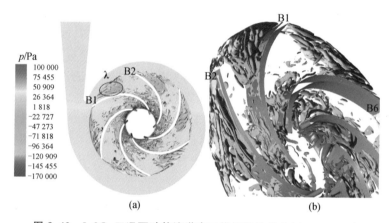

图 3.42 0.2Q_d 工况下叶轮流道内三维涡结构分布($Q^*=0.006$)

图 3.42 给出了 0.2Q_d 工况下叶轮流道内的三维涡结构分布图,可以看出,小流量工况的三维涡结构与设计流量和大流量工况差异显著,在叶片进口边附近出现了大量的旋涡结构,叶片进口区域分布着不同尺度的旋涡结构。在叶片工作面上无法捕捉到发卡涡结构 β,这意味着在小流量工况下,叶片上典型的发夹涡结构将消失。在叶片出口区域,可以捕捉到另外一个涡团结构 λ,其是由叶片出口的大尺度回流结构诱发产生,如图 3.12 和图 3.35 所示。

参考文献

[1] Yang S S, Kong F Y, Qu X Y, et al. Influence of blade number on the performance and pressure pulsations in a pump used as a turbine. ASME J. Fluids Eng,2012,134(12):124503.

［2］Pei J，Yuan S Q，Benra F-K，et al. Numerical prediction of unsteady pressure field within the whole flow passage of a radial single-blade pump. ASME J. Fluids Eng，2012，134(10)：101103.

［3］Pei J，Wang W J，Yuan S Q. Statistical analysis of pressure fluctuations during unsteady flow for low specific speed centrifugal pumps. J. Cent. South Univ，2014(21)：1017 - 1024.

［4］Pei J，Yuan S Q，Yuan J P. Numerical analysis of periodic flow unsteadiness in a single-blade centrifugal pump. Sci. China Technol. Sci，2012，56：212 - 221.

［5］Posa A，Lippolis A，Verzicco R，et al. Large-eddy simulations in mixed-flow pumps using an immersed-boundary method. Comput. Fluids，2011，47(1)：33 - 43.

［6］Kato C，Mukai H，Manabe A. Large-eddy simulation of unsteady flow in a mixed-flow pump. Int. J. Rotating Mach，2003，9：345 - 351.

［7］Pedersen N，Larsen P S，Jacobsen C B. Flow in a centrifugal pump impeller at design and off-design conditions—Part I：Particle Image Velocimetry(PIV) and Laser Doppler Velocimetry(LDV) measurements. ASME J. Fluids Eng，2003，125(1)：61 - 72.

［8］Pavesi G，Cavazzini G，Ardizzon G. Time-frequency characterization of the unsteady phenomena in a centrifugal pump. Int. J. Heat Fluid Flow，2008，29(5)：1527 - 1540.

［9］Keller J，Blanco E，Barrio R，et al. PIV measurements of the unsteady flow structures in a volute centrifugal pump at a high flow rate. Exp. Fluids，2014，55(10)：1820.

［10］Feng J，Benra F-K，Dohmen H J. Investigation of periodically unsteady flow in a radial pump by CFD simulations and LDV measurements. J. Turbomach，2011，133(1)：011004.

［11］Adrian R J. Hairpin vortex organization in wall turbulence. Phys. Fluids，2007，19：1 - 16.

［12］Adrian R J，Meinhart C D，Tomkins C D. Vortex organization in the outer region of the turbulent boundary layer. J. Fluid Mech，2000，422：1 - 54.

④
离心泵内流结构的 PIV 测量

离心泵内部流动结构复杂，尤其在偏工况条件下，存在多种尺度的流动分离结构，导致分析难度大，而现代 CFD 技术在处理泵内复杂多尺度流动问题方面仍显不足。因此，借助非接触式光学测量技术 PIV 对泵内流动进行研究，剖析泵内流动结构的时空演化，仍是泵内非稳态流动特性研究的重要内容。本章采用 PIV 测试技术对不同工况下的泵内流场结构进行测量，以获得泵内典型流动特征及流场定量结果，进一步加深对泵内复杂流动演化特性的理解。

以低比转速离心泵（$n_s = 69$）为研究对象，其设计参数分别为 $Q_d = 55 \text{ m}^3/\text{h}$，$H_d = 20 \text{ m}$，$n_d = 1\ 450 \text{ r/min}$，电机功率 $P = 4 \text{ kW}$，模型泵的主要参数详见第 3 章。

为实现模型泵的光学测量，该泵的蜗壳和叶轮均采用高透光率有机玻璃加工完成，并对蜗壳外部进行矩形设计，以降低激光的散射，提高光学测量的精度。

4.1 光学测试系统的搭建

搭建模型泵闭式试验系统以获得模型泵的实际性能，该闭式系统介绍见第 3 章 3.3 节相关内容。

图 4.1 给出了模型泵的剖视图和测试用离心泵叶轮。

对于离心泵而言，强动静干涉发生在隔舌区，因此该区域的流动结构最为复杂，该区域也是泵内强压力脉动的产生根源，所以 PIV 测量的研究重点放在蜗壳隔舌区域，从而探索泵内流动结构的复杂演化规律。PIV 测量区域如图 4.2 中红色区域所示。为了提高片光源激光器的照明效果，将激光器布置在隔舌左侧，以最大限度地照亮隔舌区域，提高 PIV 测量效果及精度。

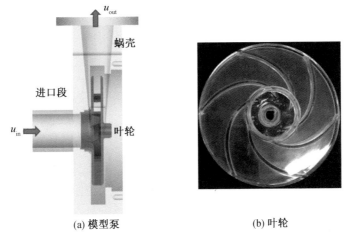

(a) 模型泵　　　　　　　　　(b) 叶轮

图 4.1　模型泵剖视图和透明叶轮

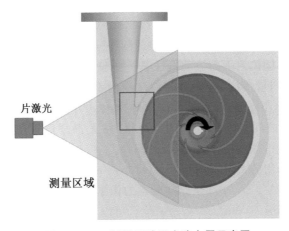

图 4.2　PIV 测量区域及光路布置示意图

　　本章所采用的 PIV 系统为丹迪公司的产品,其可以有效地捕捉二维平面上的流场结构,该 PIV 系统的工作原理如图 4.3 所示。通过片光源激光器对测量区域进行照明,并在流场中添加适当直径的示踪粒子,之后 CCD 相机对测量区域进行图像采集,每次拍摄 2 张图片,并通过时序卡和图像采集系统对采集方案进行控制,然后采用 PIV 后处理系统对所得图像进行信号的互相关处理,最终得到速度场分布特性[1,2]。

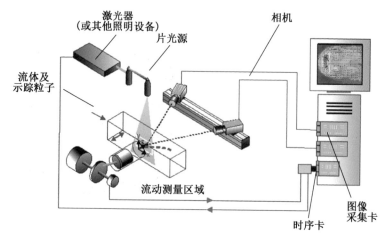

图 4.3 PIV 测量原理示意图

该 PIV 系统所采用的激光发生器为 ND-YAG 类型,通过片光源对采集区进行照明,产生的脉冲激光强度为 60 mJ。脉冲激光的波长为 532 nm,该 PIV 系统的最大采集频率为 15 Hz,即每秒钟可以采集 15 组图像。试验过程中对模型泵在不同流量下的流动特性进行测量,因此泵内流速将产生相应的改变,为了提高测量精度,需要对脉冲激光的发射时间间隔进行调整、优化,以满足不同流速下的测量要求。试验中最终采用的脉冲激光时间间隔为 20~50 μs,在该时间间隔内,粒子的运动位移大于 2 倍粒子半径,同时小于 1/4 查询区域,完全满足该 PIV 系统的测量要求。

试验中所采用的 CCD 相机型号为 FlowSense EO 2M,该相机的空间分辨率为 1 600 px×1 200 px,因此其单点的像素大小为 7.4 μm。试验中采用的尼康 AF Nikkor 50 mm f/1.8 透镜组合可以有效地保证相机的位置调到完全适应该测量系统。

试验中将时序卡连接到 PIV 的后处理软件中,这样可以保证 CCD 相机的曝光时间和激光器的触发时间的同步性。为了获得不同叶轮-隔舌相对位置处的复杂流场结构,通过锁相可以实现叶轮在不同位置处的拍摄问题,最终叶轮每旋转 5°采集一次完整的 PIV 图像,并在每个叶轮位置处采集 200 组图像,通过时均处理最后可以得到时均流动特征。

PIV 测量试验中,示踪粒子至关重要,其在很大程度上影响着 PIV 的测量精度。本试验中采用的示踪粒子是直径为 20~60 μm 的空心玻璃珠,密度为 1 050 kg/m³,与水非常接近,可以保证其具有良好的跟随性。在 32 px×32 px 的查询范围内,示踪粒子数在 4~20 组,满足 PIV 的测量要求。研究中所采用的 PIV 系统的测量精度为±0.1%,考虑到随机误差、系统误差、粒子误差,PIV 测量系统的最终精度为 $1\% \sim 3\%^{[3]}$。

图 4.4 给出了模型泵 PIV 测量的试验现场图。

图 4.4 PIV 测量现场图

图 4.5 给出了离心泵内典型的速度三角形。

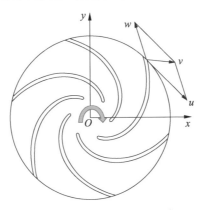

图 4.5 离心泵出口处速度三角形

PIV 测量过程中,在每一个叶轮位置处拍摄 200 组图像,不同位置处的速度场是坐标 x,y 和时间的函数,即 $v(x,y,t)$,采用时均方法处理得到的时均流场可以用方程(4.1)来表示。

$$v_{\mathrm{a}}(x,y) = \frac{1}{200} \sum_{i=1}^{n} \left[v(x,y,t_0 + i\Delta t) \right] (n = 200) \tag{4.1}$$

同理,可以采用方程(4.2)获得不同位置处的时均圆周速度。

$$u_{\mathrm{a}}(x,y) = \frac{1}{200} \sum_{i=1}^{n} \left[u(x,y,t_0 + i\Delta t) \right] (n = 200) \tag{4.2}$$

在离心泵中,相对速度为绝对速度和圆周速度的矢量差,因此可以采用方程(4.3)获得不同测点的相对速度值,进而采用方程(4.4)最终处理得到时均相对速度的大小。

$$w(x,y,t)=v(x,y,t)-u(x,y) \tag{4.3}$$

$$w_a(x,y)=\frac{1}{200}\sum_{i=1}^{n}[w(x,y,t_0+i\Delta t)](n=200) \tag{4.4}$$

采用涡量来表征泵内旋涡的强度,如方程(4.5)所示。

$$\Omega=2\omega_z=\frac{\partial v_y}{\partial x}-\frac{\partial v_x}{\partial y} \tag{4.5}$$

对于离心泵而言,正涡量表示旋涡的旋转方向和叶轮的旋转方向一致,负涡量表示旋涡的旋转方向和叶轮的旋向相反。

无量纲绝对速度为

$$v_a^*=\frac{v_a}{u_2} \tag{4.6}$$

无量纲相对速度为

$$w_a^*=\frac{w_a}{u_2} \tag{4.7}$$

无量纲涡量为

$$\Omega^*=\frac{15\Omega}{\pi n_d} \tag{4.8}$$

4.2　泵内流动结构分布特征

图 4.6 给出了模型泵的外特性曲线。从泵的效率-流量曲线上可以看出,泵的最优效率点略偏向大流量工况,即 $1.1Q_d$。在泵的最高效率点处,泵的效率为 70% 左右。从泵扬程-流量曲线可以看出,当泵的工作流量大于 $0.4Q_d$ 时,模型泵的扬程曲线呈现单调递减的规律。当泵的流量低于 $0.4Q_d$ 时,扬程曲线存在驼峰现象,随着流量的增加,扬程呈

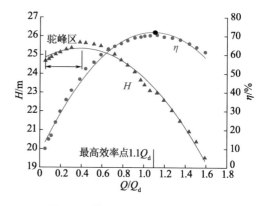

图 4.6　模型泵的能量性能曲线

现上升的趋势。对于低比转速离心泵,扬程驼峰曲线比较常见,在小流量工况时,泵内部极易产生流动分离、回流、旋转失速等复杂流动现象,最终导致泵出现不稳定运行特征。对于低比转速离心泵而言,驼峰现象往往是由叶轮

几何参数选择的不合理造成的,比如叶片出口安放角 β_2 过大,通过斜切叶轮出口可以在工程实践中达到避免驼峰现象的目的[4]。

4.2.1 绝对速度分布特征

图 4.7 给出了设计工况下不同叶轮位置处的绝对速度分布图,图中时刻 t_0 表示叶片的起始位置,Δt 为叶片每旋转 1° 所对应的时间,即 $\Delta t = 1.15 \times 10^{-4}$ s。由不同位置处的绝对速度分布可知,从叶轮进口到叶轮出口,绝对速度大小在不断增加,在出口处达到最大值。在叶轮出口的背面形成了明显的高绝对速度分布区域,该区域由叶片背面一直延伸到叶片工作面,形成明显的"尾迹"现象。在叶片不同位置处,该高速"尾迹"现象总是存在的,从绝对速度云图可知,不同位置处绝对速度分布规律相似,差异性较小。在设计工况下,从叶轮出流的液体光顺地经过隔舌进入扩散段,最终从蜗壳流出。

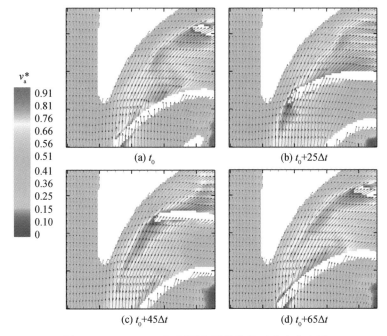

图 4.7 $1.0Q_d$ 工况下不同位置处的绝对速度分布图

当离心泵运行在大流量工况时,其进口的流速将显著增加,由速度三角形可知,此时的进口液流角将明显增大,进口来流状态的变化将最终影响到泵内绝对速度场的分布情况。为了研究大流量对泵流场结构的影响,图 4.8 给出了 $1.4Q_d$ 工况下叶轮和蜗壳内部的绝对速度分布情况。由图 4.8 可以看出,大流量工况的绝对速度分布特征和设计工况基本一致,即绝对速度在叶轮出口附近达到最大值,同样在叶片背面形成了高速流体分布区域。相较于设计工况而言,大流量工况叶片出口处高速"尾迹"区域流体的速度大小、"尾迹"区的尺度都要明显减小。当泵运行在大流量工况时,从叶轮出流的部分流体将从隔舌的右侧朝隔舌左侧的扩散段进行泄漏流动,这些流体将和隔舌产生强烈的撞击作用,该流动现象明显有别于设计工况下隔舌附近区域的速度分布特性。

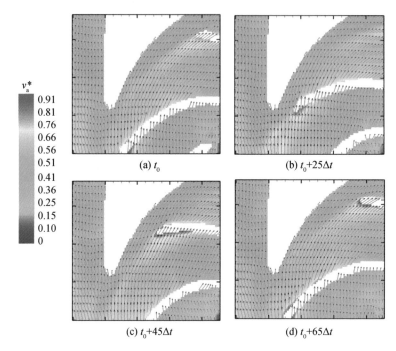

图 4.8　1.4Q_d 工况下不同位置处的绝对速度分布图

当泵运行在小流量工况时,叶轮进口处流体的液流角将显著减小,这将导致流体朝叶片的工作面流动,撞击叶片工作面,并形成特征流动结构。为了分析小流量工况对泵内绝对速度分布特性的影响,图 4.9 给出了 0.6Q_d 工况下不同叶轮位置处的绝对速度分布特征。由图 4.9 可以看出,小流量对绝对速度分布特性产生了极为明显的影响,在叶片出口附近形成了大范围的高速流动区域,相较于设计工况,叶片出口形成了类似"尾迹"区的速度分布特征。在 0.6Q_d 工况下,叶片出口的速度分布由叶片背面一直延伸到工作面,形成大尺度、片状的高速流动区域,且该区域流速的大小明显高于设计工况,这也和理论分析一致。此外,从不同叶轮位置处的绝对速度分布特征可以看出,小流量工况时,蜗壳扩散段的部分流体将从隔舌左侧朝隔舌右侧的蜗壳内部进行泄漏流动,这种流动特性和设计工况及大流量工况明显不同。

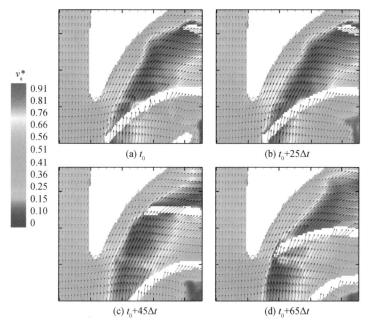

图 4.9　0.6Q_d 工况下不同位置处的绝对速度分布图

　　为了分析泵在极端关死点状态下内部的流场结构特征,图 4.10 给出了关死点状态下泵内部绝对速度的分布特性。

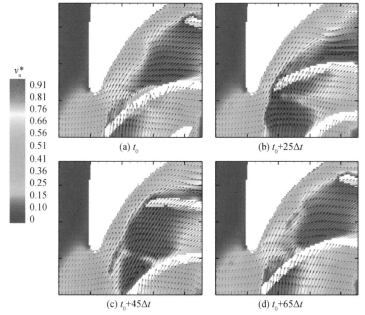

图 4.10　关死点工况下不同位置处的绝对速度分布图

由图 4.10 可以看出,在关死点工况下,蜗壳扩散段内部的速度大小几乎为 0,并且隔舌左侧的流体明显地向右侧区域做泄漏运动。相较于该泵的其他几个工况,在关死点工况时,在泵叶片出口附近形成了速度更高、尺度更大的高速流动区域,且这种高速流体结构区域进一步朝叶片进口方向延伸,占据了大范围的叶轮流道。

4.2.2 涡量分布特征

离心泵内流研究的重要目的是探索泵内流动激励能量的相关抑制、减弱方法。综合来看,离心泵内部呈现受迫边界下的强湍流运动特征,流致激励机理复杂。从最近的研究成果及发展趋势来看,离心泵内动静干涉现象实则是叶片出口的非稳态流动结构发生脱落并与隔舌及壳体产生强烈的撞击作用,从而造成高幅湍流脉动,并诱发水力激励振动。因此,动静干涉可以描述为叶片出口脱落的三维多尺度尾迹涡干涉下游固体边界的过程[5]。本部分将从泵内尾迹流脱落、演化特性出发,探索泵内复杂旋涡分布特征和涡结构的时空演化过程,从尾迹涡角度阐述离心泵的内流特性,并期待从尾迹流控制角度出发,为泵内流致激励的控制提供新思路,尾迹流控制及其对激励影响的相关研究成果见本书第 7 章。

图 4.11 给出了设计工况点泵内部的涡量分布特征,图中红色区域表示旋涡的旋向与叶轮的旋向一致,蓝色区域表示旋涡的旋向与叶轮的旋向相反。

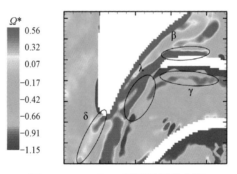

图 4.11　1.0Q_d 工况下涡量分布图

由图 4.11 可以看出,在离心泵内部形成了几个高涡量分布区域,分别为叶片背面 γ、叶片出口工作面 β、蜗壳内部区域 λ 和隔舌区 δ。叶片背面的高强度涡量分布区 γ,即蓝色的涡带产生于叶片背面,一直延伸到叶片出口,由于本章 PIV 的拍摄视窗大小有限,并不能观察到该蓝色涡带的起始位置,但可以推论该涡带可能产生于叶片进口附近,并在叶片出口处脱落,形成脱落涡。与之相反的是,叶片出口工作面上形成了高强度正涡量分布区域 β,同样的道理,该涡带在叶片出口将随着叶轮的旋转不断脱落,进入蜗壳内部,之后经历衰弱、消亡过程。在叶片中间流道处并没有观察到明显的高涡量区,主流在叶轮流道内比较均匀,没有形成明显的高强度旋涡区。在蜗壳隔舌附近,从叶片工作面脱落的涡带和隔舌产生明显的撞击、干涉过程,受隔舌的切割作用,该涡带被分割为两个不同的结构,分别朝蜗壳的扩散段和隔舌右侧区域运动,因此可以明显地在隔舌左侧扩散段内发现高强度的涡量分布区域 δ。

为了研究模型泵内部涡量结构的时空演化过程,图 4.12 给出了设计工况下不同叶轮-隔舌相对位置处的涡结构分布特征。

这里着重关注不同时刻高强度尾迹涡带和隔舌的撞击、干涉过程。不同时刻叶轮内部的涡量分布特性基本和图 4.11 所述一致,即叶轮内存在几个高涡量分布区域。在 t_0 时刻,可以在隔舌左侧明显地观测到高强度的涡 δ1,随着叶轮的旋转,该涡带将不断地朝蜗壳扩散段的出口方向运动,并且涡量强度将经历不断衰减的过程。在 $t=t_0+40\Delta t$ 和 $t=t_0+55\Delta t$ 时刻,该涡带的强度已经大大减弱,这是由该涡带和扩散段内低强度涡量流体的掺混作用造成的。随着叶轮的旋转,当从叶片脱落的尾迹涡运动到隔舌附近时,将再次与隔舌产生撞击、干涉作用,如 $t=t_0+40\Delta t$ 和 $t=t_0+55\Delta t$ 时刻所示,隔舌再次将尾迹涡带切割为两个不同结构,并且在隔舌左侧形成高涡量分布结构 δ2。

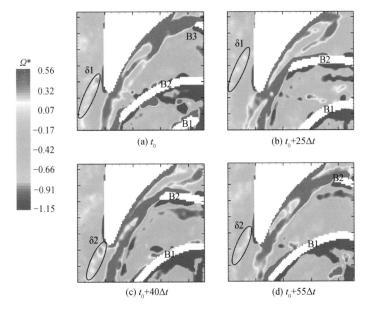

图 4.12　1.0Q_d 工况下不同位置处的涡量分布特性

由图 4.12 涡量不同时刻的演变结果可知,当叶轮周期性地转动时,从叶片出口脱落的尾迹涡带将与隔舌产生撞击、干涉作用，正是由于该撞击作用的存在，才会在泵内部形成周期性的流体波动现象，进而导致流动诱发高幅压力脉动和振动问题。因此可以推断，尾迹涡脱落强度的控制及其与隔舌干涉过程的抑制可以有效地降低流动诱发的压力脉动。

离心泵不同的运行工况将影响其内部的速度分布特征，进而影响涡量的分布结构，因此为了研究不同工况对涡量分布的影响规律，图 4.13 给出了大流量工况 $1.4Q_d$ 下模型泵内部不同叶轮-隔舌相对位置处的涡量分布特性。大流量工况的涡量分布特性和设计工况基本一致，即也在叶片背面、叶片出口工作面、蜗壳内部产生高涡量区域。然而在隔舌附近区域，大流量工况下尾迹涡带的运动、演化、分布特性和设计工况存在明显的区别。在设计工况下，叶片出口的尾迹涡带虽然与隔舌产生撞击作用，但只是部分涡带被隔舌切割。在 $1.4Q_d$ 工况下，在隔舌的左侧部分观察到高强度负涡量区域，而在设计工况下仅形成正旋涡结构，其原因可能与叶片 B2 背面的旋涡结构 ε 有关。当叶轮旋转到 $t=t_0+20\Delta t$ 时刻，旋涡结构 ε 将从叶片 B2 上脱落，在蜗壳中产生涡量区域 ε1，并在 $t=t_0+35\Delta t$ 时刻与隔舌产生干涉效应，形成高涡量区 ε1，该干涉过程在 $t=t_0+50\Delta t$ 时刻更加显著。通过和设计工况对比可以看出，大流量和设计工况下从叶片脱落的尾迹涡和隔舌的干涉模式存在明显差异，在设计工况下，从叶片脱落的正向旋涡结构会和隔舌产生干涉、切割效应，而在大流量工况下，从叶片脱落的正、负向涡带结构将被隔舌完全切割，该过程实际是由该区域的流动特性决定的。

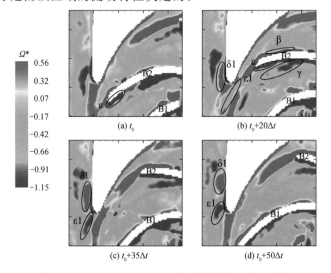

图 4.13　$1.4Q_d$ 工况下不同位置处的涡量分布特性

在设计工况及大流量工况下,蜗壳隔舌区域不同的涡量分布结构与相应的绝对速度分布密切相关。图 4.14 给出了 $1.0Q_d$ 和 $1.4Q_d$ 工况下的绝对速度分布情况。在设计流量下,绝对速度从叶片前缘到尾缘不断增加。在叶片尾缘处,叶片背面形成了高绝对速度分布结构,呈现高速片状流动状态,并且一直延伸到叶片工作面。在 $1.4Q_d$ 的大流量下,在叶片尾缘处也产生了高速流动区域,但其速度大小小于设计工况下的速度大小。对于扩散段中的速度分布,不同流量下可以观察到明显的差异。在设计流量下,当流体进入扩散段时,其方向几乎是垂直的,然而在 $1.4Q_d$ 流量下,流体与扩散段垂直轴线间呈现明显的夹角,这意味着大流量下流体倾向于朝扩散段中运动。因此,在大流量工况下,从叶片尾缘脱落的旋涡将被隔舌进行完全切割,并朝扩散段中运动。然而,在设计工况下只有一部分旋涡被隔舌切割,这是由隔舌附近的流场结构决定的。

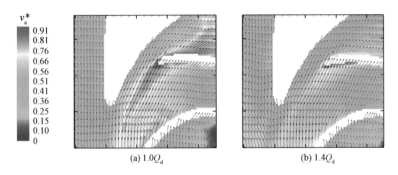

图 4.14　设计工况和大流量工况下的绝对速度分布

为了探讨小流量工况对模型泵内部涡量分布的影响规律,图 4.15 给出了 $0.6Q_d$ 工况下泵内部的涡量分布特性。由图 4.15 可以看出,小流量工况的涡量分布特征有别于设计工况和大流量工况。在叶片出口工作面可以捕捉到高强度的涡带结构,在叶片背面和叶轮中间流道内出现了蓝色的高强度涡量分布区域,这些涡量区域的产生可能和泵内相对流速分布有关。在小流量工况下,叶轮内部极易出现大尺度的流动分离结构,并且在叶轮出口处甚至可以观测到明显的流动回流结构,这些大尺度旋涡结构的产生势必会形成高涡量分布区域。此外,隔舌附近涡量的演化特性和设计工况及大流量工况相比同样存在显著差异。在不同的叶轮-隔舌相对位置处,从叶片出口脱落的尾迹涡带并没有和隔舌产生明显的撞击、干涉、切割过程。该尾迹涡带将通过隔舌朝蜗壳内部运动,该流动现象的产生同样和泵内部绝对速度的分布特性有关。

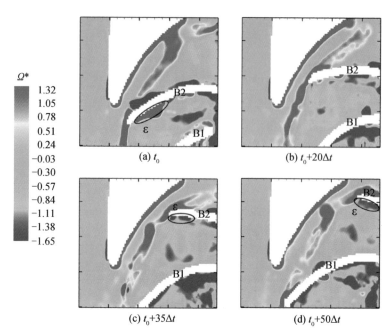

图 4.15   0.6Q_d 工况下不同位置处的涡量分布特性

在小流量工况下,从叶片上脱落的旋涡和隔舌的干涉、切割效果与大流量工况相比差异显著,可以看出几乎整个旋涡结构都顺利地通过隔舌,没有被隔舌切割、分开。这种现象也与相应的绝对速度分布有关,如图 4.16 所示。小流量工况时,在叶片出口区域产生高速分布区域,很显然,在小流量 0.6Q_d 工况下,部分流体会从蜗壳扩散段内进入蜗壳区域。受流体运动方向的强迫作用,此时旋涡不会撞击蜗壳隔舌,因此无法观察到涡带被隔舌切割的现象。

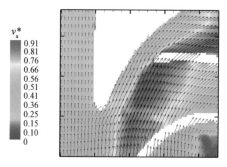

图 4.16   0.6Q_d 工况下绝对速度的分布特性

图 4.17 给出了极小流量 0.2Q_d 下涡量和绝对速度的分布特性,可以看出,该分布特性与 0.6Q_d 下的基本一致。此时隔舌不会对旋涡形成切割效

应,整体旋涡结构将顺利地通过隔舌,不会与隔舌产生撞击、干涉作用。从绝对速度分布图可以看出,此时部分流体从扩散段进入蜗壳内部,与 $0.6Q_d$ 工况下的分布特性一致。

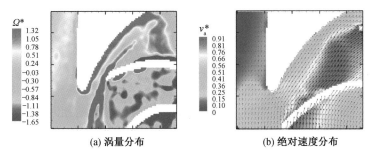

(a) 涡量分布　　　　　(b) 绝对速度分布

图 4.17　$0.2Q_d$ 工况下涡量和绝对速度的分布特性

4.2.3　相对速度分布特征

图 4.18 给出了 4 种不同工况下模型泵内部相对速度的分布特征。

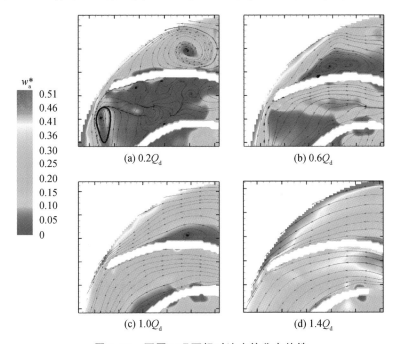

(a) $0.2Q_d$　　　　　(b) $0.6Q_d$

(c) $1.0Q_d$　　　　　(d) $1.4Q_d$

图 4.18　不同工况下相对速度的分布特性

由图 4.18 可以看出,在设计工况下,相对速度在叶片工作面形成了较为明显的低速区,出现大尺度旋涡结构,且相对速度由工作面到背面不断增加。

在大流量工况下,叶片工作面的低速区同样存在,但没有出现旋涡结构,且高速流体主要集中在叶片背面,可以看出叶片背面的相对速度远大于叶片工作面。大流量工况时,由于叶片进口液流角的增大,流体朝叶片背面运动,因此造成了该区域流速的大幅增加。在叶轮的中间流道,相对流速较为均匀,没有出现分离、旋涡等流动结构。当离心泵工作在小流量 $0.6Q_d$ 工况时,在叶片工作面上出现了大尺度的旋涡结构,且该结构更加靠近叶片出口,该流动结构的产生是由流体回流造成的。该现象在 $0.2Q_d$ 工况更加明显,此时在叶片出口形成了尺度更大的旋涡结构区,且在叶轮中间流道形成了大量小尺度旋涡结构,叶轮流道内的流线极不光顺。由不同工况下的相对速度分布特性可知,离心泵在不同工况下的流动结构差异显著,流动分离、旋涡结构的存在将对离心泵的运行稳定性造成直接影响。

为了分析叶轮内部的回流情况,图 4.19 给出了 4 种不同流量下径向速度的分布情况,径向速度 u_r^* 的大小远小于相对速度。

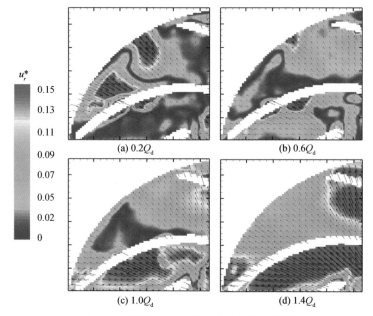

图 4.19 不同工况下径向速度的分布特性

由图 4.19 可以看出,大流量 $1.4Q_d$ 工况下,在叶片背面产生了高径向速度分布区域,其速度大小远大于叶片工作面的径向速度。当泵工作在设计工况时,在叶片背面同样也观察到高径向速度分布区域。在叶片出口处,形成了低径向速度分布区域,但是没有观察到明显的反向流动结构。随着流量降低至 $0.6Q_d$ 和 $0.2Q_d$ 工况,在叶片出口区域,径向速度分布与设计流量及大流量工况呈现明显不同。可以看出,叶轮流道内存在明显的负径向速度分布区域(指向叶轮旋转轴),并且反向流动区域几乎占据叶轮流道的一半,该反向流动是由叶片出口处产生的大尺度旋涡引起的,这意味着并非从叶轮排出的所有流体都流入蜗壳,部分流体将重新进入叶轮。由于叶片出口处产生的反向流动,在小流量工况下该非定常流动结构可能引起大幅压力脉动。可以得出结论:对于该模型泵,在小流量工况下,叶片出口区域容易发生逆流,然而在设计流量和大流量工况下,并未观察到明显的负径向速度。

离心泵叶片出口处的流动分布通常呈现射流-尾迹结构,该非均匀流场对泵效率和压力脉动具有明显的影响。因此,为了分析相对速度分布,获得不同流量下的射流-尾迹结构,图 4.20a 给出了半径为 $R_0 = 130$ mm 时,从叶片工作面到背面弧线上的相对速度分布情况,即 $R_0/R_2 = 1$。横轴 L 表示该点与叶片工作面的相对距离,即叶片工作面 $L = 0$,叶片背面 $L = 1.0$。如图 4.20a 所示,设计工况下的相对速度分布可以被分成两部分,即从 $L = 0$ 到 $L = 0.5$ 的高速区域 1 和从 $L = 0.5$ 到 $L = 1.0$ 的低速区域 2,此时叶轮流道中 $L = 0.5$ 位置可以被视为相对速度分布的拐点。可以看出,第 1 部分的相对速度大小远大于第 2 部分的相对速度大小,平均值分别为 $w_a^* = 0.355$ 和 0.325,这样的速度分布特性呈现典型的射流-尾迹结构,且射流-尾迹结构的拐点在 $L = 0.5$ 处。在 $0.2Q_d$ 和 $0.6Q_d$ 小流量工况下,射流区域中的速度大小与设计工况下的速度几乎相同,其是由叶片工作面上发生的分离和反向流动结构引起的,其拐点同样位于 $L = 0.5$ 处。在尾迹区域内,相对速度大小明显减小,两部分的平均值分别为 $w_a^* = 0.284$ 和 0.274,这表明叶片出口处流场的均匀性在小流量工况下不断恶化。在大流量工况下,由于流体朝叶片工作面运动,叶片出口典型的射流-尾迹结构被破坏,与设计工况下 $L = 0.5 \sim 1.0$ 范围内的相对速度相比,大流量工况下该区域内的相对速度急剧增加,特别是靠近叶片工作面上的流体,其速度大小远大于其他工况。因此,叶片出口处的射流-尾迹流动模式出现在小流量工况下,而在大流量工况下,该典型的射流-尾迹分布结构被破坏。

图 4.20b 给出了 4 种不同流量下 $R_0/R_2 = 1$ 处的径向速度分布情况。在设计流量和大流量工况下,在近工作面区域 $L < 0.2$ 处观察到高径向速度分布结构,并且径向速度在靠近叶片工作面处不断增加。当泵工作在 $1.4Q_d$ 工况时,在叶片背面 $L > 0.6$ 附近区域,径向速度不断减小。在设计流量和大流量工况下,在整个叶片通道中没有观察到负径向速度,说明在这些工作条件下没有流体重新进入叶轮。在小流量工况下,径向速度分布与大流量工况下不同,可以捕捉到两个高径向速度峰值,分别位于 $L = 0.2$ 和 $L = 0.76$ 处,这

是由叶片出口处的大尺度旋涡引起的。特别是在 $0.2Q_d$ 工况时,负径向速度占据大部分的叶轮流道,即 $L=0\sim0.5$。即使在 $0.6Q_d$ 工况下,在 $L=0.15\sim0.30$ 区域也可以观察到负径向速度。

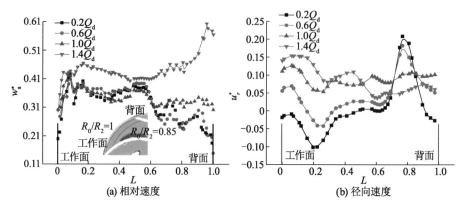

图 4.20　不同工况下相对速度和径向速度在 $R_0/R_2=1$ 位置处的分布情况

为了研究叶轮流道内朝叶片进口边处的速度分布特性,图 4.21a 给出了泵在不同工况下半径 $R_0/R_2=0.85$ 处的相对速度分布情况。如上所述,相比于 $R_0/R_2=1$ 位置,$R_0/R_2=0.85$ 位置的相对速度分布显示出较大的差异。在设计流量下,可以在叶片背面附近 $L=0.7$ 位置处观察到高速流动结构,并且叶片工作面附近的速度大小不再明显大于叶片背面区域内的速度,这种现象在 $1.4Q_d$ 的大流量下更为显著。在 $L=0.5\sim1.0$ 区域中,相对速度的平均值 $w_a^*=0.304$,而在 $L=0\sim0.5$ 区域中,相对速度的平均值 $w_a^*=0.294$。在流量为 $0.6Q_d$ 时,除了区域 $L<0.2$ 之外,$L>0.5$ 范围内的速度大小远大于 $L<0.5$ 范围内的速度大小,但与设计流量下相比,整体速度大小要小得多。在 $0.2Q_d$ 的极低流量下,相对速度分布规律与其他工作条件下的速度分布规律完全不同。可以看出,两个速度峰值分别出现在 $L=0.2$ 和 $L=0.6$ 位置处,这与叶片出口处产生的旋涡结构有关,在涡流的核心区域会产生低速流动结构。半径 $R_0/R_2=0.85$ 处的弧线正好穿过该旋涡,因此在 $L=0.2\sim0.6$ 的核心区域内,相对速度大小急剧下降。在 $L=0.4$ 时,相对速度几乎为 0,这意味着该区域中的流体几乎处于滞止状态。

图 4.21b 给出了半径 $R_0/R_2=0.85$ 处的径向速度分布情况。由图可以观察到,在 $L>0.35$ 时,径向速度增加,并且在设计流量和大流量工况下,速度在叶片背面达到最大值。当流量为 $0.6Q_d$ 时,负径向速度区域远小于半径 $R_0/R_2=1$ 时的区域,反向流动结构只出现在 $L=0.07\sim0.16$ 区域。当泵工作在 $0.2Q_d$ 工况时,负径向速度区域同样也减小,在 $L<0.34$ 时,发现反向流

动结构。因此可以得出结论:$R_0/R_2=0.85$ 处的流场结构与 $R_0/R_2=1$ 处的相比,负速度区域减小。此外,$R_0/R_2=0.85$ 处的射流-尾迹结构不明显,可能与测量位置在中间断面上有关。实际上,射流-尾迹结构不仅存在于叶轮中间断面,而且存在于前盖板附近,而在本研究中,仅测量了叶轮中间断面上的流场分布结构,因此无法获得泵内的整体流动特征,尤其是前盖板区域。可以得出结论:当叶轮中间断面上的流体朝叶片出口运动时,相对速度流动模式改变,并且可以在叶轮出口处捕捉到明显的射流-尾迹流动结构。

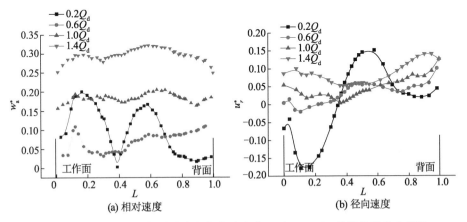

(a) 相对速度   (b) 径向速度

图 4.21 不同工况下相对速度和径向速度在 $R_0/R_2=0.85$ 位置处的分布情况

4.3 泵内流场的 POD 分析

虽然 POD 分析方法在流体试验研究中应用广泛[6,7],但用于泵内流场的 POD 分解和结果分析的文献则较少[8]。因此,对于泵内 PIV 测量结果的 POD 分解分析是一次有益尝试,可以获得不同阶次下流动结构的能量分布特性。

由于空间采样点数较多,本章采用快照 POD 法[9],即把 PIV 测量的每个瞬时流场视为快照(snapshot),对不同时刻获取的一系列快照进行分析。其数学原理如下:以一维流场为例,在某一时刻的流场中采样 m 个离散点 x_1,$x_2,\cdots,x_m$,对应于该时刻 m 个不同位置的速度值 $u(x_1),u(x_2),\cdots,u(x_m)$,共采集 N 次,得到流场 $[u_1(x_1),u_1(x_2),\cdots,u_1(x_m)]$,$[u_2(x_1),u_2(x_2),\cdots,u_2(x_m)]$,$\cdots,[u_N(x_1),u_N(x_2),\cdots,u_N(x_m)]$。以矩阵的形式表示为

$$\boldsymbol{R}=\begin{bmatrix} u_1(x_1) & u_2(x_1) & \cdots & u_N(x_1) \\ u_1(x_2) & u_2(x_2) & \cdots & u_N(x_2) \\ \vdots & \vdots & & \vdots \\ u_1(x_m) & u_2(x_m) & \cdots & u_N(x_m) \end{bmatrix} \qquad (4.9)$$

矩阵 $\boldsymbol{R}$ 的每一列代表单次采样得到的流场速度值,也就是某一时刻整场的瞬态数据,即快照。矩阵 $\boldsymbol{R}$ 的相关矩阵 $\boldsymbol{C}(N \times N)$ 为

$$\boldsymbol{C} = \boldsymbol{R}^{\mathrm{T}} \boldsymbol{R} \qquad (4.10)$$

C_{ij} 描述的是两个时刻整场 $[u_i(x_1), u_i(x_2), \cdots, u_i(x_m)]$,$[u_j(x_1), u_j(x_2), \cdots, u_j(x_m)]$ 的时间相关性。然后求解相关矩阵的特征值和特征向量:

$$\boldsymbol{CA} = \lambda \boldsymbol{A} \qquad (4.11)$$

得到一组特征值 $\lambda_1 \geqslant \lambda_2 \geqslant \cdots \geqslant \lambda_N \geqslant 0$ 和对应的特征向量,通过矩阵 $\boldsymbol{R}$ 和特征向量 $\boldsymbol{A}$ 构造特征函数,再通过 2 范数进行标准归一化,获得一组标准正交基 $\boldsymbol{\varphi} = \{\varphi_1, \varphi_2, \cdots, \varphi_N\}$,这一组标准正交基就是基函数也即模态:

$$\varphi_i = \frac{U \boldsymbol{\Phi}_i}{\| U \boldsymbol{\Phi}_i \|} (i = 1, 2, \cdots, N-1) \qquad (4.12)$$

各阶模态能量大小经归一化后,按从高到低降序排列。在速度场 POD 分解中,通常先将速度场分解成平均速度场和脉动速度场,即 $u(x) = \bar{u} + u'(x)$,然后对脉动速度场进行快照 POD 分解。这样得到的第一阶模态为平均速度场(也称为零阶模态),其余各阶模态对应脉动速度场。

对于二维或三维变量场的处理过程与上述一维变量场的处理过程相同。以本书的二维流场 $[u(x), v(x)]$ 为例,只要在矩阵 $\boldsymbol{R}$ 中将速度分量 $v(x)$ 排列在 $u(x)$ 的下方[式(4.9)],再按步骤进行矩阵运算即可。

$$\boldsymbol{R}=\begin{bmatrix} u_1(x_1) & u_2(x_1) & \cdots & u_N(x_1) \\ u_1(x_2) & u_2(x_2) & \cdots & u_N(x_2) \\ \vdots & \vdots & & \vdots \\ u_1(x_m) & u_2(x_m) & \cdots & u_N(x_m) \\ v_1(x_1) & v_2(x_1) & \cdots & v_N(x_1) \\ v_1(x_2) & v_2(x_2) & \cdots & v_N(x_2) \\ \vdots & \vdots & & \vdots \\ v_1(x_m) & v_2(x_m) & \cdots & v_N(x_m) \end{bmatrix} \qquad (4.13)$$

图 4.22 给出了设计工况下叶片在初始时刻 t_0 位置时的 POD 模态能量分布,可以发现,前面几阶模态能量较大,而其他阶模态能量均很小,这一规律与文献中一致。

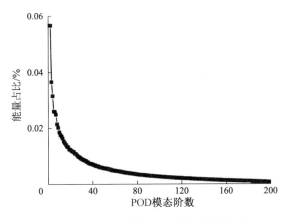

图 4.22 设计工况下 POD 模态能量分布

图 4.23 给出了设计工况下叶片不同位置处的第一阶脉动速度场,图中 Δt 对应的叶轮旋转角度为 $5°$[10]。首先,脉动速度场的速度大小与时均场相比差了 2 个数量级。此外,脉动速度场中速度较大的区域在空间上并没有随叶片的旋转产生规律性的变化,而是有很强的随机性;叶片压力面附近与隔舌舌尖之间有脉动速度较大的区域,体现出了叶片-隔舌的动静干涉现象;并且当该干涉现象发生时,整个脉动速度场中出现了大量离散分布的脉动速度区域。

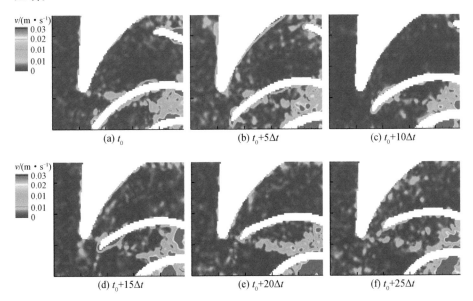

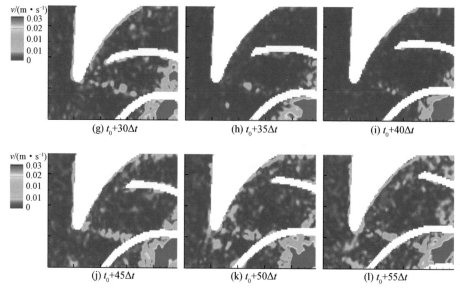

图 4.23   设计工况下第一阶速度场

图 4.24 给出了不同工况下同样叶片位置处的前 5 阶 POD 模态能量,可以看出,各工况的第一阶模态能量均在 10% 以下。

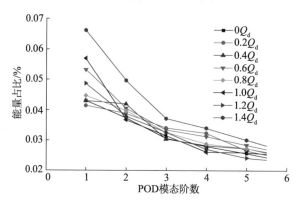

图 4.24   不同工况下前 5 阶 POD 模态能量

图 4.25 给出了不同工况下同样叶片位置处的第一阶脉动速度场,可以发现,各工况下的第一阶脉动速度场分布差异显著,并没有随流量的增大而出现明显的变化规律。在关死点即 $0Q_d$ 时,叶轮出口、叶片压力面附近及蜗壳流道壁面附近有脉动速度较大的区域;在 $0.2Q_d$ 时,叶片压力面附近和叶轮出口有较明显的脉动速度较大的区域;在 $0.4Q_d$ 时,这些区域更加分散;在 $0.6Q_d$ 时,脉动速度大的区域较少;在 $0.8Q_d$ 时,隔舌偏叶轮一侧出现较明显

的脉动速度大的区域；在 $1.0Q_d$ 时，仅叶片压力面存在较明显的区域；在 $1.2Q_d$ 时，脉动速度较大区域范围突然增大，几乎占据整个叶轮流道，且隔舌部分也存在明显的区域；在 $1.4Q_d$ 时，脉动速度较大的区域又突然消失，仅叶片压力面和隔舌处有较明显的区域。

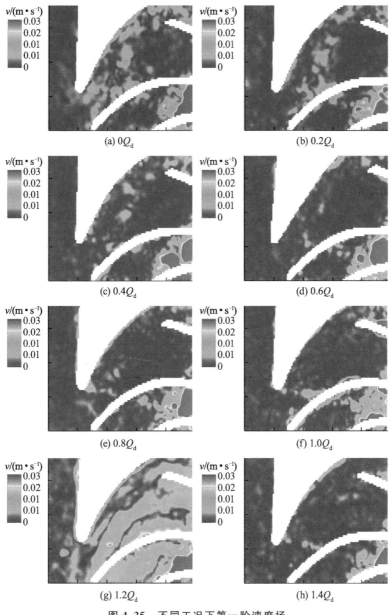

(a) $0Q_d$　　　　　　　　　(b) $0.2Q_d$

(c) $0.4Q_d$　　　　　　　　　(d) $0.6Q_d$

(e) $0.8Q_d$　　　　　　　　　(f) $1.0Q_d$

(g) $1.2Q_d$　　　　　　　　　(h) $1.4Q_d$

图 4.25　不同工况下第一阶速度场

不论是设计工况下叶片不同位置处的脉动速度场分布,还是不同工况下同样叶片位置处的脉动速度场分布,均表明了泵内流动具有非常复杂的非定常特性。

参考文献

［1］Keller J，Blanco E，Barrio R. PIV measurements of the unsteady flow structures in a volute centrifugal pump at a high flow rate. Exp. Fluids，2014，55(10):1820.

［2］Wu Y L，Liu S H，Yuan H J. PIV measurement on internal instantaneous flows of a centrifugal pump. Sci. China Technol. Sci，2011，4(2):270 - 276.

［3］Zhang N，Gao B，Li Z，et al. Unsteady flow structure and its evolution in a low specific speed centrifugal pump measured by PIV. Experimental Thermal and Fluid Science，2018，97:133 - 144.

［4］Sinha M，Pinarbashi A，Katz J. The flow structure during onset and developed states of rotating stall within a vaned diffuser of a centrifugal pump. ASME J. Fluids Eng，2001，123(3):490 - 499.

［5］Zhang N，Liu X，Gao B，et al. DDES analysis of the unsteady wake flow and its evolution of a centrifugal pump. Renewable Energy，2019，141:570 - 582.

［6］Arányi P，Janiga G，Zähringer K. Analysis of different POD methods for PIV measurements in complex unsteady flows. International Journal of Heat & Fluid Flow，2013，43(7):204 - 211.

［7］El-Adawy M，Heikal M R，Aziz A R A，et al. Characterization of the inlet port flow under steady-state conditions using PIV and POD. Energies，2017，10(12): 1950.

［8］郭荣.基于本征正交分解法的离心泵叶轮反问题方法研究.兰州:兰州理工大学,2016.

［9］Sirovich L. Turbulence and the dynamics of coherent structures. I—Coherent structures. II—Symmetries and transformations. III—Dynamics and scaling. Quarterly of Applied Mathematics，1987，45(3):561 - 571.

［10］王孝军.离心泵尾迹干涉流动及压力脉动试验研究.镇江:江苏大学,2018.

离心泵非定常压力脉动及振动特性

离心泵内部非稳态流动是水力诱发振动的主要因素,同时随着离心泵向大型化、高速化、运行条件极端化发展,离心泵的振动问题已经成为继能量性能外的重要技术指标,如何建立水力因素和振动能量之间的相关联系是水力诱发振动研究的核心问题[1]。本章拟采用 LMS 测试系统,通过在特定位置布置压力脉动和振动加速度传感器对离心泵进行试验研究,获得离心泵不同工况下的非稳态压力脉动及振动频谱特性。通过时/频域对比、特征频率关联、能量谱分析试图构建流动结构、压力脉动、振动特性之间的内在联系[2],揭示离心泵内部压力脉动和振动信号变化特性,初步获得离心泵内部水力激励特性。

5.1 试验系统及测量方法

为了全面获得模型泵振动特性,搭建模型泵闭式试验台,并在模型泵基脚、蜗壳隔舌、第Ⅱ断面、第Ⅳ断面布置 4 个三向加速度传感器,分别为 V1,V2,V3,V4,如图 5.1 所示。模型泵的主要设计参数见第 3 章表 3.1。

图 5.1 振动传感器布置

在蜗壳半径 $R=140$ mm 处沿周向均匀布置 20 个高频压力脉动传感器,分别定义为 P1～P20,因此相邻两个传感器之间的夹角为 $18°$,P1 传感器位于第Ⅷ断面,其角度定义为 $0°$,各个传感器位置如图 5.2 所示。通过调节模型泵不同的工作流量可以获得蜗壳周向全面的压力脉动时/频域特性。

图 5.2　压力脉动传感器布置

采用比利时生产的 LMS 数据采集系统(见图 5.3)对模型泵振动、压力脉动信号进行采集,该系统最高可支持 24 通道数据同时采集,由于目前只有 10 个压力脉动传感器,因此必须进行 2 次测量才能完整获得 20 个不同测点的压力脉动数据。振动信号的采样频段为 0～25 600 Hz,压力脉动信号的采样频段为 0～12 800 Hz,该采样频段足以满足分析要求。两者的采样分辨率皆设置为 0.5 Hz,采样间隔为 0.5 s,共采集 3 s 时间的振动、压力脉动信号,信号采集过程中采用汉宁窗来对信号进行截断处理。最后采用快速傅里叶变换(FFT)、自功率谱、频谱能量评估等手段研究不同工况下振动、压力脉动频谱特性,并试图构建非稳态流动、压力脉动、振动的内在关联,探索水力激励特性。

图 5.3　LMS 数据采集系统

5.2　试验结果分析

5.2.1　压力脉动特性

采用公式(5.1)对压力脉动进行无量纲化处理，A 为压力脉动幅值大小。

$$c_p = \frac{A}{0.5\rho u_2^2} \tag{5.1}$$

图 5.4 给出了不同工况下 P3 测点处的压力脉动时域信号。由于叶轮-隔舌周期性的动静干涉作用，压力脉动信号基本呈现周期变化特性，因此可以将压力脉动信号视为平稳的周期信号来处理。在不同工况下，压力脉动的波动幅值差异显著，尤其在偏工况 $0.2Q_d$ 和 $1.4Q_d$ 时，其压力脉动波动幅值远大于 $0.6Q_d$ 及 $1.0Q_d$ 工况，因此不同工况下叶轮-隔舌的动静干涉强度存在明显差异。

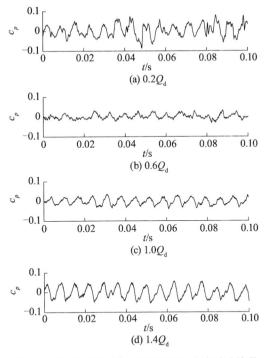

图 5.4　P3 测点处不同工况下压力脉动时域信号

采用自功率谱函数对时域信号进行变换以得到模型泵不同测点的压力脉动频谱特性。图 5.5 给出了设计工况下 4 个不同测点（$\theta = 0°, 18°, 36°, 54°$）

处的压力脉动自功率频谱,可以看出,在不同测点处,压力脉动的主要峰值信号依然出现在叶频 f_{BPF} 及其高次谐波 $2f_{BPF}$,$3f_{BPF}$ 处,且叶频处压力脉动幅值远大于其他频率处的压力脉动幅值。由于加工误差导致的转轴不对称性,通常会在压力脉动频谱的低频段,尤其在轴频 f_n 处出现明显的激励频率,而在本试验压力脉动频谱的低频段并没有捕捉到明显的峰值信号,说明模型泵转轴系统的非对称性控制得较好。当压力脉动频谱中出现轴频激励信号时,由于轴频和叶频信号的非线性干涉作用,压力脉动频谱中还会出现频率 $f = mf_{BPF} \pm nf_n$ 的峰值信号,m,n 为整数[3,4],然而这种现象并没有出现在本频谱中。不同位置测点的压力脉动频谱存在明显的差异,$\theta = 36°$ 测点叶频处压力脉动幅值最大,且远大于 $\theta = 0°$ 测点的幅值,基本达到 2 倍关系,因此也就意味着隔舌前后区域的动静干涉强度、机制各异。在数值计算相关章节(3.4.2),曾详细描述了隔舌前后旋涡结构的演变特性及其对动静干涉作用的影响,进而直接决定了该区域的压力脉动幅值。

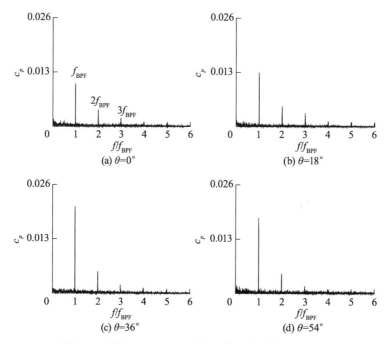

图 5.5 设计工况下不同测点处的压力脉动频谱特性

偏工况下叶轮出口的流动结构与设计工况差异显著,因此将对叶轮-隔舌的动静干涉作用产生影响。图 5.6 给出了不同工况下 P3 测点处的压力脉动频谱特性,可以看出,在不同工况下,压力脉动频谱依然由叶频处峰值信号主导。通常在小流量工况时,模型泵内部会产生明显的大尺度流动分离结构,易激励低频压力脉动信号,但本试验中却没有捕捉到这种低频激励信号。在小流量工况时,叶频高次谐波 $2f_{BPF}$,$3f_{BPF}$ 处的压力脉动幅值远小于大流量工况时的压力脉动幅值,能量主要集中在叶频处。不同工况下叶频处的压力脉动幅值差异十分明显,$0.2Q_d$ 和 $1.4Q_d$ 下的压力脉动幅值约为 $0.6Q_d$ 下压力脉动幅值的 3 倍,因此模型泵内部流动结构是叶轮-隔舌动静干涉作用的直接主导因素。

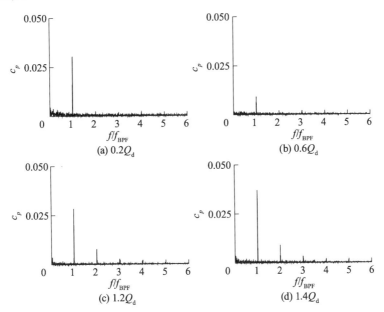

图 5.6　不同工况下 P3 测点处的压力脉动频谱特性

图 5.7 给出了不同流量下叶频处压力脉动幅值随流量的变化特性曲线,并采用二次多项式 $f(Q/Q_d)=a(Q/Q_d)^2+b(Q/Q_d)+c$ 对压力脉动幅值曲线进行拟合,可以看出不同测点的压力脉动幅值随工况点变化规律各异。模型泵隔舌附近的压力脉动测点 $\theta=0°\sim72°$ 的变化趋势基本一致,在 $0.8Q_d$ 工况附近,叶频处压力脉动幅值达到最小值,偏离该工况时,叶频处压力脉动幅值开始迅速上升。而在其他压力脉动监测点处,叶频幅值的变化规律较为复杂;在 $\theta=108°$,$\theta=126°$,$\theta=180°$,$\theta=270°$,$\theta=324°$ 处,叶频处压力脉动幅值也遵循在 $0.8Q_d$ 工况附近时幅值最小,而在偏离该工况时幅值快速上升的规律。在剩余的测点,压力脉动幅值的变化毫无规律可言,不同测点的变化趋势甚至出现相反的现象,比如 $\theta=288°$ 测点的叶频处压力脉动幅值随着流量的增加基本呈现不断下降的趋势,而 $\theta=306°$ 测点的叶频处压力脉动幅值则随着流量的增加基本呈现不断上升的趋势。

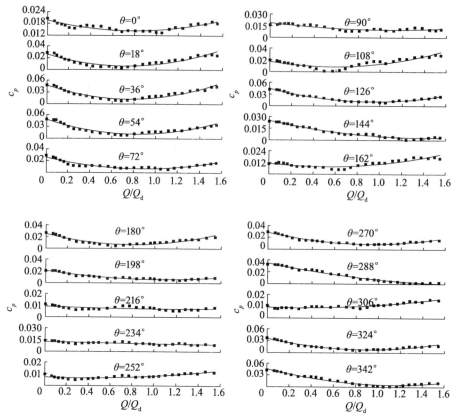

图 5.7　不同流量下叶频处压力脉动的变化特性

　　通常意义上认为,叶频处压力脉动幅值是由叶频-隔舌的动静干涉作用决定的。从上述不同流量下、不同测点处的叶频幅值变化规律可以看出,不同测点处的叶频信号激励机制各异。隔舌附近测点的叶频信号由叶片出口脱落涡撞击隔舌形成的干涉作用所主导,不同流量下叶片出口的流动结构及其均匀性各异,其与隔舌的相干强度也不一样。因此可以推测隔舌附近测点的叶频信号受模型泵工况点影响显著,其对流量变化的响应比较敏感。而远离隔舌的测点,其叶频信号主要由叶片周期性的尾迹脱落涡结构干涉壳体所决定,在不同流量下,叶片尾迹脱落涡结构的脱落强度、演变过程各异,将对整个压力脉动频谱的能量产生影响。由压力脉动频谱可知,除了叶频信号外,压力频谱中还存在其他的峰值信号,因此可以认为远离隔舌测点的压力脉动频谱能量并不是由叶频完全主导,其他峰值信号同样占据相当部分的能量,压力脉动能量在不同频率处存在“再分配”过程。因此叶频处压力脉动幅值对流量的变化响应不灵敏,其没有明显一致性的变化规律。模型泵的最高效

率点在 $1.1Q_d$ 附近,而叶频处压力脉动幅值没有出现在最优工况点,因为压力脉动频谱中出现了除叶频之外的其他峰值信号,这部分峰值信号要占据相当部分的能量,这可能是导致叶频处压力脉动幅值没有出现在最优工况点的原因。

为了分析压力脉动频谱的整体能量随流量的变化特性,引入压力脉动信号均方根值方法来对不同的峰值信号能量进行评估。

对于试验得到的压力、振动 FFT 频谱信号,某一频段内的 RMS 能量值的计算方法为[5]

$$RMS = \sqrt{\frac{1}{2}\left(\frac{1}{2}A_0^2 + \sum_{n=2}^{n-1}A_{n-1}^2 + \frac{1}{2}A_n^2\right)} \tag{5.2}$$

式中:A_0 和 A_n 分别为频段起始和末尾位置处的压力脉动幅值;A_{n-1} 为频段内不同频率处的压力脉动幅值。

对于试验得到的压力、振动功率谱信号而言,考虑到谱能量的泄漏,本书中采用的窗函数为汉宁窗,因此某一频段内的 RMS 能量值的计算方法为

$$RMS = \frac{1.63}{2}\sqrt{\frac{1}{2}\left(\frac{1}{2}A_0^2 + \sum_{n=2}^{n-1}A_{n-1}^2 + \frac{1}{2}A_n^2\right)} \tag{5.3}$$

对 RMS 进行无量纲化处理:

$$RMS^* = \frac{RMS}{0.5\rho u_2^2} \tag{5.4}$$

在压力脉动频谱的高频段,即 3 倍叶频以上基本没有峰值信号产生,因此图 5.8 给出了不同测点处 0~500 Hz 频段内无量纲压力脉动均方根值随流量的变化特性。由图可以看出,隔舌附近的测点 $\theta=18°,\theta=36°,\theta=54°$ 的变化趋势一致,压力脉动能量的最低点基本位于 $0.8Q_d$ 工况附近,偏离该工况时,压力脉动能量快速上升,$1.5Q_d$ 工况时测点 $\theta=36°$ 的压力脉动能量为 $0.8Q_d$ 工况时的 3 倍左右。而测点 $\theta=0°,\theta=72°$ 压力脉动能量的最低点则不同于以上 3 个测点,其出现在 $1.0Q_d$ 工况附近,且小流量工况下压力脉动能量的增幅远大于大流量工况下。对于测点 $\theta=90°~342°$,除了测点 $\theta=162°$ 和 $\theta=288°$,其他测点的压力脉动能量最低点同样出现在 $1.0Q_d$ 工况附近,且出现了偏工况时能量不断上升的现象。

由 0~500 Hz 频段内的压力脉动能量可知,隔舌附近的压力脉动能量最小值点位于 $0.8Q_d$ 工况附近,而远离隔舌的区域,除了极个别测点外,压力脉动能量的最低点基本位于 $1.0Q_d$ 工况附近。当流量偏离最优工况时,压力脉动能量不断上升。

对于隔舌附近和远离隔舌区域的压力脉动测点,其压力脉动能量最小值

点各异,笔者认为这是由不同位置处压力脉动不同的产生机制造成的。隔舌附近区域的压力脉动能量由叶片出口脱落涡和隔舌的撞击作用决定,由第 3 章相关分析可知,不同工况时叶片脱落涡与隔舌的撞击方向、强度各异,从而造成了压力脉动能量的差异性。而且由涡量分布特性可以推断,在 $0.8Q_d$ 工况时,叶片出口脱落涡与隔舌的撞击、干涉作用较弱,从而决定了隔舌附近测点的叶频幅值及 $0\sim500$ Hz 频段内的压力脉动能量最小值出现在 $0.8Q_d$ 工况附近,该结论与隔舌附近压力脉动 RMS^* 值的变化特性一致。而在远离隔舌的位置处,压力脉动能量由叶片出口旋涡结构的周期性脱落决定,在设计工况附近,水力效率达到最大值,叶片出口流场结构较为均匀,因此其脱落涡强度最弱,导致远离隔舌测点的压力脉动能量最小值基本出现在 $1.0Q_d$ 工况附近。

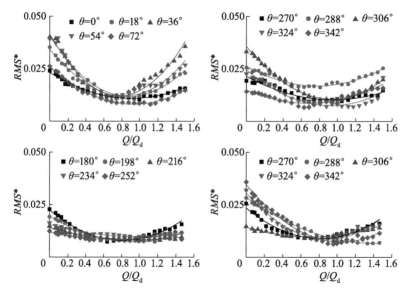

图 5.8   不同测点 $0\sim500$ Hz 频段内 RMS^* 值随流量的变化特性

低比转速离心泵偏工况运行时,尤其在小流量工况时叶轮内部容易产生回流、大尺度流动分离、旋转失速等非稳态现象,将诱发低频压力脉动信号,因此图 5.9 给出了 $0\sim24$ Hz 频段内无量纲压力脉动均方根值随流量的变化特性。由图可以看出,所有测点的压力脉动能量皆随着流量的减小而呈现快速上升的趋势,意味着此时泵内部已经出现了非稳态流动结构诱发的低频压力脉动信号。但在压力脉动频谱中却没能捕捉到明显的离散峰值信号,各个频率处信号的幅值都比较接近。大流量工况时,测点 $\theta=0°\sim162°$ 的压力脉动能量变化趋势一致,随着流量的增加,压力脉动能量基本保持不变;而测点

$\theta = 180° \sim 342°$ 的压力脉动能量变化趋势复杂,呈现先上升后下降的趋势。

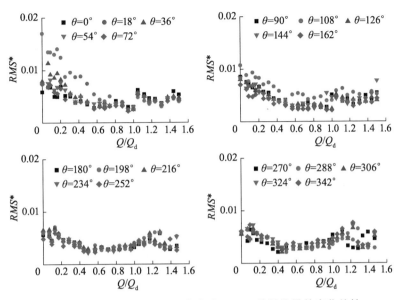

图 5.9　不同测点 0~24 Hz 频段内 RMS^* 值随流量的变化特性

为了研究蜗壳周向上压力脉动频谱特征,图 5.10 给出了不同工况下叶频处压力脉动幅值沿圆周方向的分布特性,可以看出不同工况下叶频处压力脉动幅值的变化趋势各异。在设计点及大流量工况时,在测点 $\theta = 36°$ 处叶频处压力脉动幅值达到最大值,且大流量工况的压力脉动幅值远大于设计工况;之后随着角度的增大,叶频处压力脉动幅值基本呈现不断减小的趋势。而小流量工况叶频处压力脉动幅值的变化趋势则不同于大流量工况,尤其在极小流量点。

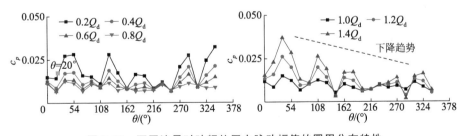

图 5.10　不同流量时叶频处压力脉动幅值的圆周分布特性

由图 5.10 还可以看出:隔舌附近区域的最大值仍出现在 $\theta = 36°$ 位置处,在 $0.8Q_d$ 工况时,随着角度的增大,叶频处压力脉动幅值没有出现明显的下降趋势;而在 $0.6Q_d$ 工况时,测点 $\theta = 288°$ 和 $\theta = 342°$ 的压力脉动幅值明显大于

测点 $\theta=36°$ 处;在更小的流量 $0.4Q_d$ 和 $0.2Q_d$ 工况时,同样可以观测到该现象。

图 5.11 给出了压力脉动 RMS^* 值在蜗壳圆周方向上的分布特性,可以看出:在大流量和极小流量时,隔舌附近测点 $\theta=36°$ 的压力脉动能量达到最大值,随着角度的增大,压力脉动能量呈不断降低的趋势;从流量 $0.6Q_d$ 到 $1.0Q_d$,压力脉动能量最大值并没有出现在 $\theta=36°$ 位置处,而是出现在了 $\theta=108°$ 位置处,并且随着角度的增大,其压力脉动能量也基本呈不断降低的趋势。因此,在偏工况时,隔舌附近的压力脉动能量并不总是达到最大值。

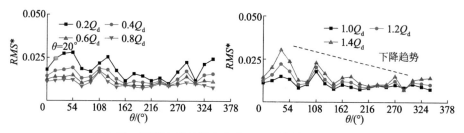

图 5.11　不同流量时压力脉动 RMS^* 值的圆周分布特性

偏工况时,叶频处压力脉动幅值及压力脉动 RMS^* 值沿圆周方向不同的变化特性与模型泵内部流场结构密切相关。在大流量工况时,叶片出口脱落涡和隔舌产生强烈的撞击、干涉作用,因此隔舌附近测点的压力脉动幅值远大于其他测点处,且随着流量的增加,这种差异性更加显著。随着角度的增大,叶轮-蜗壳壁面间的间隙不断增大,导致脱落涡强度衰减,这是叶频处压力脉动幅值随角度的增大不断降低的原因。而在小流量工况时,受叶轮流道内流动分离结构及叶片出口回流等非稳态流动结构的影响,部分叶轮流道内叶片出口的脱落涡演变过程、强度与大流量工况时差异明显,容易在部分测点处形成强旋涡脱落结构。这可能是蜗壳上部分测点的叶频处压力脉动能量及 RMS^* 值没有明显降低,甚至大于隔舌附近测点压力脉动能量及 RMS^* 值的主要原因。

实际上对于如何评价离心泵的压力脉动能量,目前来看还没有形成统一的标准,由前面的研究可以知道,不同测点的压力脉动能量差异还是比较明显的,不管是在叶频处还是压力脉动 RMS^* 能量。因此,本章拟对蜗壳周向 20 个测点的压力脉动能量进行进一步整体的评估,计算方法如公式(5.5)所示。

$$E_t = \sqrt{\frac{1}{n}\sum_{n=1}^{n} A_\theta^2}\,(n=20) \tag{5.5}$$

式中:A_θ 为不同测点的压力脉动能量值。

图 5.12 给出了不同测点叶频处及 RMS^* 总能量随流量的变化特性,可以看出,压力脉动能量在 $0.9Q_d$ 左右达到最小值,之后随着流量偏离该工况点,其值呈现快速上升的趋势,整个变化曲线符合二次曲线特性。

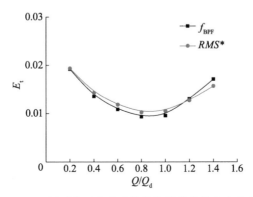

图 5.12 不同测点压力脉动整体能量随流量的变化特性

由模型泵压力脉动特性分析可得:由于叶轮-隔舌的动静干涉作用及叶片出口周期性的旋涡脱落结构的影响,叶频在压力脉动频谱中占据主导地位,同时还可以捕捉到倍叶频信号;由于蜗壳结构的非对称,离心泵内部流动结构在蜗壳周向上差异较为显著,从而造成了不同测点的压力脉动频谱存在明显的不同。

5.2.2 振动特性

离心泵是个复杂的振动系统,机械和流体激励力的共同作用将造成离心泵振动能量的上升,并且缩短泵的使用寿命。由压力脉动频谱特性可知,压力频谱中的峰值信号基本位于 1 000 Hz 以内,因此认为流体激励的振动信号也在该范围内。图 5.13 给出了设计工况下基脚 V1 测点处 3 个不同测量方向上的振动加速度功率谱信号。

由图 5.13a 可知,振动加速度频谱中出现了大量的离散峰值信号,由于制造误差造成的泵转轴、叶轮系统的非对中性,可以明显地捕捉到轴频 f_n 及其倍频 $4f_n$ 信号。由于本试验中采用高精度的 5 轴数控技术加工试验叶轮,同时对转轴进行了严格的动平衡试验,因此轴频处的峰值信号幅值较低。除了轴频信号外,振动频谱中高幅值峰值信号主要出现在叶频 f_{BPF} 及倍叶频 nf_{BPF}(主要有 $2f_{BPF}$,$4f_{BPF}$,$5f_{BPF}$,$6f_{BPF}$)处,同时在 $2f_{BPF}$ 频率处,振动加速度幅值达到最大值。振动频谱中除了轴频、叶频及其倍频外,还出现了较多的旁带信号,基本具有 $f=mf_{BPF}\pm nf_n$ 形式(其中 m,n 为整数),这些峰值信号主要由轴频、叶频的非线性干涉作用造成,表 5.1 给出了振动频谱中主要的旁带信号。图 5.13b,c 分别给出了 y,x 方向的振动频谱,同样可以看出,频谱中出现了轴频、叶频及它们的倍频信号,振动加速度最大峰值信号在 $2f_{BPF}$ 处。

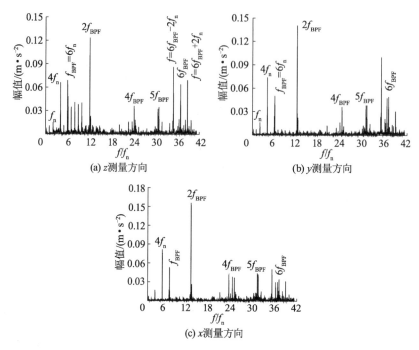

图 5.13　设计工况下基脚 V1 测点不同测量方向的振动加速度功率谱信号

表 5.1　振动频谱中主要的旁带信号

频率 f	f/f_n
$f = f_{BPF} + f_n$	6.95
$f = f_{BPF} + 2f_n$	7.96
$f = f_{BPF} + 3f_n$	8.94
$f = 6f_{BPF} - 2f_n$	35.00
$f = 6f_{BPF} + 2f_n$	38.81

　　当振动加速度测点位置不同时,也会对振动频谱产生影响,因此图 5.14 给出了 4 个不同测点处 z 方向上模型泵的振动频谱,可以看出不同测点的振动频谱存在一定的差异性。V2 测点 z 方向的振动频谱特性基本和 V1 测点一致,其主峰值出现在 $2f_{BPF}$ 处,且振动频谱中同样出现了大量的旁带信号,尤其在叶频 f_{BPF} 和 $2f_{BPF}$ 之间。V3 测点的振动频谱和 V1 测点基本一致,但其主峰值信号出现在叶频 f_{BPF} 而不是 $2f_{BPF}$ 处。V4 测点处的振动频谱则表现出

较大的不同,其主峰值出现在叶频 f_{BPF} 处,与此同时还可以捕捉到 $3f_{BPF}$ 信号,倍叶频处的幅值明显小于叶频处,而且频谱中没有大量出现由轴频和叶频非线性干涉作用诱发的旁带信号。由以上分析可知,测点位置对振动频谱信号的影响比较明显,不同测点的振动频谱信号存在显著的差异。

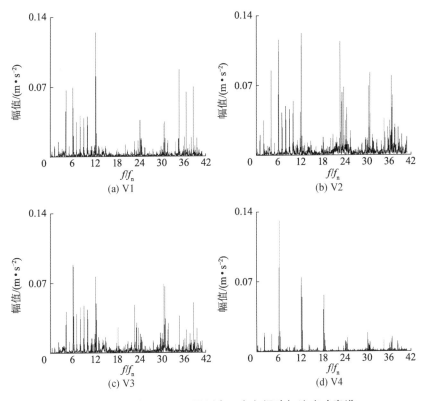

图 5.14 设计工况下不同测点 z 方向振动加速度功率谱

模型泵运行在不同工况时将对其内部的流动结构产生明显的影响,尤其在小流量工况时,叶轮内部极易出现大尺度流动分离结构,从而对流体激励振动特性产生影响。因此,为了分析不同流量对模型泵振动频谱的影响,图 5.15 给出了 4 个不同流量下模型泵 V1 测点的振动频谱。由图可以看出:小流量工况 $0.2Q_d$,$0.6Q_d$ 及设计工况的振动频谱基本一致,振动频谱中出现了轴频、叶频及它们的倍频信号,同时还出现了大量的旁带峰值信号;大流量工况 $1.4Q_d$ 的振动频谱则呈现出明显的不同,大流量工况对部分旁带信号产生了明显的抑制作用,叶频 f_{BPF} 及 $2f_{BPF}$ 之间不再出现大量的旁带信号,而高频段旁带信号 $f = 6f_{BPF} - 2f_n$ 的幅值则呈现大幅上升的现象。

　　由以上振动功率谱特性可知,不同位置测点、不同工况都对模型泵的振动频谱产生了显著的影响,同时振动频谱中还出现了大量的峰值信号。工程应用中振动频谱频率的上限一般为 8 000 Hz,因此为了对振动能量进行评估,现将振动频谱分为 2 个频段进行研究,分别为 10～500 Hz 和 10～8 000 Hz 频段,同样采用 RMS[见公式(5.3)]方法对不同频段的振动能量进行整体计算,以获得不同工况对振动能量的影响特性。

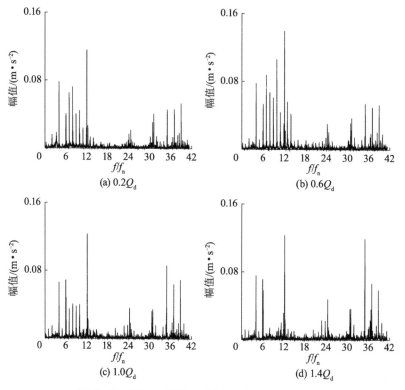

图 5.15　不同工况下 V1 测点 z 方向的振动频谱

　　图 5.16 给出了不同测点 3 个测量方向上 10～500 Hz 频段内振动能量随流量的变化特性,可以看出,不同测量方向的振动能量变化趋势各异,并不遵循相同的变化规律。z 测量方向上,振动能量随流量的增加呈现先上升后下降的趋势;y 测量方向上,V2 和 V3 测点的振动能量在设计工况点基本达到最小值,偏工况时,其振动能量开始上升,V1 测点的振动能量几乎保持不变;x 测量方向上,V1 测点的振动能量同样基本保持不变,V2 和 V3 测点的振动能量呈现先上升后下降的趋势。

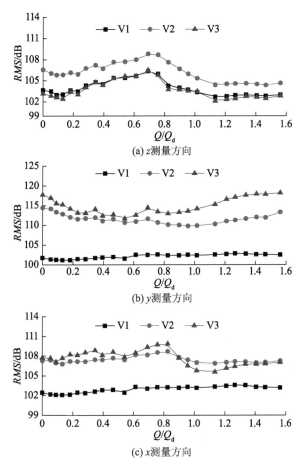

图 5.16　10～500 Hz 频段内振动能量随流量变化特性

图 5.17 给出了 10～8 000 Hz 频段内振动能量随流量的变化趋势,可以看出,不同测点的振动能量变化基本一致,在设计工况点附近时,其振动能量达到最小值,偏工况时,振动能量快速上升,尤其在大流量工况。z 测量方向上,从设计点 $1.0Q_d$ 到 $1.56Q_d$,V2 和 V3 测点的振动能量上升了将近 12 dB,V1 测点的振动能量上升了 9 dB 左右;y 测量方向上,3 个测点的振动能量平均上升了 7.5 dB;x 测量方向上,3 个测点的振动能量平均上升了 10 dB 左右。

由以上分析可知,模型泵的工况对低频段 10～500 Hz 内的振动能量影响较小,而对 10～8 000 Hz 频段内的振动能量影响显著,尤其当模型泵工作在大流量工况时,其振动能量快速上升,此时将对离心泵的正常稳定运行产生影响,甚至造成破坏。

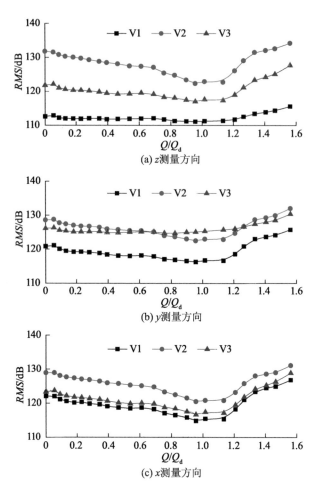

图 5.17　10~8 000 Hz 频段内振动能量随流量变化特性

　　模型泵振动功率谱中出现了大量的离散峰值信号,其主要为轴频、叶频及它们的高次谐波,当叶轮周期性地扫掠隔舌时将激励叶频信号,其是压力脉动和水力激励振动的重要能量来源,因此图 5.18 给出了不同工况下不同测点的叶频幅值随流量的变化特性。由图可以看出:不同测点的变化趋势呈现明显不同,z 测量方向上,小流量工况时 V1 测点的叶频幅值存在降低的趋势,其他工况下叶频幅值皆随着流量的增加呈线性增加的趋势;y,x 测量方向上,除了小流量工况时,不同测点的叶频幅值随着流量的增加也基本保持线性变化规律。

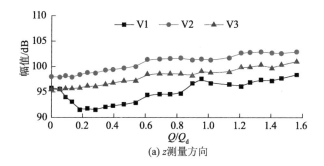

(a) z测量方向

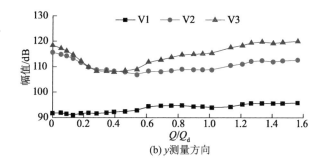

(b) y测量方向

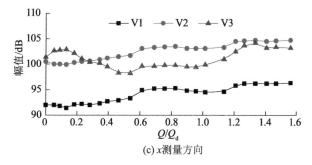

(c) x测量方向

图 5.18　叶频幅值随流量变化特性

　　低频段振动信号的主峰值一般出现在 2 倍叶频处,因此为了分析工况对 2 倍叶频的影响规律,图 5.19 给出了不同测点的 2 倍叶频幅值随流量的变化特性。由图可以看出:不同测点 3 个测量方向上的幅值变化趋势基本一致,在小流量工况时,其振动幅值随流量基本保持不变;在大流量工况时,部分测点的振动幅值呈略微下降的趋势;整体来看,模型泵工况对 2 倍叶频幅值影响并不明显,从关死点到最大流量,模型泵的振动幅值基本保持不变。

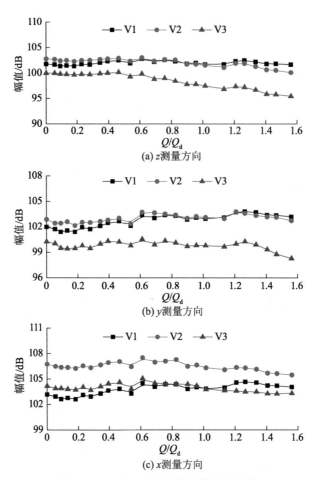

图 5.19　2 倍叶频幅值随流量变化特性

5.3　旋转失速诱发的压力脉动特性

由第 4 章图 4.6 可知,在小流量工况下,模型泵扬程曲线出现驼峰现象,即泵内出现非稳态旋转失速流动结构[6,7],其将诱发典型的旋转失速频率。本节将基于压力脉动信号分析旋转失速工况的压力波动特性,并采用相干分析方法对旋转失速频率进行识别、提取。

对于给定信号 $x(t)$ 和 $y(t)$,其相干函数定义如下:

$$\gamma_{xy}^2(\omega) = \frac{|S_{xy}(\omega)|^2}{S_x(\omega)S_y(\omega)} \tag{5.6}$$

相干系数 γ 的范围为

$$0 \leqslant \gamma_{xy}^2(\omega) \leqslant 1 \tag{5.7}$$

对于给定信号 $x(t)$，其自相关函数为

$$R_x(\tau) = \lim_{T \to 0} \frac{1}{T} \int_0^T x(t) x(t \pm \tau) \mathrm{d}t \tag{5.8}$$

信号 $x(t)$ 的自相关函数进行傅里叶变换即可得到自功率谱密度函数：

$$S_x(\omega) = \int_{-\infty}^{\infty} R_x(\tau) \mathrm{e}^{-\mathrm{j}\omega\tau} \mathrm{d}\tau \tag{5.9}$$

$S_{xy}(\omega)$ 为 $x(t)$ 和 $y(t)$ 的互功率谱密度函数：

$$S_{xy}(\omega) = \int_{-\infty}^{\infty} R_{xy}(\tau) \mathrm{e}^{-\mathrm{j}2\pi\omega\tau} \mathrm{d}\tau \tag{5.10}$$

互相关函数 $R_{xy}(\tau)$ 为

$$R_{xy}(\tau) = \lim_{T \to \infty} \frac{1}{T} \int_0^T x(t) y(t+\tau) \mathrm{d}t \tag{5.11}$$

通过相干分析可以提取不同测点内共同的特征频率，从而对旋转失速频率进行识别。

由第 4 章图 4.6 可知，扬程曲线驼峰起始点位于 $0.4Q_d$ 附近，因此本节重点分析 $Q < 0.4Q_d$ 工况内的压力脉动变化特性。图 5.20 给出了旋转失速工况和设计工况下 P2 测点（$\theta = 18°$）压力脉动时域信号的对比情况，叶轮旋转周期 $T = 0.041\ 4$ s。从图 5.20 可以看出：在设计工况下，压力脉动信号呈现较强的周期性，波峰、波谷信号交替出现；当流量降低到 $0.4Q_d$ 工况时，即扬程驼峰曲线的起始点，压力脉动信号的形状显著变化，压力脉动信号中出现了较多的扰动峰值信号；在失速工况 $0.2Q_d$ 和 $0.06Q_d$ 时，压力脉动幅值快速上升，尤其在 $0.06Q_d$ 工况，其压力脉动幅值远高于设计工况，大小约为 3 倍。因此，可以认为旋转失速现象将造成压力脉动信号的显著改变。

为了对旋转失速诱发的典型频率进行分析，图 5.21 给出了 P2 测点不同工况下的压力脉动频谱图。由图 5.21 可知：在设计工况下，受动静干涉作用，叶频 f_{BPF} 在压力脉动频谱中处于主导地位，其幅值远高于其倍频信号，在低频段中没有捕捉到明显的峰值信号；当流量减小至 $0.4Q_d$ 工况时，叶频处的幅值明显小于设计工况的叶频幅值，此外叶频的高倍频信号并不明显，在 $0 \sim 1.0 f_{\mathrm{BPF}}$ 的低频段中出现较多低幅值峰值信号，这是由泵内流动分离结构诱发的；当流量进一步减小至失速工况时，叶频幅值明显增加，在 $0.2Q_d$ 时，叶频幅值为设计工况的 1.3 倍，而在 $0.06Q_d$ 时，叶频幅值为设计工况的 2.2 倍，说明旋转失速会导致叶频幅值明显增加；在低频段中，受旋转失速影响，出现了宽带噪声特征信号，但其幅值远小于叶频幅值。

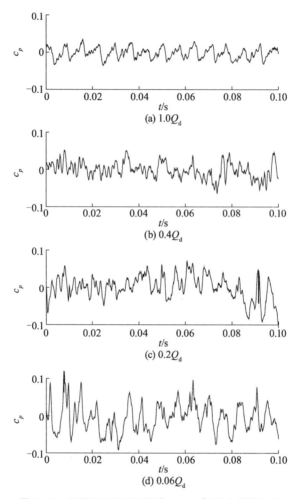

图 5. 20　不同工况下 P2 测点（θ＝18°）压力脉动信号

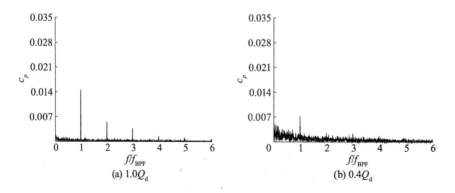

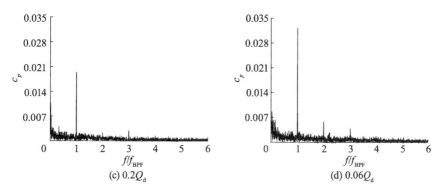

(c) $0.2Q_d$ (d) $0.06Q_d$

图 5.21　不同工况下 P2 测点的压力脉动频谱

从图 5.21 可以看出,在旋转失速工况下,低频段出现大量峰值信号,但其幅值明显小于叶频 f_{BPF} 处的幅值。由已有的研究成果可知,旋转失速引起的典型频率通常小于叶轮旋转频率 f_n[8,9],图 5.22 给出了 $0\sim2.0f_n$ 频段内的压力脉动频谱对比情况,以获得低频段压力脉动频谱的典型特征。

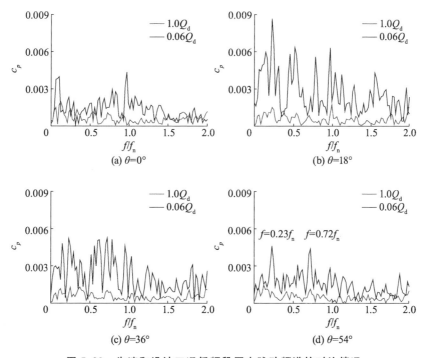

(a) $\theta=0°$ (b) $\theta=18°$

(c) $\theta=36°$ (d) $\theta=54°$

图 5.22　失速和设计工况低频段压力脉动频谱的对比情况

从图 5.22 可以看出：不同测量位置的压力脉动频谱呈现明显差异，在测点 $\theta=54°$ 处，在旋转失速工况下，压力脉动频谱中可以捕捉到两个明显的峰值信号，即 $f=0.23f_n$ 和 $f=0.72f_n$，考虑到信号的处理误差，频率 $f=0.72f_n$ 约为频率 $f=0.23f_n$ 的三次高频谐波；在测点 $\theta=0°$ 处，也可以捕捉到两个明显的峰值信号，即 $f=0.1f_n$ 和 $f=0.96f_n$；在测点 $\theta=36°$ 处，低频压力脉动频谱中并没有明显的峰值信号。由对比结果可以看出，旋转失速工况下的低频段内信号幅值远高于设计工况，但对于不同测点，低频段主要峰值信号的频率各异，因此无法通过频谱直接判断旋转失速诱发的压力脉动频率。

为了获得低频段压力脉动的变化特性，采用 RMS 方法对低频段压力脉动频谱进行处理，图 5.23 给出了不同测点低频段压力脉动能量随流量的变化特性。从图 5.23 可以看出：在大流量工况 $Q>1.0Q_d$ 下，RMS^* 值几乎不变，以 $\theta=36°$ 为例，在 $1.2Q_d$ 工况下，$RMS^*=0.004\ 8$，而在 $1.5Q_d$ 工况下，$RMS^*=0.005\ 3$，增量约为 10%；通常在大流量工况下，叶轮内不会产生明显的流动分离，因此低频段压力信号变化微弱；从 $1.0Q_d$ 到 $0.4Q_d$，除了测点 $\theta=18°$ 之外，RMS^* 值无显著上升趋势，这意味着虽然在叶轮内发生了流动分离现象，但低频段的压力频谱变化较小；从 $0.4Q_d$ 到关死点，即模型泵处于旋转失速状态，压力脉动能量快速增加，在 $\theta=36°$ 测点，关死点的 RMS^* 值约为设计工况的 3 倍，在 $\theta=18°$ 测点，其增量约为设计工况的 6 倍。因此可以得出结论：在大流量下，低频段中的压力脉动信号受工况影响较小，而在旋转失速工况下，低频段压力脉动能量增加明显，特别是隔舌附近测点 $\theta=18°$ 和 $\theta=36°$，其压力脉动能量快速上升。

图 5.24 给出了不同 RMS^* 值沿蜗壳周向的分布规律。与非失速工况 $0.4Q_d$ 相比，旋转失速工况（$0.06Q_d\sim0.2Q_d$）下的 RMS^* 值显著增加，在 $0.2Q_d$ 工况，$\theta=36°$ 测点处压力脉动能量增量约为 65%。在不同工况下，RMS^* 的最大值点出现在 $\theta=18°$（隔舌前方）处，随着角度的增大，RMS^* 值呈现下降趋势。而由图 5.10 可知，受动静干涉影响，叶频幅值在 $\theta=36°$（隔舌之后）处达到最大值，而对于 $0\sim1.0f_n$ 频段的 RMS^*，最大值点偏移至 $\theta=18°$ 测点，这意味着该位置处的压力信号更容易受到旋转失速现象的影响。

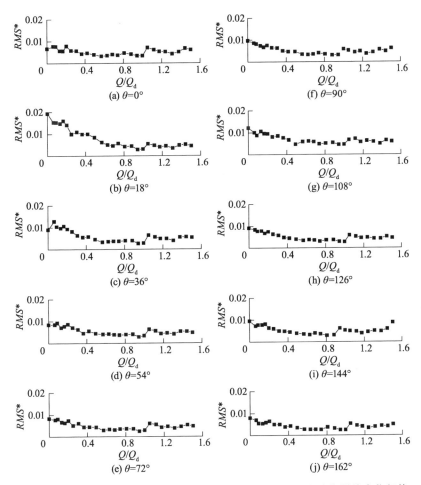

图 5.23　不同工况下低频段 $0 \sim 24.2 \text{ Hz}(0 \sim 1.0 f_n)$ 压力脉动能量的变化规律

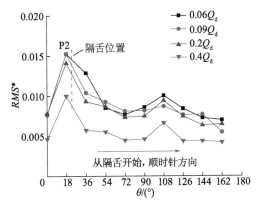

图 5.24　小流量工况下 RMS^* 值沿蜗壳周向的分布情况

为了验证所用互相干方法对特征信号提取、识别的有效性,图 5.25 首先给出了设计工况下 P1-P1 和 P1-P2 测点之间的相干频谱。从 P1-P1 的结果来看,由于输入压力信号相同,相干系数保持恒定值 $\gamma^2=1$,符合理论分析。由 P1-P2 的结果可知,在相干频谱中可以捕捉到叶频及其高次谐波,且在 $f_{BPF},2f_{BPF},3f_{BPF}$ 处,相干系数 γ^2 约为 1,这是因为叶频及其高次谐波皆由叶轮-隔舌的动静干涉作用诱发,即使在 $4f_{BPF}$ 处,相干系数 $\gamma^2>0.8$。在低频段中,也可以捕捉到一些峰值信号,但相应的系数小于叶频处的相干系数。可以认为,目前采用的相干分析方法可以识别不同测点中具有相同激励源的信号,当泵在失速状态下工作时,其可以识别压力谱中的典型旋转失速频率。

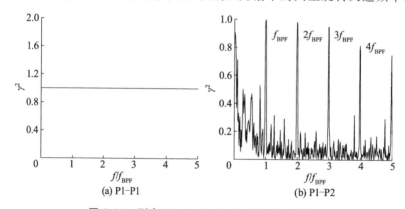

图 5.25 测点 P1-P1 和 P1-P2 相干分析频谱

为了获得旋转失速引起的典型激励频率,图 5.26 给出了 $0.06Q_d$ 工况下两个相邻测点之间的压力脉动相干频谱。旋转失速频率通常低于叶轮旋转频率 f_n,因此重点分析 $0\sim1.0f_n$ 频段内的低频峰值信号。由 P1-P2 和 P2-P3 的相干结果可知,相干频谱中成功捕捉到 $0.25f_n$ 和 $0.78f_n$ 峰值信号,可以推断 $0.78f_n$ 是频率 $0.25f_n$ 的三次谐波;由 P2-P3 获得的相干系数值 γ^2 大于 0.6,可以推论 $0.25f_n$ 处的峰值信号为旋转失速频率。而其他测点间的相干频谱中并没有捕捉到相似的峰值信号,以 P3-P4 的结果为例,在低频段无法观察到明显的峰值信号,这意味着 P3 和 P4 之间压力信号的相干性不强。从以上分析可以得出结论:当旋转失速产生时,并非所有测点的压力信号都具有较强的相干性,可以用来识别失速频率。从图 5.26 可知,测点 $\theta=18°$ 受旋转失速现象的影响较大,可以认为该点是旋转失速激励典型压力脉动信号的"产生源",即 P2 和其他测点之间存在强相干性。

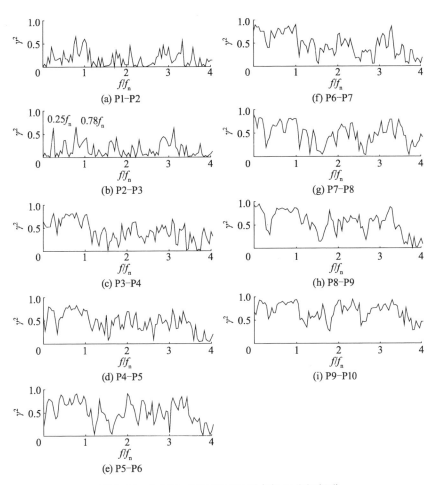

图 5.26　0.06Q_d 工况下不同测点相干分析频谱

为了验证上述推论,图 5.27 给出了 P2 测点和其他测点之间的相干频谱。由图 5.27 可知,不同测点相干频谱相似,在低频段中皆识别出 0.25f_n 和 0.78f_n 峰值信号。从 P2 - P4 的相干结果可知,相干系数 γ^2 在 0.25f_n 处达到 0.8,这表明 P2 和 P4 之间的压力脉动信号存在强相干性。对于 P2 - P6 相干频谱,相干系数在 0.25f_n 处达到 0.58,并且在 P2 - P8 相干频谱中上升到 0.66。由图 5.27 的结果可知,当泵工作在旋转失速工况 0.06Q_d 时,旋转失速将激励出 0.25f_n 的失速频率,而测点 P2(θ=18°)可以被认为是旋转失速激励压力信号的"产生源",P2 与其他测点强相干,它可用于识别压力脉动信号中的失速频率。

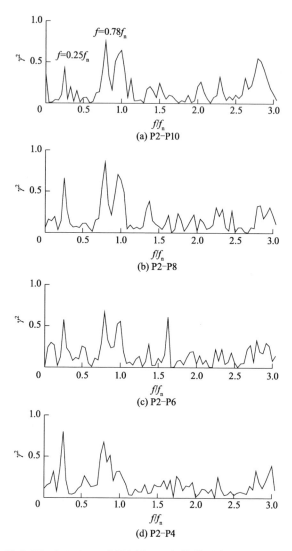

图 5.27　0.06Q_d 工况下测点 P2 与其他测点的相干频谱

　　下面进一步分析不同工况下旋转失速诱发的压力脉动特性。图 5.28 给出了 0.09Q_d 工况下 4 个不同测点的压力脉动频谱。从图中可以看出,不同测点的压力脉动频谱存在明显的差异性,在 $\theta = 18°$ 测点,可以获得 0.78f_n 峰值信号,其在低频段占据主导地位,这种现象与 0.06Q_d 工况一致。从其他测点的压力脉动频谱中可以看出,在低频段中无法获得明显的、高幅值的峰值信号。从以上分析可知,当泵工作在 0.09Q_d 工况时,无法直接通过压力脉动频谱识别旋转失速频率,这与 0.06Q_d 工况的结论一致。

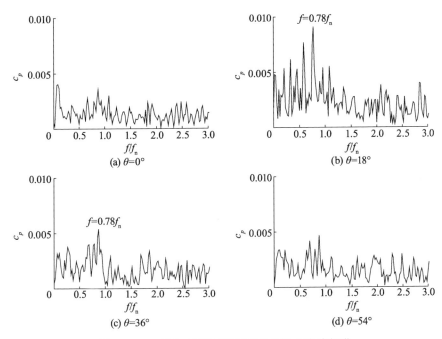

图 5.28 0.09Q_d 工况下不同测点的压力脉动频谱

图 5.29 给出了 0.09Q_d 工况下测点 P2 和其他测点压力信号的相干频谱。从图中可以看出，在 4 个相干频谱中都可以捕捉到 0.25f_n 峰值信号，从 P2 - P4 和 P2 - P10 的相干结果来看，其相干系数 γ^2 约为 0.7，表明压力信号之间存在强相干特性，但在相干频谱中无法获得 0.78f_n 信号。在 1.0f_n 可以捕捉到明显的峰值信号，这是由叶轮轴系非对称效应引起的。因此可以总结，当泵工作在 0.09Q_d 工况时，旋转失速将诱发 0.25f_n 失速频率，但 0.78f_n 高次谐波信号在相干频谱中不再出现，对于该模型泵，在失速工况将激励 0.25f_n 的失速频率，且在不同工况下该失速频率不变。

图 5.30 给出了当模型泵工作在 0.2Q_d 工况时，测点 P2 和其他 4 个测点之间的相干频谱。从图中可以看出，相干频谱与 0.06Q_d 和 0.09Q_d 工况呈现明显不同。在 P2 - P3 相干频谱中可以捕捉到 0.5f_n 和 0.78f_n 峰值信号，而在 P2 - P5 相干频谱中无法获得 0.5f_n 信号。由图 4.6 可知，0.4Q_d 工况为扬程出现驼峰现象的拐点，其可以被认为是旋转失速起始点，当泵工作在 0.2Q_d 工况时，虽然在叶轮中产生了旋转失速现象，但它不会在压力频谱中产生明显的旋转失速频率，该工况可以被认为是中度失速状态。随着流量降至 0.06Q_d 和 0.09Q_d 工况，压力频谱中出现明显的、高幅值的失速频率，该运行工况可以被认为是深度失速状态。

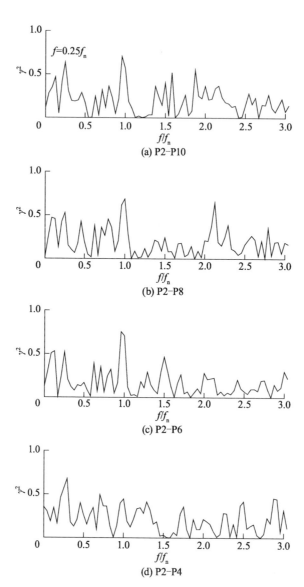

图 5.29　0.09Q_d 工况下不同测点的相干频谱

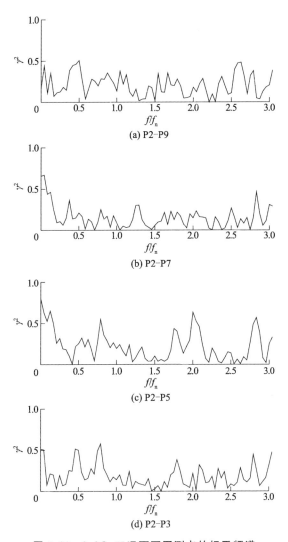

图 5.30　0.2Q_d 工况下不同测点的相干频谱

参考文献

[1] 张宁，杨敏官，高波，等.变工况对侧壁式离心泵振动特性的影响.工程热物理学报，2015，36(7)：1471 - 1475.

[2] 张贤达.现代信号处理.北京：清华大学出版社，2002.

[3] Zhang N，Yang M G，Gao B，et al. Experimental investigation on unsteady pressure pulsation in a centrifugal pump with special slope volute. ASME J. Fluids Eng，2015，137(6)：061103.

[4] Akin O, Rockwell D O. Actively controlled radial flow pumping system: Manipulation of spectral content of wakes and wake-blade interactions. ASME J. Fluids Eng, 1994, 116(3):528 – 537.

[5] Gao B, Guo P M, Zhang N, et al. Unsteady pressure pulsation measurements and analysis of a low specific speed centrifugal pump. ASME J. Fluids Eng, 2017,139(7):071101.

[6] Zhang Y N, Wu Y L. A review of rotating stall in reversible pump turbine. Proc IMechE Part C: J. Mechanical Engineering Science, 2017, 231(7):1181 – 1204.

[7] Botero F, Hasmatuchi V, Rot S, et al. Non-intrusive detection of rotating stall in pump-turbines. Mechanical Systems and Signal Processing, 2014, 8:162 – 173.

[8] Heng Y G, Dazin A, Ouarzazi M N, et al. Experimental study and theoretical analysis of the rotating stall in a vaneless diffuser of radial flow pump. 28th IAHR Symposium on Hydraulic Machinery and Systems (IAHR2016), IOP Conf. Series: Earth and Environmental Science, 2016, 49: 032006.

[9] Zhao X R, Xiao Y X, Wang Z W,et al. Unsteady flow and pressure pulsation characteristics analysis of rotating stall in centrifugal pumps under off-design conditions. ASME J. Fluids Eng, 2018, 140(2): 021105.

⟲6
离心泵空化流动及激励特性

空化是复杂的多相流动现象,也是离心泵内部重要的非稳态流动结构和激励源。空化对离心泵性能的外在影响表现为模型泵扬程和效率下降,同时往往还伴随着离心泵振动能量的大幅上升,从而影响到泵系统的安全稳定运行[1]。由于叶轮的周期性旋转及其和隔舌产生的动静干涉作用,同时隔舌还将对叶轮流场产生上游效应,这些共同作用将对叶轮流道内的空化形态产生影响,因此叶轮内部空化演变过程呈现强非稳态特性[2,3],这种非稳态演变过程和离心泵空化诱导振动噪声特性密切相关。在不同的有效空化余量 $NPSH_a$ 工况下,空化形态、区域、演变过程差异显著[4],尤其在临界空化余量附近,空化形态将发生变化,这同样会对模型泵的振动噪声特性产生影响[5]。因此,本章拟采用可视化试验对不同 $NPSH_a$ 工况下的空化形态及其演变特性进行研究,揭示空化形态随 $NPSH_a$ 的发展过程,隔舌上游效应对空化形态的影响,以及空化非稳态演化、发展机制,并结合空化诱导振动、压力脉动特性,阐述空化的非稳态激励特征。

6.1　可视化试验系统

本章搭建模型泵闭式试验装置对空化进行可视化研究,采用高速数码相机 OLYMPUS I-SPEED 3 对空化区域的演变过程进行动态连续采集、捕捉。为了充分捕捉到空化的发展、演变特性,试验中高速数码相机的拍摄频率设置为 7 500 fps,相邻两张图像的曝光时间间隔为 1.33×10^{-4} s,模型泵叶轮旋转速度为 1 450 r/min,其旋转1°所对应的时间为 1.15×10^{-4} s,因此叶轮大约每旋转1°拍摄一张图像。高速数码系统对光源要求较高,为了对拍摄区域充分照亮,采用高能 LED 光源对空化区域进行照明,其功率约为 300 W[6]。模型泵叶轮、蜗壳均采用有机玻璃制造,图 6.1 给出了空化试验用叶轮。

图 6.1　有机玻璃叶轮

空化的发展演变过程呈现非稳态特性[7]，尤其是当叶片扫掠隔舌时，隔舌会对叶轮的内部流动结构产生影响，进而影响到空化区域的发展特性。由于模型泵采用单端悬臂结构，进口管会对相机的拍摄视野产生干涉作用，因此无法对整个叶轮流道内的空泡区域进行捕捉，为此本研究选择的拍摄区域包含隔舌，从而可以研究叶轮通过隔舌时其内部空化的发展过程，如图 6.2 所示。

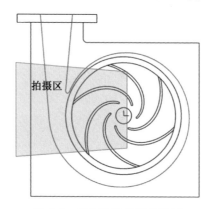

图 6.2　空化可视化测量区域

6.2　设计工况下空化分析

图 6.3 给出了设计工况下有机玻璃模型泵和金属泵的空化曲线对比情况，图中 σ 为空化数，定义为 $NPSH/H$，其中 H 分别为两台模型泵最优效率点处的扬程，纵坐标中 H_i 表示刚开始抽气时模型泵的起始扬程。从图中可知，金属泵和有机玻璃模型泵的空化曲线变化趋势基本一致，尤其在抽气初

始阶段,由于空化对泵性能的影响极小,因此两台模型泵的空化曲线几乎重合。继续降低模型泵的吸入压力,当靠近临界空化余量点时,金属泵的空化曲线下降较快,整体低于有机玻璃模型泵的空化曲线。根据3%扬程降的临界空化点判据,金属泵的临界空化余量 NPSH$_c$ 为 2.0 m,即空化数 0.091;有机玻璃模型泵的临界空化余量 NPSH$_c$ 约为 1.97 m,即空化数 0.089 5,从空化曲线可以认为两台模型泵具有相同的空化性能。因此,可以将空化可视化演变过程和空化诱导压力脉动、振动特性相结合分析非稳态空化的激励特征。

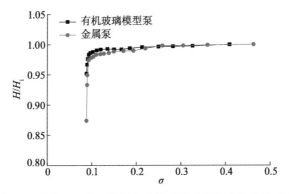

图 6.3　设计工况下金属泵和有机玻璃模型泵空化曲线对比

随着空化数的降低,经典的翼型空化绕流一般将空化形态划分为几个显著的演变阶段,分别为片状空化(sheet cavitation)、云状空化(cloud cavitation)、超空泡空化(super cavitation)。在云状空化状态时,由于回射流作用,空泡团将周期性地脱落,形成强烈的非稳态运动特性,易诱发高幅值压力脉动、振动、噪声等现象。空泡团的周期性脱落是云状空化的显著特点。为了分析离心泵内部空化发展过程,图 6.4 给出了设计工况下叶轮流道内的空化形态随空化数的演变特性,所有空化数下叶轮的相对位置基本一致,此时叶片出口边正对着蜗壳隔舌。在较高的进口压力条件下,泵内部无法观测到明显的空泡产生,理论上认为空化初生时将在泵内产生直径较小的汽泡,其对模型泵的性能不会产生任何影响。然而在离心泵试验过程中,随着空化数的降低,无法观测到直径很小的游移型汽泡,当 $\sigma=0.250$ 时,在叶轮内部还是无法观测到明显的汽泡。当空化数降到 $\sigma=0.167$ 时,可以观测到明显的空泡团,但空泡团的区域较小,此时空化处于稳定的片状空化状态。当 $\sigma=0.135$ 时,在叶片进口附近背面处已经出现明显聚集的空泡团,此时模型泵的扬程下降约 0.7%。之后当空化数继续降低至 $\sigma=0.120$ 时,空泡区域开始向叶片出口边方向及流道内发展,但空泡区域的增加程度有限,其对模型泵的性能影响较小,模型泵扬程降约 0.8%。

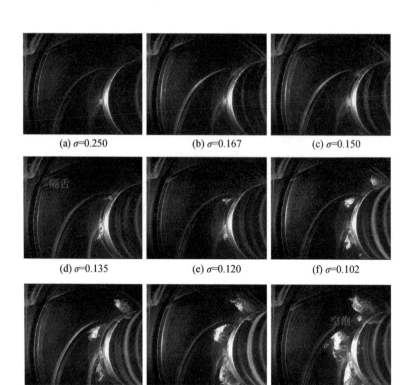

(a) $\sigma=0.250$ (b) $\sigma=0.167$ (c) $\sigma=0.150$

(d) $\sigma=0.135$ (e) $\sigma=0.120$ (f) $\sigma=0.102$

(g) $\sigma=0.092\ 8$ (h) $\sigma=0.090\ 4$ (i) $\sigma=0.089\ 0$

图 6.4　不同空化数时叶轮内部空化发展过程

随着空化数的继续降低,当 $\sigma=0.092\ 8$ 时,空化进一步向叶片下游流道发展,在靠近叶片进口边区域形成了近乎透明的纯汽相区空泡结构,汽液两相间形成明显的汽液分界面。而在空化区域的最前端形成了汽液两相混合区,并且随着叶轮的旋转,该区域空泡呈现较强的非稳态运动特性。在空化数 $\sigma=0.092\ 8$ 时,模型泵的扬程约下降 1.2%。当空化数降到 $\sigma=0.090\ 4$ 时,空泡区域已经占据了模型泵叶轮流道圆周宽度的 1/2 左右,此时模型泵的扬程下降了 2.4%,已经非常接近扬程临界空化余量点。由此可知,在通常意义上的扬程临界空化余量点前,空化实际早已发生,并且空化区域已经占据了相当部分的叶轮流道。当空化数 $\sigma=0.089\ 0$ 时,空泡区域已经发展到了叶片工作面,该空化数下模型泵的扬程下降了 4.3%,叶轮内部已经出现了非常严重的空化现象。

由图 6.4 不同空化数下叶轮内部空化形态可知,空化数不同时,叶轮流道内的空化区域、形态差异极大,结合空化诱导振动特性,可以将叶轮内部的空化形态划分为 4 个典型阶段,如图 6.5 所示,分别为:阶段Ⅰ空化初始阶段——片状空化状态;阶段Ⅱ空化发展阶段——云状空化状态;阶段Ⅲ空化状态转变阶段——可压缩泡状空化状态;阶段Ⅳ空化恶化阶段。各个空化阶段对应的空化数范围为:阶段Ⅰ($\sigma=0.463\sim0.220$);阶段Ⅱ($\sigma=0.220\sim0.171$);阶段Ⅲ($\sigma=0.171\sim0.120$);阶段Ⅳ($\sigma=0.120\sim0.0877$)。

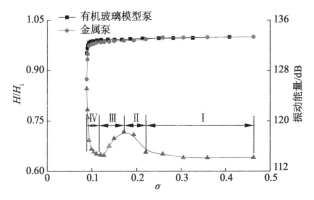

图 6.5 依据空化诱导振动能量划分的空化演变阶段

6.2.1 空化初始阶段Ⅰ

图 6.6 给出了空化初始阶段叶轮流道内的空化形态特性,此时空化数 $\sigma=0.212$,Δt 为两张图片的拍摄间隔,此时高速相机的拍摄频率为 7 500 fps,因此 $\Delta t=1.33\times10^{-4}$ s。由图 6.6 可以看出:此时叶轮内部的空化区域较小,随着叶轮的旋转,其空化区域同样会呈现非稳态运动特性;$t=t_0+6\Delta t$ 时刻的空化区域远小于 t_0 时刻的空化区域,在 $t=t_0+12\Delta t$ 时刻,空化区域又重新恢复。由于试验模型泵叶轮的进口边被进口管路略微遮挡,因此无法对空化初生时的空化形态进行全面的观测和描述,但有大量的研究证实,此时叶轮内部的空化处于相对稳定的附着阶段,因此可以称为片状空化阶段[8,9]。由于空化产生、附着在叶片背面,因此空化溃灭产生的激励力将造成模型泵振动能量的上升。

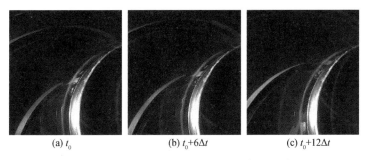

(a) t_0 (b) $t_0+6\Delta t$ (c) $t_0+12\Delta t$

图 6.6 空化数 $\sigma=0.212$ 的空化形态发展过程

6.2.2 空化发展阶段 Ⅱ

经历了相对稳定的片状空化阶段后,继续降低模型泵的进口压力,空化区域将不断扩张,同时空化形态、演变特性也将产生变化,图 6.7 给出了空化数 $\sigma=0.167$ 时叶轮内部的空化形态演变特性。由图 6.7 可以看出:相较于空化数 $\sigma=0.212$ 工况,此时的空化区域已经明显扩大,在 $t=t_0+30\Delta t$ 时刻,部分空泡团开始从主空泡结构分离;随着叶轮的旋转,在 $t=t_0+37\Delta t$ 时刻,主空泡结构前端的部分空泡团明显从主空泡区分离、脱落,并且在 $t=t_0+43\Delta t$ 时刻,该脱落空泡结构已经完全从主空泡区分离,之后随着主流朝叶片出口运动;最后当该空泡团运动到高压区时产生溃灭现象,释放冲击能量,直至消失在主流中,空泡的溃灭过程造成了模型泵内部流场结构的波动。

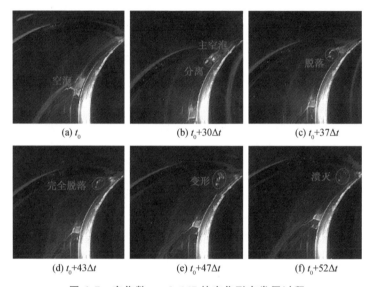

(a) t_0 (b) $t_0+30\Delta t$ (c) $t_0+37\Delta t$

(d) $t_0+43\Delta t$ (e) $t_0+47\Delta t$ (f) $t_0+52\Delta t$

图 6.7 空化数 $\sigma=0.167$ 的空化形态发展过程

从空泡团开始从主空泡结构分离直至溃灭消失,其生命周期约为 $22\Delta t$,即 2.93×10^{-3} s,因此脱落频率 $f_s=1/(2.93\times10^{-3})=341$ Hz。在翼型空化研究中,将空泡团周期性地从主空泡结构脱落的空化形态称为云状空化阶段[10,11]。通过借鉴翼型空化演变特性,将离心泵中的这种空化形态也称为云状空化阶段。由于云状空化的周期性演变特性,其释放的能量将激励泵内部压力脉动、振动能量不断上升,如图 6.5 中区间 Ⅱ 所示。该空化数区间内,模型泵的振动能量存在明显上升的变化趋势。

6.2.3 空化状态转变阶段 Ⅲ

继续降低模型泵的进口压力,当空化数 $\sigma=0.135$ 时,模型泵的振动能量从极大值点开始不断降低,如图 6.5 所示,这和叶轮内部空化形态的变化密切相关。图 6.8 给出了空化数 $\sigma=0.135$ 时叶轮内部空化形态的演变特性,此时叶轮内的空化演变过程和空化数 $\sigma=0.167$ 工况比较相似。由图 6.8 可以看出:随着空化数的降低,此时的空化区域进一步扩大,在 $t=t_0+11\Delta t$ 时刻,空泡团几乎占据了模型泵 1/3 叶轮流道圆周宽度;在 $t=t_0+18\Delta t$ 时刻,部分空泡团同样将从主空泡结构脱落,并在 $t=t_0+26\Delta t$ 时刻完全分离,之后向叶轮下游高压区运动,该空泡团将经历缩小、溃灭直至消失的过程。从空泡团开始从主空泡结构分离到脱落空泡团溃灭,其生命周期为 $38\Delta t$,即 5.05×10^{-3} s,因此其脱落频率 $f_s=198$ Hz。

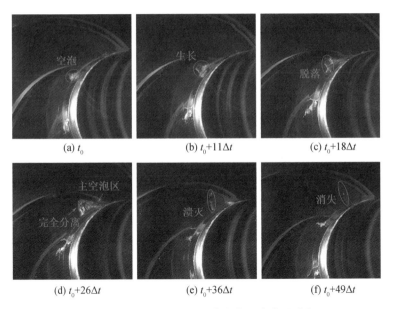

(a) t_0 (b) $t_0+11\Delta t$ (c) $t_0+18\Delta t$

(d) $t_0+26\Delta t$ (e) $t_0+36\Delta t$ (f) $t_0+49\Delta t$

图 6.8 空化数 $\sigma=0.135$ 的空化形态发展过程

由上述分析可知,该阶段的空化同样经历了部分空泡团从主空泡结构脱落的过程,空化演变特性和 $\sigma=0.167$ 相似,但是从振动能量变化曲线可知,此时模型泵的振动能量处于不断下降的过程中,也就意味着此时空泡溃灭释放的能量较低。经典的空化理论认为上述现象是由空泡区域的可压缩性造成的,具有可压缩性的空泡区域可以吸收空泡溃灭所释放的部分能量,因此将削弱空泡溃灭诱发的激励力。这种具有可压缩特性的空泡结构一般为泡状空化,图 6.9 所示为典型的泡状空化形态[12],但令人遗憾的是,由于本试验条件限制,无法清晰地获得、刻画这种泡状空化特性。根据已发表的相关研究成果,可以推断此时模型泵叶轮内部产生了泡状空化,因此从空化数 $\sigma = 0.167$ 到 $\sigma = 0.135$,模型泵内部的空化形态经历了从云状空化到具有可压缩性的泡状空化的转变过程。

图 6.9   泡状空化形态

6.2.4   空化恶化阶段 Ⅳ

由前面的分析可知,叶轮内部的空化区域虽然已经占据了相当部分的叶轮流道,但其对模型泵的扬程影响较小,在空化数 $\sigma = 0.135$ 时,模型泵扬程降为 0.7%。当空化数继续降低时,空化将开始显著影响模型泵的扬程。图 6.10 给出了空化数 $\sigma = 0.096\ 5$ 时叶轮流道内的空化形态,此时模型泵的扬程降为 1.4%。在该空化数条件下同样可以观测到空泡团从主空泡结构脱落的现象,从 $t = t_0 + 19\Delta t$ 时刻到 $t = t_0 + 32\Delta t$ 时刻,部分空泡团经历了脱落、溃灭过程。该空化数下的空化形态和高空化数时存在明显的差异,在 $t = t_0 + 43\Delta t$ 时刻,空化区域可以划分为两个迥然不同的流动区域,分别为汽液两相流动区域和纯汽相流动区域。纯汽相流动区将和主流及汽液两相流动区之间形成明显的分界面,由于空化的非稳态运动特性,自由界面并不光滑,并且其形状随叶轮的旋转而发生改变。

由上述分析可知,在该空化数下,叶轮流道内的空化形态存在典型的自由分界面,同时由振动能量曲线可知,此时模型泵的振动能量开始迅速上升,因而可以认为此时的空化区域具有不可压缩性,空泡溃灭释放的能量将造成模型泵振动能量的快速上升。因此,从空化数 $\sigma = 0.135$ 到 $\sigma = 0.096\ 5$,空化形态从具有可压缩特性的泡状空化转变成了具有自由界面并且不可压缩的空化形态。

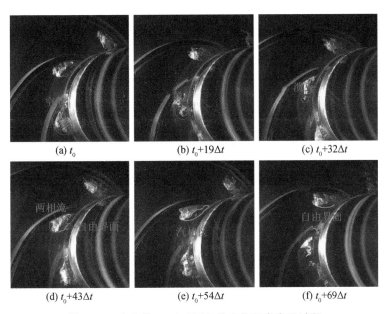

(a) t_0　　　　　　(b) $t_0+19\Delta t$　　　　　　(c) $t_0+32\Delta t$

(d) $t_0+43\Delta t$　　　　　　(e) $t_0+54\Delta t$　　　　　　(f) $t_0+69\Delta t$

图 6.10　空化数 $\sigma=0.096\,5$ 的空化形态发展过程

空化数 $\sigma=0.096\,5$ 时,模型泵的扬程降为 1.4%,还未达到扬程临界空化点,因此继续降低空化数以分析扬程临界空化点前后模型泵内部的空化形态特性,图 6.11 给出了空化数 $\sigma=0.087\,7$ 时叶轮流道内的空化形态,此时模型泵的扬程降为 4.8%,已经超过 3% 扬程临界空化点。该空化数下,叶轮流道内的空化形态具有空化数 $\sigma=0.096\,5$ 时的所有特征,同样存在清晰的自由界面,此外空化已经发展到了叶片工作面上。在 t_0 时刻,叶片 4 上开始产生较小的空泡团,随着叶片的转动空泡团不断生长,在 $t=t_0+30\Delta t$ 时刻,空泡团尺度明显比 $t=t_0+20\Delta t$ 时刻的要大。实际上当叶片通过隔舌时,隔舌会对上游叶轮流道内的流场结构产生影响,即隔舌的上游效应,从而影响到空化的演变过程。然而由于试验过程中空泡拍摄视角的问题,未能捕捉到叶片 4 完全通过隔舌时叶片工作面上空化形态演变的整体过程。从有限的视角可以看出,在叶片 4 接近并通过隔舌时,空泡区域显示出了比较稳定的特性,虽然空泡区域也经历了部分空泡脱落、溃灭的过程,但整体空泡区域并未产生较大的变化。不同叶片工作面上的空化特性差异明显,在 $t=t_0+57\Delta t$ 时刻,叶片 5 工作面上并没有产生空泡,由此说明了叶轮流道内空化存在非均匀分布特性,也从侧面验证了蜗壳的非对称性及隔舌会对叶轮内部的空化特性产生明显作用。

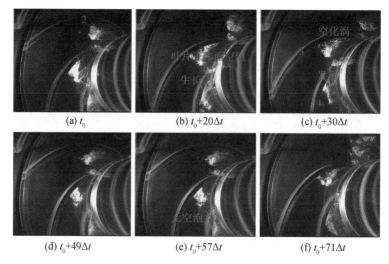

(a) t_0　　　　(b) $t_0+20\Delta t$　　　　(c) $t_0+30\Delta t$

(d) $t_0+49\Delta t$　　　　(e) $t_0+57\Delta t$　　　　(f) $t_0+71\Delta t$

图 6.11　空化数 $\sigma=0.0877$ 的空化形态发展过程

在水轮机尾水管中经常可以观测到空化涡(cavitation vortex)[13,14]，同时在轴流式水力机械的叶顶处也可以捕捉到空化涡现象，根据空化产生机理及形态的不同，部分学者将其定义为 TLV(tip leakage vortex)[15] 或者 PCV(perpendicular cavitation vortex)[16]，研究认为这种空化涡的出现对水力机械的稳定运行影响十分显著。在模型泵空化试验过程中，在叶轮内部也捕捉到了清晰的空化涡，在图 6.11 中的 $t=t_0+30\Delta t$ 时刻，叶片 3 的主空化结构内部出现了明显的空化涡。图 6.12 给出了空化数 $\sigma=0.0877$ 工况下不同时刻的空化涡形态，可以看出，在 4 个不同时刻，叶片 1，2，3，4 的主空化结构内部皆产生了这种明显的空化涡结构，说明在该空化数下，不同叶片背面均产生了空化涡结构，而不是单独产生在某个叶片上。从不同时刻的空化涡结构还可以看出，该空化涡与叶片的夹角几乎一致，因此采用图片处理软件 Image Pro Plus(IPP)对空化涡与叶片的夹角进行测量，通过测量可得 4 个时刻空化涡与叶片的夹角分别约为 18.7°，18.5°，18.0°，18.4°。考虑到图片的测量误差和相机的非垂直蜗壳布置等原因，认为在该空化数下，空化涡与叶片的夹角约为 18°，该角度小于设计工况下叶片的进口安放角($\beta_1=35°$)。

为了分析不同空化数对叶轮流道内空化涡的影响，图 6.13 给出了空化数 $\sigma=0.0905$ 和 $\sigma=0.0891$ 时模型泵内部的空化形态。在这两种空化数下同样可以捕捉到空化涡，且空化涡与叶片之间的夹角分别为 24.5° 和 22.5°，该夹角大于 $\sigma=0.0877$ 时的空化涡夹角，此时模型泵的扬程降分别为 2.4% 和 3.3%，在更高的空化数下则没有观测到明显的空化涡。从以上对空化涡的分析可知,不同空化数下其与叶片的夹角并不一致,空化数越小夹角越小,并且空化涡只在扬程临界空化点附近产生,在更高的空化数下这种空化涡现象不会出现。

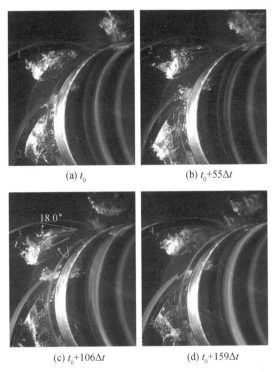

(a) t_0 　　　　(b) $t_0+55\Delta t$

(c) $t_0+106\Delta t$ 　　　　(d) $t_0+159\Delta t$

图 6.12　空化数 $\sigma=0.087\ 7$ 时叶轮流道内的空化涡结构

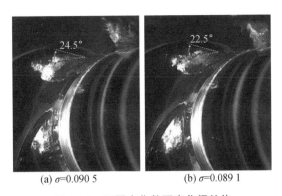

(a) $\sigma=0.090\ 5$ 　　　　(b) $\sigma=0.089\ 1$

图 6.13　不同空化数下空化涡结构

6.3　偏工况下空化分析

当模型泵运行在偏工况条件下,由于进口来流角度的变化将引起叶轮内部流动结构的差异,进而影响到模型泵的空化演变特性,因此有必要分析偏工况时模型泵空化形态随空化数的发展过程,图 6.14 给出了 $1.2Q_d$ 工况下空化形态的演变过程。

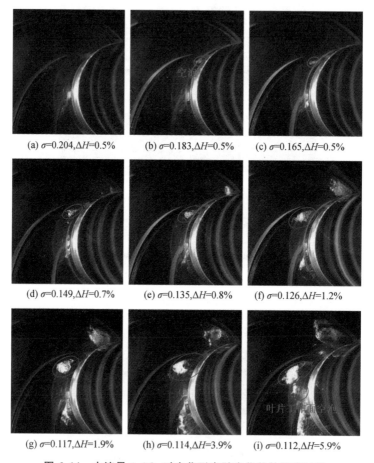

(a) $\sigma=0.204, \Delta H=0.5\%$　　(b) $\sigma=0.183, \Delta H=0.5\%$　　(c) $\sigma=0.165, \Delta H=0.5\%$

(d) $\sigma=0.149, \Delta H=0.7\%$　　(e) $\sigma=0.135, \Delta H=0.8\%$　　(f) $\sigma=0.126, \Delta H=1.2\%$

(g) $\sigma=0.117, \Delta H=1.9\%$　　(h) $\sigma=0.114, \Delta H=3.9\%$　　(i) $\sigma=0.112, \Delta H=5.9\%$

图 6.14　大流量 $1.2Q_d$ 时空化形态随空化数的演变过程

总体来看,大流量工况的空化演变特性和设计工况比较相似,在较高的空化数 $\sigma=0.204$ 时,叶片进口附近已经形成了明显、附着的片状空化。在空化数 $\sigma=0.183$ 时,已经可以清晰地观测到叶片背面的空化区域,并且由不同时刻的空化形态可知,此时部分空泡团将从主空化结构上脱落,从而形成云状空化的演变特性,进而诱发非稳态激励力,造成模型泵压力脉动、振动噪声能量的上升,该空化演变过程和设计工况Ⅱ区间内的空化发展过程类似。从空化数 $\sigma=0.183$ 到 $\sigma=0.126$,叶轮流道内的空化区域经历了不断变化的过程,向叶片出口和叶轮中间流道扩张,同时空化形态也经历了从云状空化到可压缩泡状空化的转变过程,与之对应的是此时模型泵的扬程降为 1.2%。继续降低空化数时,空化呈现出"爆炸式"增长,尤其在扬程临界空化点附近,空化区域迅速扩张,在空化数 $\sigma=0.112$ 时,空化已经完全发展到了叶片工作面上,堵塞了模型泵叶轮流道,造成模型泵扬程快速下降,此时的空化形态特性是形成了明显的纯汽相区和汽液混合两相区。由以上分析同样可以发现,在扬程临界空化点前,空化实际已经发展到比较严重的程度,此时叶轮流道内的空化区域已经占据了很大一部分流道,只是还未对泵的扬程造成显著的影响。

图 6.15 给出了 4 个不同工况下扬程临界空化点附近叶轮流道内的空化形态。在设计点及小流量 $0.9Q_d$ 工况时,可以在主空化结构中观测到空化涡的存在,而在大流量 $1.2Q_d$ 和 $1.4Q_d$ 工况时,叶轮流道内并没有出现空化涡现象。由此说明空化涡现象的产生不仅和空化数有直接关系,而且和模型泵的工况密切相关,大流量时,这种现象不易产生,因此可以推测这种空化涡的产生和叶轮进口的流动条件有关。

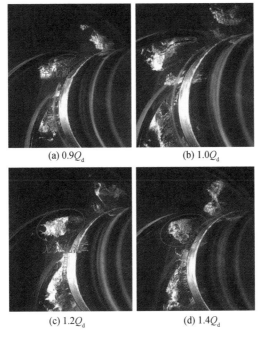

(a) $0.9Q_d$ (b) $1.0Q_d$

(c) $1.2Q_d$ (d) $1.4Q_d$

图 6.15 不同工况下空化涡形态特性

6.4 空化激励特性

离心泵内部产生空化时,空泡溃灭产生的激励力作用于叶片表面将造成模型泵振动噪声能量的快速上升,危害泵的稳定运行。工程中常规的空化判据为3%扬程下降点,然而由已经发表的研究成果可知该判据存在部分的不足,因为在3%扬程临界空化点前,空化实际上已经产生,并开始影响模型泵的压力脉动、振动特性,即使此时空化对扬程的影响并不显著。理论研究认为空泡的破灭具有随机性,单个空泡溃灭时,由于其周期极短[17,18],因此将释放出高频的脉动信号;空泡团周期性地脱落、溃灭时,将诱发低频激励信号。大部分研究皆关注空化诱发的高频激励信号特性,未能形成比较完整的空化诱导压力脉动、振动特性理论。本节将从空化诱导压力脉动、振动试验出发,分析空化演变过程所诱发的激励信号特性,同时结合空化可视化试验分析不同空化形态与激励特性之间的关系,阐述空化演变过程的激励特性。由于空化3%扬程降判据的局限性,最后希望从空化诱导压力脉动、振动角度出发,通过分析空化的相关激励特性,提供相应的判据准则,为空化的监测提供一种新的途径。

采用LMS振动测量系统对模型泵的振动加速度和压力脉动信号进行采集,试验过程中采样时间设置为3 s,采样间隔为0.5 s,采样分辨率为0.5 Hz。压力脉动测试时采样频段设置为0～10 000 Hz,由于空化将对整个频段的振动信号产生显著影响,因此振动信号采样频段设置为0～51 200 Hz。同时采用变频器以保证模型泵在不同工况下皆保持1 450 r/min的设计转速。

为了获得空化对压力脉动信号的影响,在模型泵的进口、蜗壳前腔体及出口处共布置10个压力脉动传感器(PCB113B27系列)。该型号压力脉动传感器的共振频率高达500 kHz,从而可以保证其在0～10 000 Hz频段内有足够的测量能力。与此同时,该型号传感器还具有极短的信号响应时间,其响应时间小于1 μs。压力脉动传感器的布置位置如图6.16所示,P1位于蜗壳的第Ⅷ断面,定义其角度为0°,从传感器P1到P7,相邻两个传感器之间的夹角为18°。

在模型泵的基脚、蜗壳隔舌、蜗壳第Ⅱ断面和蜗壳第Ⅳ断面处布置4个三向加速度传感器以获得空化诱发的振动信号,如图6.17所示,同时定义电机指向泵的进口为+y方向,蜗壳第Ⅷ断面指向第Ⅳ断面为+x方向,垂直地面向上为+z方向,各个传感器的位置及测量方向如表6.1所示。

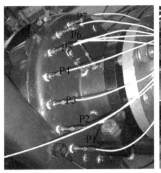

图 6.16　压力脉动传感器布置

图 6.17　振动加速度传感器位置

表 6.1　振动加速度传感器位置及测量方向

传感器	位置	测量方向
V1	基脚	x,y,z
V2	蜗壳隔舌	x,y,z
V3	蜗壳第 II 断面	x,y,z
V4	蜗壳第 IV 断面	x,y,z

离心泵内部出现空化时将对其水力性能产生影响,一般定义泵扬程的 3% 下降点为模型泵的临界空化点,此时的有效空化余量称为扬程临界空化余量,定义为 $\mathrm{NPSH_c}$。对于卧式单级单吸离心泵,其有效空化余量的计算方法如式(6.1)所示:

$$\mathrm{NPSH_a} = \frac{p_1 - p_V}{\rho g} + \frac{v_1^2}{2g} \qquad (6.1)$$

式中:p_1 为泵进口绝对静压值;p_V 为此时当地的汽化压力;v_1 为泵进口速度。

图 6.18 给出了不同工况下模型泵的空化性能曲线,从曲线可得:在较高的空化数 σ 下,模型泵的扬程基本保持不变,随着空化数的降低,模型泵的扬程呈现缓慢下降的趋势,达到临界空化点后,模型泵的性能迅速恶化,扬程呈现陡降特性。由图 6.19 不同工况临界空化余量可知,从 $0.8Q_d$ 到 $1.4Q_d$ 模型泵的临界空化余量 NPSH$_c$ 分别为 1.68 m,1.74 m,2.00 m,2.40 m,2.55 m,2.95 m,3.30 m,与之对应的空化数分别为 0.076,0.079,0.091,0.109,0.116,0.134,0.150,从 $0.9Q_d$ 到 $1.4Q_d$ 有效空化余量基本呈现线性变化的趋势。

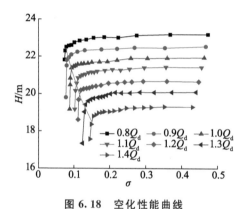

图 6.18 空化性能曲线

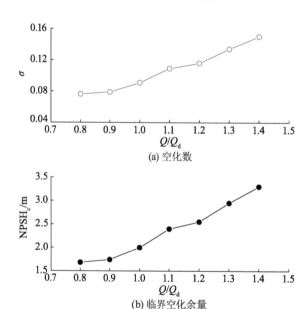

(a) 空化数

(b) 临界空化余量

图 6.19 不同工况临界空化余量

6.4.1 空化激励压力脉动特性

图 6.20 给出了设计点工况时不同空化数下 P3 测点处的压力脉动时域信号,可以看出:在空化初生阶段,少量空泡的产生、发展及溃灭过程对叶轮内部流场影响较小,同时其释放的高频压力波能量衰减较快,因此其对模型泵压力脉动的影响较小;随着空化数的降低,当模型泵扬程出现明显下降时,叶轮进口附近形成较大的空泡区域,这种大尺度空泡团不仅会阻塞叶轮部分流道,造成叶轮流场的畸变,而且其溃灭过程产生的低频压力波将对压力脉动信号产生显著影响。如图 6.20 所示,当空化严重时,压力脉动信号幅值大幅地上升,表明此时模型泵内部出现剧烈的压力波动。

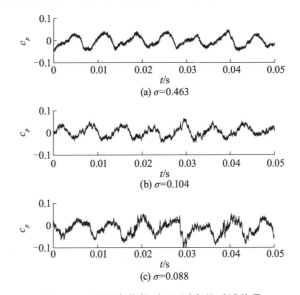

图 6.20 不同空化数时 P3 测点处时域信号

离心泵内部出现空化现象时,单个空泡的溃灭周期通常为微秒量级,因此其将形成 $10\sim100$ kHz 范围的高频激励信号。同时由于空化区域的非定常特性,其将随着叶轮的旋转作用而产生波动,该大幅波动将诱发低频压力脉动信号,由于空化的激励作用,压力脉动频谱中的轴频、叶频及其高次谐波信号同样会受到影响,或增强或减弱。图 6.21 给出了设计工况 $1.0Q_d$ 时,在 P3 测点处,随着空化数的降低,模型泵压力脉动频域信号的变化规律。由图可知:在非空化工况($\sigma=0.463$),压力脉动频谱中的信号还是以叶频为主,同时在其 2 倍高次谐波处也出现了比较明显的峰值信号;随着空化数的降低,即使在空化严重时模型泵的扬程已经出现了大幅降低,但压力脉动频谱中的主峰值信号依旧出现在叶频处,在高频段($f>1\ 000\ \text{Hz}$)没有观测到明显的峰值信号。虽然单个空泡产生的激励信号频率较高,通常大于 $10\ \text{kHz}$,但由于其能量衰减较快,因此其对压力脉动的影响较小,压力脉动频谱中没有出现相应的激励信号。由此可以得到:空化产生时,大尺度空泡团的非定常波动特性将对压力脉动特性产生显著影响。随着空化数的降低,叶频处的压力脉动幅值受到明显的影响,在严重空化($\sigma=0.088$)时,叶频处的压力脉动幅值几乎为非空化工况时的 1.7 倍,因此大尺度、大面积空泡区域的出现将诱发叶频处信号能量的快速上升。

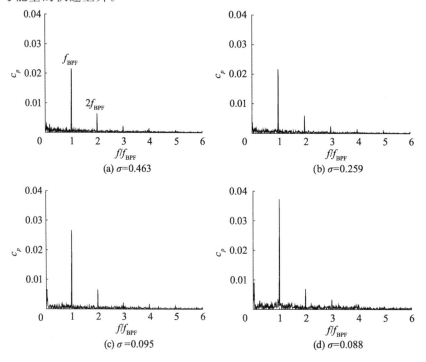

图 6.21　不同空化数时 P3 测点处频域信号

当离心泵内部出现空化现象时,由于空泡会堵塞部分叶轮流道,因此相应流道的过流能力将被削弱,从而造成该流道内流量的降低。试图进入该流道的部分流体将被排挤进入相邻的叶轮流道,从而造成相邻流道内的流速增加,低流量意味着该流道内将产生显著的压升现象,而在相邻的流道内,高流量将产生显著的压降现象。压升将有效地抑制空泡区域的进一步发展,而相邻流道的压降将造成该流道内空泡区域的扩大。因此,随着叶轮的旋转,空泡团将在不同的流道内传播,可能诱发旋转空化现象,该现象将在压力频谱中激励低频信号。旋转空化产生过程如图 6.22 所示。

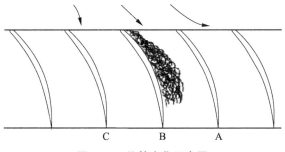

图 6.22　旋转空化示意图

图 6.23～图 6.25 给出了 3 种不同工况（$0.8Q_d$，$1.0Q_d$，$1.2Q_d$）下，随着空化数的降低，模型泵 P3 测点处的低频段压力脉动频谱特性。设计工况条件下（见图 6.24），在较高的空化数 $\sigma = 0.463$ 时，模型泵内部没有出现空化现象，此时低频段没有出现明显的主导峰值信号，较大幅值的信号出现在轴频处，但和叶频处幅值相比，其能量极低，说明叶轮/转轴系统的不对中度得到了很好的保证。随着空化数的降低，接近临界空化点 $\sigma = 0.095$ 时，在 $f = 5.0$ Hz 附近出现了明显的峰值信号。当空化数进一步降低至 $\sigma = 0.088$ 时，模型泵已经处于完全空化状态，叶轮流道内空泡区域较大，堵塞了部分流道。由于空泡区域呈现周期性地伸张/收缩波动状态，并且空泡团在不同的流道内传播，形成了类似旋转失速特性的旋转空化现象，该现象将诱发低频压力脉动信号出现。当空化数 $\sigma = 0.088$ 时，压力脉动频谱中也出现了 $f = 5.0$ Hz 左右的峰值信号，本书认为该信号是由旋转空化现象激励的。当模型泵工作在偏工况条件下，由图 6.23 和图 6.25 可知，在完全空化状态下，模型泵的压力脉动频谱中同样出现了 $f = 5.0$ Hz 左右的激励频率信号。因此可以总结：由于来流角度的变化，旋转失速现象一般出现在离心泵小流量工况下，在叶轮的吸力面形成失速团，而旋转空化现象则出现在各个工况下，其本质原因是空泡堵塞了部分流道，造成了空泡区域周期地伸张/收缩，并且在叶轮流道内传播，同时可以得到各个工况下其频率为 5.0 Hz 左右（$0.21f_n$）。

当离心泵内部出现空化现象时，由于空泡溃灭产生的冲击作用及空泡团阻塞效应对流场结构的影响，离心泵的压力脉动特性将受到显著的影响。图 6.26 给出了模型泵不同位置叶频处压力脉动幅值随空化数的变化规律。

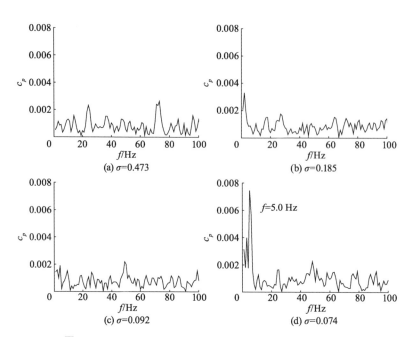

图 6.23 　0.8Q_d 工况下不同空化数时 P3 测点处低频信号

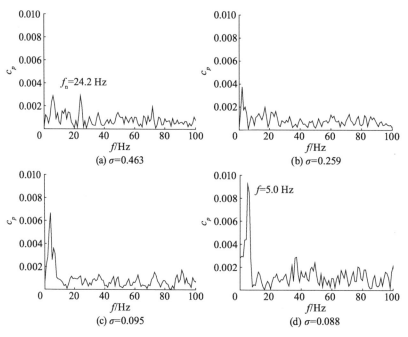

图 6.24 　1.0Q_d 工况下不同空化数时 P3 测点处低频信号

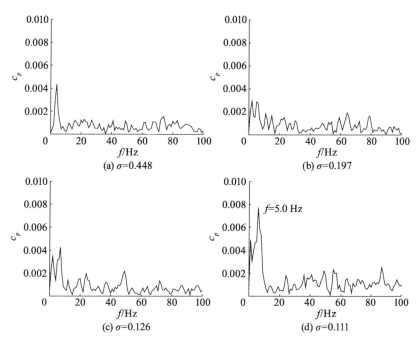

图 6.25　1.2Q_d 工况下不同空化数时 P3 测点处低频信号

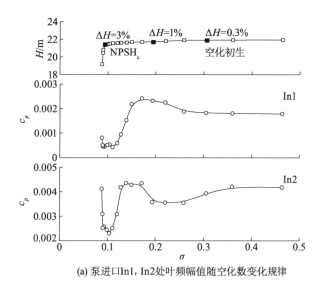

(a) 泵进口In1, In2处叶频幅值随空化数变化规律

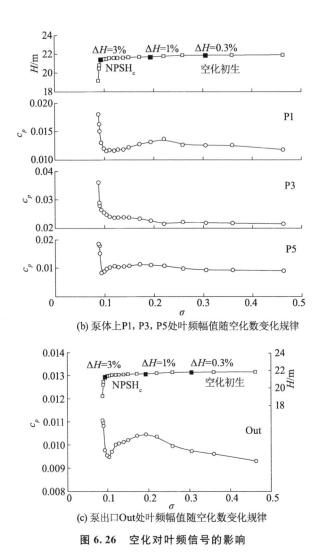

(b) 泵体上P1, P3, P5处叶频幅值随空化数变化规律

(c) 泵出口Out处叶频幅值随空化数变化规律

图 6.26　空化对叶频信号的影响

图 6.26a 为泵进口 In1,In2 处叶频幅值随空化数的变化规律。很明显，在空化数 $\sigma=0.305$ 之前，模型泵内部压力较高，叶轮内没有出现明显的空泡，此时叶频处压力脉动幅值基本不受影响，保持不变。当空化数 $\sigma=0.305$ 时，叶轮内部开始出现少量的小尺度空泡，模型泵的扬程基本不受影响，此时扬程降为 0.3%，可以定义此时为空化初生状态，空化数 $\sigma=0.305$ 为初生空化数。受小尺度空泡溃灭产生的高频冲击作用影响，此时叶频处幅值出现波动，In1 点处叶频幅值开始小幅上升，而相反的 In2 点处叶频幅值则出现下降现象。随着空化数的进一步降低，当 $\sigma=0.194$ 时，模型泵的扬程下降了 1%，

在叶片进口附近形成稳定的空泡区域,并且附着在叶片背面上,形成片状空化形态。在 In1 点处,叶频处压力脉动幅值达到极大值点,而在 In2 点处,极大值点出现在空化数 $\sigma = 0.150$ 处。从 In1 和 In2 点处叶频压力脉动幅值变化规律可知,在通常的扬程临界点之前,离心泵压力脉动能量已经开始明显上升。随着空化数的进一步降低,从 $\sigma = 0.150$ 到 $\sigma = 0.091$,测点处的压力脉动能量呈现急剧下降的现象,由于空泡区域的不断发展,此时叶轮流道已经被空泡局部堵塞,导致模型泵的扬程开始下降。当 $\sigma = 0.091$ 时,模型泵扬程降为 3%,此时达到通常认为的扬程临界空化状态,在临界空化点附近压力脉动能量达到极小值。同时还发现,在 $\sigma = 0.091$ 时,压力脉动幅值小于未空化时 $\sigma = 0.463$ 的背景噪声值,因此未空化工况的背景噪声主要由叶片上的非定常激励力引起。当空化数继续减小时,从 $\sigma = 0.091$ 到 $\sigma = 0.088$,测点处的压力脉动能量又开始急剧上升。

图 6.26b 为泵体上 P1,P3,P5 处叶频幅值随空化数的变化规律。当空化数 $\sigma = 0.305$ 时,P1 和 P5 点的压力脉动幅值开始受到影响,并且随着空化数的降低,其压力脉动幅值呈现缓慢上升的趋势,约在空化数 $\sigma = 0.194$ 时达到极大值。但 P3 点随着空化数从 $\sigma = 0.305$ 到 $\sigma = 0.194$ 并没有出现幅值明显上升的现象,其压力脉动幅值呈小幅波动状态,基本保持不变。之后随着空化数的进一步降低,不同测点的压力脉动幅值呈现先缓慢减小,之后又快速上升的过程,并且在临界空化点 $\sigma = 0.091$ 附近达到极小值。泵体上测点的压力脉动幅值随空化数的整体变化趋势与泵进口测点 In1 和 In2 类似。

图 6.26c 为泵出口测点处叶频幅值随空化数的变化规律。研究证实空化一般出现在叶轮进口,泵出口虽然距离叶轮进口较远,但空泡溃灭诱发的压力波动依旧会对泵出口处测点的压力脉动能量产生影响。从图 6.26c 可知,随着空化数的降低,泵出口处测点的压力脉动幅值同样遵循先上升、后下降、之后又急剧上升的变化规律。

由图 6.21 可知,不同空化数时,模型泵压力脉动频谱的峰值信号基本处于 0~1 000 Hz 范围内,即使在完全空化状态($\sigma = 0.088$),压力脉动频谱的峰值信号依旧处于 0~500 Hz 频段内。因此,为了分析空化对压力脉动能量的整体影响规律,采用 RMS 方法对 0~500 Hz 频段范围内的压力脉动频谱能量进行评估,图 6.27 给出了模型泵不同测点处的压力脉动能量随空化数的变化规律。

$$RMS = \frac{1.63}{2} \sqrt{\frac{1}{2}\left(\frac{1}{2}A_0^2 + \sum_{n=2}^{n-1} A_{n-1}^2 + \frac{1}{2}A_n^2\right)} \tag{6.2}$$

$$RMS^* = \frac{RMS}{0.5\rho u_2^2} \tag{6.3}$$

　　泵进口测点对初生空化较为敏感,随着小尺度空泡的出现,压力脉动能量响应迅速,呈现上升趋势,之后的变化趋势和叶频处压力脉动幅值的变化特性一致。在临界空化点($\sigma=0.091$)前,泵体上测点对空化的出现反应不敏感,压力脉动能量基本保持不变;在临界空化点后,即扬程断裂点,泵体上不同测点 $0\sim500$ Hz 频段范围内的能量同样出现急剧上升的状态。蜗壳 Out 测点处同样对初生空化较为敏感,其压力脉动能量变化规律和叶频处幅值变化特性基本一致。

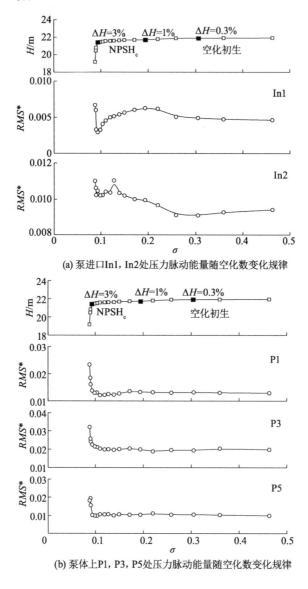

(a) 泵进口In1, In2处压力脉动能量随空化数变化规律

(b) 泵体上P1, P3, P5处压力脉动能量随空化数变化规律

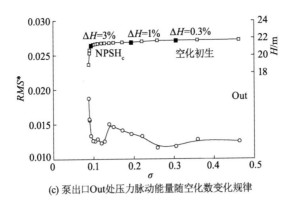

(c) 泵出口Out处压力脉动能量随空化数变化规律

图 6.27 空化对 0～500 Hz 频段内压力脉动能量的影响

由前面的分析可知,随着空化数的降低,不同工况下皆会产生旋转空化现象,空泡堵塞了部分叶轮流道,同时空泡区域周期性地伸张/收缩,并且在叶轮流道内传播,在压力脉动频谱中激励出 5.0 Hz$(0.21f_n)$左右的低频峰值信号。为了研究空化现象对压力脉动频谱低频段信号的影响,图 6.28 给出了模型泵不同测点处 0～20 Hz 频段范围内压力脉动能量随空化数的变化规律。由图可知:从空化初生 $\sigma=0.305$ 到临界空化点 $\sigma=0.091$,不同测点处的压力脉动能量呈现小幅波动状态,基本保持不变,说明此时空化的产生并未能激励出低频压力信号;当空化数进一步降低,此时模型泵叶轮内出现了大面积的空泡团,由于空泡群对流道堵塞作用显著,导致泵扬程出现断裂现象,同时空泡的堵塞作用也造成了叶轮各个流道流量分配不均,易诱发相邻流道的压力陡降,最终促使该流道内的空泡进一步发展、扩大,形成旋转空化现象;当空化数 $\sigma<0.091$ 时,压力脉动能量同样出现了急剧上升的现象,这也证实了此时模型泵内部出现了由旋转空化诱发的激励信号,从而导致了 0～20 Hz 频段压力脉动能量的陡升。由图 6.26 的结果还可知,旋转空化的产生条件为空化数降低到临界空化点后,叶轮流道被部分堵塞,叶轮内部出现了完全空化状态。

由模型泵不同测点叶频处压力脉动幅值、0～500 Hz 及 0～20 Hz 频段内压力脉动能量随空化数的变化规律可知,不同测点对空化初生的响应各不相同,模型泵进口及出口处的测点对初生空化较为敏感,随着空泡的出现,其压力脉动能量受到显著影响。但泵体侧面测点对初生空化现象的反应不敏感,在临界空化点前,其压力脉动能量处于小幅波动状态,基本保持不变。随着空化数的降低,模型泵的压力脉动能量基本遵循先上升、后下降、之后又快速上升的变化趋势,这种压力脉动能量的变化特性和叶轮内部空化形态密切相关。

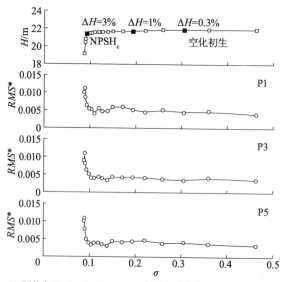

(a) 泵体上P1, P3, P5处0~20 Hz频段内压力脉动能量随空化数变化规律

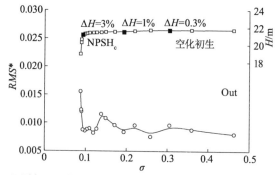

(b) 泵出口Out处0~20 Hz频段内压力脉动能量随空化数变化规律

图 6.28　0～20 Hz 频段内压力脉动能量随空化数变化规律

　　随着空化数的降低,在初生空化状态($\sigma=0.305$),叶轮内部出现了小尺度空泡,这种游移型空泡随着主流向叶轮出口运动,并在高压区溃灭。当空化数继续降低至 $\sigma=0.194$ 时,在叶片进口边形成稳定的片状空泡区,这种大尺度空泡区域的波动及溃灭都将诱发低频压力脉动信号,从而造成压力脉动能量的上升,同时大尺度片状空泡区域的部分阻塞作用也导致模型泵的扬程开始下降。当空化数进一步降低时,从 $\sigma=0.194$ 到 $\sigma=0.091$,叶轮内部的空化状态出现明显改变,从几乎不可压缩的片状空化形态转变为具有可压缩性的泡状空化形态,此时大尺度空泡团溃灭产生的低频能量将被可压缩性泡状空泡两相流区吸收、弱化,造成该空化数区间内压力脉动能量呈现下降的趋势。

当空化数降低到临界空化点后，空泡区域呈现"爆炸式"增长，空泡区域急速向叶轮中间流道、叶轮出口方向甚至叶片工作面发展，此时叶轮内部形成明显的汽/液两相交界面，空泡区域的可压缩性变弱，空泡溃灭释放的压力能量无法被削弱，导致模型泵的压力脉动能量又开始迅速上升。

为了分析不同流量对空化诱导压力脉动特性的影响，图 6.29 给出了 P3 和 Out 测点处不同流量下叶频幅值随空化数的变化规律特性曲线，图中黑色实心点表示不同流量的扬程临界空化点 NPSH$_c$。由图 6.29a P3 测点压力脉动幅值随空化数的变化结果可知，不同流量下的叶频幅值变化特性基本一致，在较高空化数时，叶频幅值基本不变，在达到临界空化点前，叶频幅值已经开始快速上升，该现象在 1.4Q_d 时尤为明显。之后在空化数低于临界空化点时，不同流量下的叶频幅值皆呈现急剧上升的趋势，该现象和设计点叶频幅值的变化规律一致。

图 6.29b 给出了 Out 测点处不同流量下叶频幅值随空化数的变化规律。在小流量 0.8Q_d、0.9Q_d 及设计流量 1.0Q_d 时，叶频幅值变化规律基本一致，并且也和 P3 测点的变化规律一致。耐人寻味的是，在大流量 $Q>1.0Q_d$ 时，空化对叶频幅值的影响则不同于小流量时。

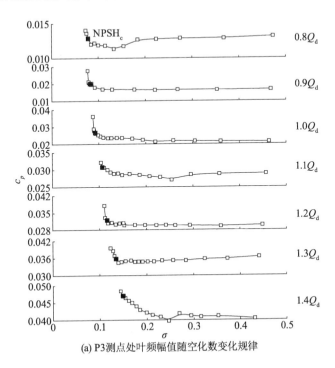

(a) P3测点处叶频幅值随空化数变化规律

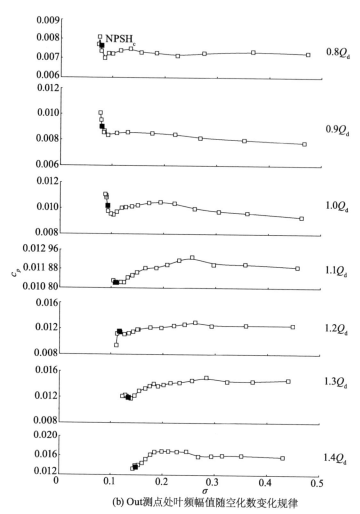

(b) Out测点处叶频幅值随空化数变化规律

图 6.29　不同流量下叶频幅值随空化数变化规律

从图 6.29b 中可以明显地发现：小流量时，在临界空化点后，叶频幅值呈现陡升现象，而该现象在大流量时则没有被观测到，尤其在 $1.2Q_d$ 和 $1.4Q_d$，在临界空化点前后，叶频幅值皆呈现不断下降的趋势。本书认为该现象的产生原因如下：大流量时，叶轮内部的压力小于小流量时，因此空泡更易产生，同时也更加容易发展。在小流量工况下，随着空化数的降低，叶轮内部空化一般遵循空化初生、片状空化、可压缩泡状空化和不可压缩气液两相空泡区域的变化规律，各空化形态有明显的分界。而在大流量工况下，由于空泡发展得更加迅速，片状空化之后的空化形态可能没有明显的分界，同时空化对不同位置测点的影响也不同，具有可压缩性空泡区域对压力脉动的弱化作用在较远的蜗壳出口 Out 处更加明显。在离叶轮较远时,压力脉动能量经历了更长的衰减过程,能量损失更多,从而导致了大流量工况 Out 处在临界空化点后叶频幅值没有出现陡升现象。

图 6.30 给出了 0~500 Hz 频段内 P3 和 Out 测点处压力脉动能量随空化数的变化规律,可以看出:P3 测点处 0~500 Hz 频段内的压力脉动能量变化规律和图 6.29a 中叶频处幅值变化规律一致;小流量时,Out 测点处的压力脉动能量变化规律基本和图 6.29b 中叶频处幅值变化规律一致;大流量时,在临界空化点前,随着空化数的降低,压力脉动呈现大幅波动状态,同时在临界空化点后,压力脉动能量也呈现陡升现象,该变化规律和 Out 测点叶频处变化特性相反,也就意味着大流量工况下,在完全空化时,频谱中出现了其他高能量的激励频率。

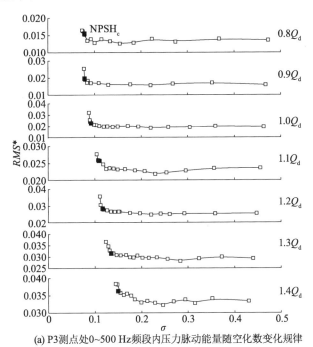

(a) P3测点处0~500 Hz频段内压力脉动能量随空化数变化规律

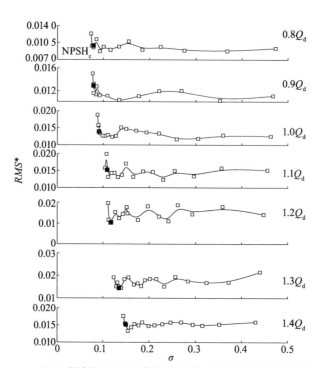

(b) Out测点处0~500 Hz频段内压力脉动能量随空化数变化规律

图6.30 不同流量下0~500 Hz频段内压力脉动能量随空化数变化规律

6.4.2 空化激励振动特性

空泡的剧烈破裂、溃灭将产生空化噪声,同时当空泡在附近的固体表面溃灭时将造成材料破坏。单个空泡被压缩破灭所产生的冲击压力 p_A 与空泡体积的二阶微分关系为

$$p_A = \frac{\rho_l}{4\pi l} \frac{dV^2}{d^2 t} \tag{6.4}$$

式中:l 为测量点到空泡中心点的距离,当空泡直径达到其最小值时,产生的噪声辐射值最大。

空泡破裂的脉冲强度 I 定义为

$$I = \int_{t_1}^{t_2} p_A dt \tag{6.5}$$

$$I^* = 4\pi I l / (\rho_l U_\infty R_H) \tag{6.6}$$

式中:U_∞ 为流动中的参考速度;R_H 为参考长度。

假设空泡群的破灭在时间上呈随机分布,若每次空泡破灭的声冲击可以用 I 表示,每个单位时间内空泡破灭次数为 $\dot{N}_E$,则声压级 P_S 为

$$P_S = I \dot{N}_E \tag{6.7}$$

研究证实,单个空泡的冲击能量与空泡破裂前的最大体积密切相关,因此 I^* 为

$$I^* = \frac{1}{U_\infty R_H^2} \left[\left(\frac{dV}{dt} \right)_{t_2} - \left(\frac{dV}{dt} \right)_{t_1} \right] \tag{6.8}$$

如果 t_1 时刻的空泡半径为 R_x,液体中的压力系数用 c_{px} 表示,则 I^* 为

$$I^* \approx 8\pi \left(\frac{R_x}{R_H} \right) (c_{px} - \sigma)^{1/2} \tag{6.9}$$

一般情况下 $R_x/R_H = 0.62$,R_M 为最大体积当量半径,且 $(c_{px} - \sigma) \propto R_x/R_H$,因此

$$I^* = \beta \left(\frac{R_M}{R_H} \right)^{5/2} \tag{6.10}$$

式中:$\beta \approx 35$。

因此,空泡冲击强度 I 为

$$I \approx \frac{\beta}{12} \rho_l U_\infty R_M^{5/2} / (l R_H^{1/2}) \tag{6.11}$$

经典空化理论认为,离心泵叶轮内空泡的溃灭是随机的,空泡及空泡团溃灭时的直径大小各异,大空泡团将诱发低频激励信号,而小空泡破灭时将激励高频信号,因此离心泵叶轮内空化的产生将诱发宽频振动信号,空化将影响全频段的振动信号[19,20]。试验中为了研究空化对离心泵振动特性的影响,将振动传感器频带测量范围设置为 $0 \sim 51\ 200$ Hz,从而可以详细地分析空化诱导振动特性。

图 6.31 给出了不同工况下 V1 测点沿 x 方向空化前后振动频谱对比特性。从图中可知,在完全空化状态下($\Delta H > 3\%$),模型泵的振动能量大于未空化状态下的振动能量,空化对全频段振动信号皆产生了显著的影响,尤其在振动频谱的高频段($f > 10\ 000$ Hz),振动能量上升较为明显。由空化前后振动频谱信号可知,空泡的溃灭呈现随机特性,将产生频率各异的宽带噪声信号,进而影响到全频段频谱特性。为了分析空化对不同频段振动信号的影响规律,现将振动频谱划分为 4 个不同频段来进行研究,分别为频段 Ⅰ($10 \sim 500$ Hz)、Ⅱ($500 \sim 10\ 000$ Hz)、Ⅲ($10\ 000 \sim 25\ 000$ Hz)、Ⅳ($25\ 000 \sim 51\ 200$ Hz)。

图 6.32 给出了设计工况下不同频段振动能量均方根值 RMS[见公式(6.2)]在不同测量方向上随空化数的变化特性曲线。由于 V1 测点在模型泵基脚上,相比其他测点其振动能量值较低,因此为了方便分析,图中只给出了 V2~V4 测点处的振动能量均方根值曲线。

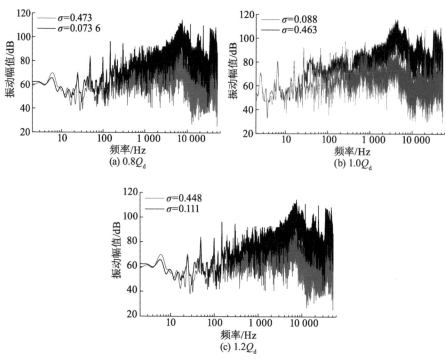

图 6.31　不同工况下 V1 测点 x 方向空化前后频谱对比

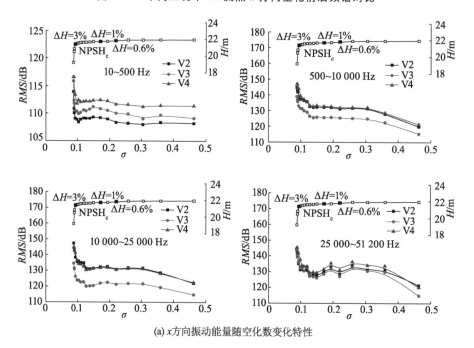

(a) x 方向振动能量随空化数变化特性

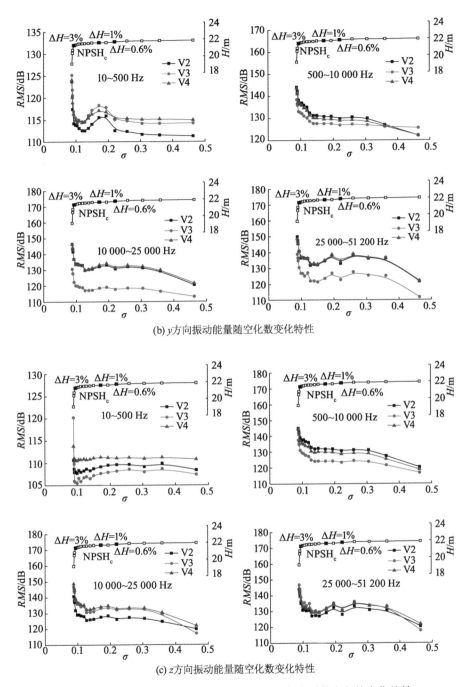

(b) y方向振动能量随空化数变化特性

(c) z方向振动能量随空化数变化特性

图 6.32　1.0Q_d 工况下不同频段振动能量沿各个测量方向的变化特性

由振动能量沿 x 测量方向的变化特性可知,在较高的有效空化余量条件下,10～500 Hz 频段内的振动能量一开始几乎保持不变,而高频段(500～10 000 Hz,10 000～25 000 Hz,25 000～51 200 Hz)振动能量对模型泵进口压降反应非常灵敏,振动能量随着进口压力的降低呈现不断上升的趋势。从空化数 $\sigma=0.463$ 到 $\sigma=0.305$,不同测点处高频段振动能量平均分别上升 10.5 dB,8.3 dB,12.8 dB,此时模型泵的扬程几乎不受任何影响。因此可以推测:即使在未空化状态下,降低离心泵的进口压力同样会影响模型泵的振动特性,并造成模型泵振动能量的上升。之后随着空化数的降低,从 $\sigma=0.305$ 到 $\sigma=0.171$,各个频段内的振动能量呈现小幅波动状态,几乎保持不变,而此时模型泵的扬程下降了 1%。随着空化数的继续降低,从 $\sigma=0.171$ 到 $\sigma=0.120$ 附近,模型泵的振动能量呈现微弱下降趋势,这种现象在高频段(25 000～51 200 Hz)比较显著,而此时模型泵的扬程降还未到 3% 扬程临界空化点。当空化数 $\sigma=0.091$ 时,模型泵的扬程降为 3%,达到通常意义上的扬程临界空化余量点 $\mathrm{NPSH_c}$,然而由振动能量趋势可知,从未空化状态 $\sigma=0.463$ 到临界空化点 $\sigma=0.091$,不同频段振动能量平均分别上升了 2.6 dB,22.0 dB,18.9 dB,20.0 dB。之后当空化数 $\sigma<0.091$ 时,模型泵振动能量呈现急剧上升的趋势。由振动能量变化特性可知,在 3% 扬程临界空化余量点之前,空化已经开始显著地影响模型泵的振动能量,因此 3% 临界空化点的空化判据不能有效地反映出模型泵空化诱发振动能量的变化特性。

由振动能量沿 y 测量方向的变化特性可知,高频段(500～10 000 Hz,10 000～25 000 Hz,25 000～51 200 Hz)振动能量的变化趋势和 x 方向上的振动能量变化基本一致,振动能量遵循先上升、后略微下降、之后快速上升的趋势。然而低频段(10～500 Hz)振动能量的变化趋势则呈现与 x 方向截然不同的变化特性。在较高的有效空化余量条件下,从空化数 $\sigma=0.463$ 到 $\sigma=0.220$,振动能量基本保持不变,而模型泵扬程下降了 0.6%。随着模型泵进口压力的降低,当空化数降低到 $\sigma=0.171$ 时,振动能量呈现突然上升趋势,从未空化到 $\sigma=0.171$,3 个测点处振动能量平均增加了 3.5 dB,此时模型泵的扬程下降了 1%。随着空化数的进一步降低,从 $\sigma=0.171$ 到 $\sigma=0.120$ 附近,振动能量又经历了快速下降的过程,并且达到一个极小值点。从 $\sigma=0.120$ 到临界空化点 $\sigma=0.091$,模型泵振动能量上升较为缓慢,当空化数 $\sigma<0.091$ 时,不同测点的振动能量随着空化数的降低开始急速上升。由振动能量变化特性总结可得:低频段振动能量随着空化数的降低呈现先保持不变、后上升、然后下降、最后又快速上升的 4 个明显不同的阶段。

由振动能量沿 z 测量方向的变化特性可知,不同频段振动能量的变化特

性基本和 x 方向一致,低频段振动能量经历先保持不变、之后略微下降、最后快速上升的过程;而高频段振动能量大致呈现先上升、后微弱波动、然后下降、最后急速上升的几个变化阶段。

为了研究不同工况下空化对振动特性的影响,图 6.33 给出了 $0.8Q_d$ 和 $1.2Q_d$ 工况下 V2 测点处振动能量随空化数的变化特性曲线。在大流量 $1.2Q_d$ 工况下,不同频段振动能量的变化规律基本和设计工况一致,低频段 (10~500 Hz) 振动能量沿 y 测量方向同样呈现先保持不变、后上升、然后下降、最后又急速上升的变化过程,在振动能量的极大值点,模型泵扬程下降约为 1%。相比于设计工况,高频段(25 000~51 200 Hz)振动能量在临界空化点前呈现大幅度波动现象。可以推测,随着空化数的降低,在大流量工况时叶轮内部的空泡发展过程呈现强不稳定特性,这种强烈的不稳定发展过程将造成振动能量的波动,也可以认为在大流量工况,随着空化数的降低,各个空化阶段的空化形态之间的分界比较模糊。

在小流量 $0.8Q_d$ 工况下,振动能量的变化趋势和设计工况相近,同样可以观测到低频段(10~500 Hz)振动能量的几个不同变化阶段,在振动能量的极大值点,模型泵扬程下降约为 0.8%。

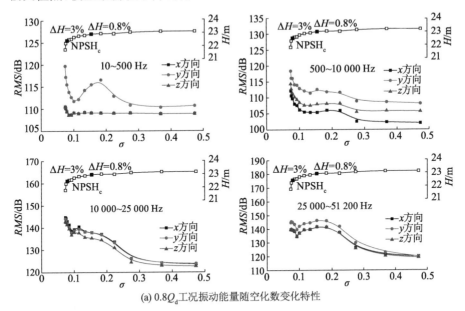

(a) $0.8Q_d$ 工况振动能量随空化数变化特性

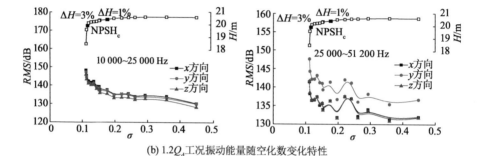

(b) $1.2Q_d$ 工况振动能量随空化数变化特性

图 6.33　偏工况下 V2 测点处振动能量随空化数变化特性

值得关注的是,和设计点相比,小流量工况下的高频段(10 000~25 000 Hz,25 000~51 200 Hz)振动能量呈现出明显不同的变化特征。在空化数 $\sigma=0.275$ 时,振动能量存在一个突然上升的拐点,该现象在设计点及大流量工况下并没有出现。同时,与大流量工况相比,高频段振动能量随空化数的变化曲线更加平滑稳定,该现象说明了小流量工况的空化区域、形态比较稳定,随着空化数的降低,各个空化阶段的空化形态界限分明。

由以上分析结果可知,随着空化数的降低,空化对不同频段、不同测量方向上的振动能量影响各异,空化不同阶段的空泡形态各异,因此其对振动能量的影响差异显著。y 测量方向上,低频段(10~500 Hz)振动能量对不同阶段的空化响应灵敏,随着空化数的降低,其呈现先不变、后上升、然后下降、最后又快速上升的 4 个典型的变化阶段。因此,为了分析空化对低频信号的影响,探索低频段信号对不同空化阶段的响应特性,现将传统意义上的 0~1 000 Hz 低频段信号再次进行划分,得到 10~300 Hz,300~500 Hz,500~700 Hz,700~1 000 Hz 共 4 个频段,详细分析空化诱发低频振动特性。图 6.34 给出了不同测点 y 测量方向上不同低频段振动能量随空化数的变化特性。

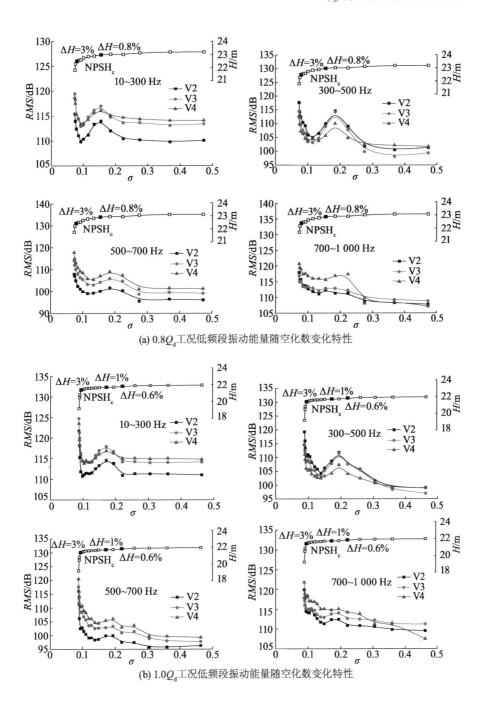

(a) 0.8Q_d工况低频段振动能量随空化数变化特性

(b) 1.0Q_d工况低频段振动能量随空化数变化特性

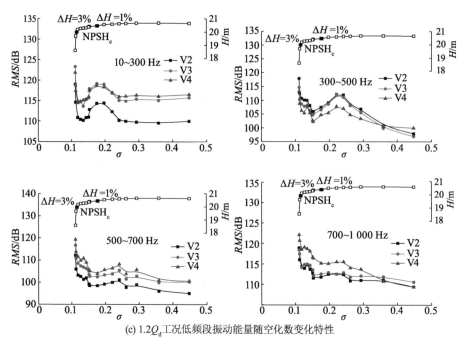

(c) 1.2Q_d工况低频段振动能量随空化数变化特性

图 6.34　y 测量方向上低频段振动能量随空化数变化特性

由设计点不同频段振动能量的变化趋势可知,500～700 Hz,700～1 000 Hz 频段的振动能量变化规律和高频段 10 000～25 000 Hz,25 000～51 200 Hz 的振动能量变化规律基本一致。而 10～300 Hz,300～500 Hz 频段内的振动能量变化曲线和 10～500 Hz 频段内的振动能量变化曲线相近,但 300～500 Hz 频段内振动能量迅速上升的拐点开始于空化数 $\sigma = 0.305$,远早于 10～500 Hz 频段内振动能量迅速上升的拐点空化数 $\sigma = 0.220$。在大流量 1.2Q_d 工况下,各个频段振动能量的变化规律和设计点基本一致。在小流量 0.8Q_d 工况下,10～300 Hz,300～500 Hz 频段内的振动能量变化规律和设计工况的变化规律一致。然而 500～700 Hz 频段内的振动能量变化规律则存在明显的差异,其呈现先不变、后上升、然后下降、最后又快速上升的过程。由以上结果总结可得:在不同工况下,10～500 Hz 频段内的振动信号对不同阶段空化特征的响应较为敏感,其可以有效地反映空化过程对振动能量特性的影响。

由以上分析可知,低频段的振动能量存在先保持不变、后上升、然后下降、最后又快速上升的过程,该现象和空化形态特性密切相关。由空化可视化、压力脉动能量特性分析可知,随着空化数的降低,不同阶段的空化形态各异,呈现不同的可压缩特性。当空泡区域的可压缩性较强时,由于空泡区域可以吸收、弱化空泡溃灭产生的部分能量,因此将造成振动能量的下降。当空泡区域不可压缩时,空泡溃灭所释放的能量无法被有效地削弱,最终又导致振动能量出现急速上升的现象。因此,空泡形态的变化特性将导致振动能量特性的改变,而这种变化对低频段振动信号影响显著。

图 6.35 给出了设计工况下 3 个不同测点振动能量随空化数的变化特性[见公式(6.12)],可以看出:振动能量的变化特性和 y 方向上振动能量的变化趋势基本一致,高频段(500~10 000 Hz,10 000~25 000 Hz,25 000~51 200 Hz)振动能量呈现先上升、后保持不变、之后又快速上升的过程;而低频段(10~500 Hz)振动能量则呈现先保持不变、后上升、之后下降、最后又快速上升的现象。

$$E=\sqrt{\frac{RMS_x^2+RMS_y^2+RMS_z^2}{3}} \tag{6.12}$$

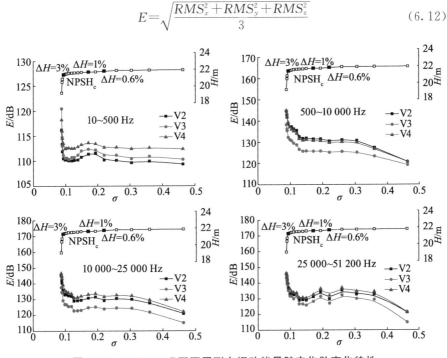

图 6.35　1.0Q_d 工况下不同测点振动能量随空化数变化特性

通常情况下,研究者认为空化对高频振动信号影响显著,而对低频振动信号影响微弱,Mcnulty 等[21]在空化诱导振动噪声研究中将低于 1 000 Hz 的噪声信号进行了滤波处理,认为空化对其基本不产生影响。因此,为了研究不同工况下空化过程对低频振动信号的影响特性,图 6.36 给出了不同工况下 V2 测点 y 方向上 10~500 Hz 频段内振动能量随空化数的变化曲线。较多的学者从空化对扬程的影响规律出发,认为当扬程下降 1% 时为空化初生状态,而从空化诱发振动角度出发,笔者认为在扬程下降 1% 前,振动能量已经开始上升，因此振动能量快速上升的拐点应该被认为是空化初生点（cavitation incipient point），如图 6.36 中实心圆点所示，此时各个工况下的扬程基本保持不变。

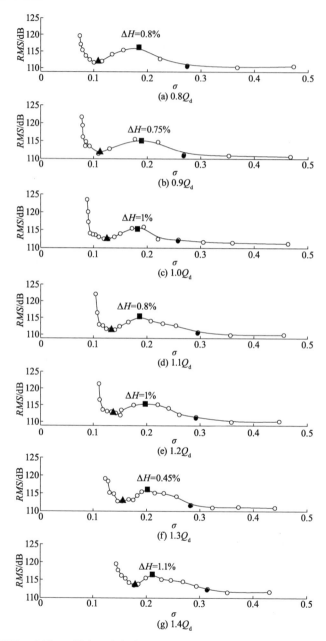

图 6.36　不同工况下 V2 测点 y 方向上 10～500 Hz 频段内振动能量随空化数变化特性

图 6.37 给出了不同工况下的振动初生空化数,由图可知,设计工况下的初生空化数最小,而在偏工况时,初生空化数不断增加,尤其在大流量工况,初生空化数呈现快速增加趋势。

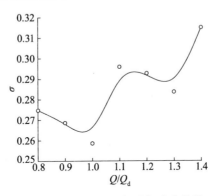

图 6.37　不同工况下振动初生空化数

在扬程临界空化数前,模型泵的振动能量已经开始上升,并且存在一个极大值点,从 $0.8Q_d$ 到 $1.4Q_d$,其扬程分别下降了 0.8%,0.75%,1%,0.8%,1%,0.45%,1.1%。可以看出,不同工况下扬程的降低基本在 1% 附近,且该扬程降低远小于通常认为的 3% 临界扬程下降点,而此时模型泵内部呈现完全空化状态。本书研究认为,当扬程下降 1% 左右时,振动能量已经存在一个极大值点,因此从空化诱导振动角度出发,可以认为 1% 扬程下降点是完全空化点,定义此点为振动临界空化数,如图 6.36 中实心方点所示。图 6.38 给出了振动临界空化数随流量的变化特性,由图可知,振动临界空化数在 $0.9Q_d$ 工况时达到最小值,偏离该工况点时,振动临界空化数呈现不断上升的趋势,且其变化曲线与 Q/Q_d 呈三次函数关系,即 $\sigma \propto (Q/Q_d)^3$。

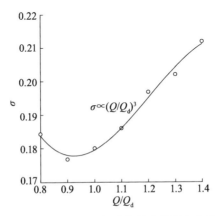

图 6.38　不同工况下振动临界空化数变化特性

当空化数继续降低时,振动能量达到极值点之后,开始呈现不断下降的趋势,由前面的分析可知,此时空化状态发生了转变,由不可压缩向具有一定压缩特性空化状态过渡。当振动能量达到极小值时,可以认为此时空化区域具有最大可压缩性,其可以显著地吸收空泡溃灭释放的冲击能量,因此定义此点为空化临界压缩点,而此时模型泵的扬程降仍未到3%临界点。图6.39给出了临界压缩点空化数随流量的变化特性,由图可知,临界压缩点空化数随着流量的增加呈现不断上升的趋势,且其变化曲线与Q/Q_d呈二次函数关系,即$\sigma \propto (Q/Q_\mathrm{d})^2$。

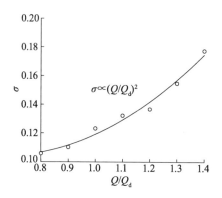

图 6.39　临界压缩点空化数随流量变化特性

由图6.36还可以看出,不同工况下振动能量极大值点到振动能量极小值点的变化过程快慢各异,也就意味着不同工况下空化状态变化过程的快慢不一。图6.40给出了不同工况下振动临界空化点和临界压缩点之间的空化数差值,由图可知,随着流量的增加,振动能量极大值点和极小值点之间的空化数差值先呈现减小的现象,之后在$1.0Q_\mathrm{d} \sim 1.2Q_\mathrm{d}$区间内呈现基本不变的特性,最后随着流量的增加开始迅速下降。由图可以总结:在小流量工况时,空化由不可压缩状态向可压缩状态转变需要经历较长的过程,而大流量工况下该过程则大大缩短。也就是说,在大流量工况下,随着空化数的降低,空化的发展速度远大于小流量工况时,由不可压缩空化状态到可压缩空化状态的转变过程更加迅速、短暂。

空化诱导振动研究的目的之一是为空化早期监测提供相应的措施,由前面的分析可知,在扬程3%临界空化点前,振动能量已经存在一个极大值点,图6.41给出了不同工况下未空化到振动临界空化点(即全空化状态)振动能量的增量。由图可得:不同工况下模型泵的振动增量为5 dB左右,在工程应用中,该振动能量的增量足以用来监测、判断空化的产生。

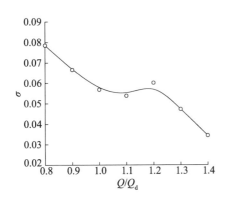

图 6.40　振动临界空化点和临界压缩点
　　　　空化数差值

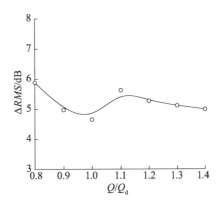

图 6.41　未空化到全空化的振动增量

由空化诱导振动可以总结：相较于常规 3% 扬程降的空化判据，从空化诱导振动角度出发，在 3% 扬程临界点前，模型泵的振动能量已经达到一个极大值点，此时空泡溃灭产生的作用力会破坏叶轮表面材料，严重时会形成空化现象，危害泵的稳定运行。低频段(10~500 Hz)振动能量对不同阶段的空化形态具有灵敏的响应特性，同时从未空化到全空化，振动能量上升了 5 dB 左右，可以有效地判定此时泵内部已经出现了较为严重的空化，因此振动信号可以为空化监测提供更加有效、超前的判据。

离心泵振动诱因较为复杂，主要包括水力因素及机械因素，当离心泵运行在空化状态下，空泡的生成、发展及溃灭过程释放的冲击能量作用在叶片上时，该激励力直接影响到模型泵的振动性能。因此，为了阐明空化诱导压力脉动及振动之间的关联特性，图 6.42 给出了 3 种不同工况下 P3 测点和 V2 测点 y 方向上压力脉动、振动能量的对比特性。

在小流量工况 $0.8Q_d$ 时，在较高的空化数条件($\sigma > 0.275$)下，振动能量及压力脉动能量都基本保持不变；当空化数继续下降($0.115 < \sigma < 0.275$)时，振动能量呈现先上升后下降的趋势，而压力脉动能量则呈现完全相反的变化特性；最后当空化数进一步减小时，振动和压力脉动能量皆呈现迅速上升的趋势，且振动和压力脉动能量急剧上升的拐点空化数基本一致。在设计工况 $1.0Q_d$ 时，振动能量的变化特性和小流量工况基本一致，但压力脉动能量的变化特性则不同于小流量工况。由图 6.42 可知，在空化数 $0.127 < \sigma < 0.220$ 时，压力脉动能量也呈现出微弱的先上升后下降的趋势，但其变化幅值没有振动能量明显。在大流量工况 $1.2Q_d$ 时，振动能量的变化趋势和小流量及设计工况基本一致，但压力脉动能量变化特性则异于前两种工况。由图 6.42 可

知,在空化数 0.151<σ<0.261 时,压力脉动能量呈现缓慢上升趋势。

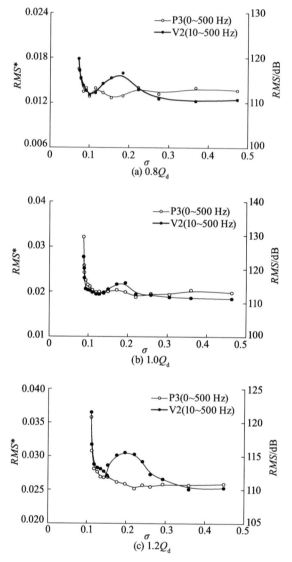

图 6.42　不同空化数条件下压力脉动、振动能量对比

　　由上述分析可以总结:在较大的空化数时,振动和压力脉动能量基本保持不变,而在很小的空化数条件下,振动和压力脉动能量皆出现急剧上升的趋势,且突然上升的拐点空化数基本一致。振动和压力脉动能量变化特性的差异体现在振动临界空化数前后,也就是笔者认为的空化状态转变过程(空化从可压缩到不可压缩的转变过程)。由此可以认为,在当前的测量方法下,

振动信号可以有效地响应空化状态的改变,而压力脉动信号则无法有效地反映空化状态特性的转变。而在很小的空化数下,空泡区域不再具有可压缩性,这时候振动和压力脉动信号对空化的响应特性基本一致。产生这种差异性的可能原因为:试验过程中,压力脉动传感器安装在靠近叶轮出口位置,而空化却发生在叶轮进口附近,空泡溃灭产生的压力波经过长距离的运动到达压力脉动传感器后,其能量衰减较为严重,尤其是高频信号的能量衰减更快,因此本试验中没有捕捉到空化激励的高频压力脉动信号。与此同时,压力脉动能量也没能有效地反映出空化状态的改变过程,因此空化诱导压力脉动特性与压力测量点的位置密切相关。

参考文献

［1］李忠.轴流泵内部空化流动的研究.镇江:江苏大学,2011.

［2］李晓俊.离心泵叶片前缘空化非定常流动机理及动力学特性研究.镇江:江苏大学,2013.

［3］张博,王国玉,黄彪,等.云状空化非定常脱落机理的数值与试验研究.力学学报,2009,41(5):651-658.

［4］杨敏官,孙鑫恺,高波,等.离心泵内部非定常空化流动特征的数值分析.江苏大学学报(自然科学版),2012,33(4):408-413.

［5］高波,孙鑫恺,杨敏官,等.离心泵内空化流动诱导非定常激励特性.机械工程学报,2014,50(16):199-205.

［6］李忠,杨敏官,姬恺,等.轴流泵叶顶间隙空化流可视化试验研究.工程热物理学报,2011,32(8):1315-1318.

［7］李忠,杨敏官,高波,等.空化诱发的轴流泵振动特性试验研究.工程热物理学报,2012,33(11):1888-1891.

［8］张博,王国玉,李向兵,等.绕水翼片状空化流动结构的数值与试验研究.工程热物理学报,2008,29(11):1847-1851.

［9］王海滨,魏英杰,王聪,等.水下潜射航行体片状空化的数值模拟研究.战术导弹技术,2007,2:10-15.

［10］赵伟国.水翼云空化及其控制机理研究.杭州:浙江大学,2011.

［11］张敏娣,王国玉,董子桥,等.绕水翼云状空化流动特性的研究.工程热物理学报,2008,29(1):71-74.

［12］Kuiper G. Types of cavitation:Bubble cavitation. Cavitation in Ship Propulsion,2010:28-34.

［13］王正伟,周凌九,黄源芳.尾水管涡带引起的不稳定流动计算与分

析. 清华大学学报(自然科学版), 2002, 42(12): 1647-1650.

[14] 杨静. 混流式水轮机尾水管空化流场研究. 北京: 中国农业大学, 2013.

[15] Zhang D S, Shi W D, (Bart)van Esch B P M, et al. Numerical and experimental investigation of tip leakage vortex trajectory and dynamics in an axial flow pump. Comput. Fluids, 2015, 112:61-71.

[16] Miorini R L, Wu H, Katz J. The internal structure of the tip leakage vortex within the rotor of an axial waterjet pump. J. Turbomach, 2012, 134(3):031018.

[17] 潘森森. 空化机理的近代研究. 力学进展, 1979(4):14-35.

[18] 杨庆, 张建民, 戴光清, 等. 空化机理和比尺效应综述. 水利水电科技进展, 2004, 24(2):59-62.

[19] 王勇, 刘厚林, 袁寿其, 等. 不同叶片包角离心泵空化振动和噪声特性. 排灌机械工程学报, 2013, 31(5):390-393.

[20] 王勇, 刘厚林, 袁寿其, 等. 离心泵非设计工况空化振动噪声的试验测试. 农业工程学报, 2012, 28(2):35-38.

[21] Mcnulty P J, Pearsall I S. Cavitation inception in pumps. ASME J. Fluids Eng, 1982, 104(1):99-104.

离心泵非定常激励力的控制研究

离心泵内复杂内流激励特性研究的重要目的是寻求泵内低噪声水力设计、控制的理论和方法。泵内流动结构复杂,目前仍未形成完善的低噪声水力设计理论,经过多年的研究,科研工作人员总结了部分有效的低噪声设计方法。本章拟针对离心泵内非定常激励特性的控制进行研究,分析面积比理论、口环间隙、尾迹控制、特殊结构叶轮和蜗壳对泵内流体激励力的影响,初步探索泵内非定常激励力的控制方法。

7.1 基于面积比理论的流体激励力控制

7.1.1 面积比基础理论

安德森(H. H. Anderson)于 1938 年首先提出泵的面积比原理[1]:叶轮出口叶片间的总面积 F_2 和压水室喉部面积 F_t 是控制泵性能的重要因素。

$$Y = \frac{F_2}{F_t} = \frac{\text{叶轮出口面积}}{\text{蜗壳喉部面积}} \tag{7.1}$$

其中 Y 是面积比,F_2 可以通过下面的近似公式求得:

$$F_2 = 0.95 D_2 \pi b_2 \sin \beta_2 \tag{7.2}$$

对于蜗壳喉部面积 F_t,当隔舌安放角 $\varphi = 0°$ 时,喉部面积等于第 Ⅷ 断面面积 F_8;当隔舌安放角 $\varphi > 0°$ 时,F_8 稍大于 F_t,两者相差很小,建议采用 F_8 替代 F_t。

(1) 喉部面积对泵性能的影响

设任意断面形状的蜗壳喉部的平均流速为 v_t,根据自由旋涡理论 $v_u r = \text{const}$ 可以写成 $v_t = \frac{1}{F_t} \int_{r_3}^{r_c} v_u b_3 \, \mathrm{d}r$,将 $v_u = \frac{v_{u2} r_2}{r}$ 代入可得[2]:

$$v_t = \frac{1}{F_t} \int_{r_3}^{r_c} \frac{v_{u2} r_2}{r} b_3 \, \mathrm{d}r = \frac{1}{F_t} v_{u2} r_2 \int_{r_3}^{r_c} b_3 \, \mathrm{d}r \tag{7.3}$$

若蜗壳宽度 b_3 和 r 无解析解关系,则可以利用图解积分近似求解。当断面为方形时,直接积分,假设 $r_3 = r_2$,则

$$v_t = \frac{\beta v_{u2} r_2}{b_3^2} \int_{r_2}^{r_2 + b_3} \frac{1}{r} \mathrm{d}r = \frac{v_{u2} r_2}{b_3} \ln \frac{r_2 + b_3}{r_2} = \frac{v_{u2} r_2}{b_3} \ln \left(1 + \frac{b_3}{r_2}\right) \tag{7.4}$$

或

$$\frac{v_t}{v_{u2}} = \frac{\ln\left(1 + \dfrac{2B}{D_2}\right)}{2B/D_2} = \frac{\ln\left(1 + \dfrac{2\sqrt{F_t}}{D_2}\right)}{2\sqrt{F_t}} \frac{\ln(1 + 2\sqrt{F_t})/D_2}{\sqrt{F_t}/D_2} \tag{7.5}$$

将式(7.5)的 v_{u2} 代入基本方程 $H_t = \dfrac{u_2 v_{u2}}{g}$,考虑到 $v_t = \dfrac{Q}{F_t}$,得

$$H_t = \frac{2\sqrt{F_t}/D_2}{\ln(1 + 2\sqrt{F_t}/D_2)} \frac{Q u_2}{g F_t} \tag{7.6}$$

为了直接说明蜗壳几何参数对泵特性的影响,进一步简化,设液体通过喉部面积的平均流速 v_t 为

$$v_t = \frac{Q}{F_t} \tag{7.7}$$

设 $v_t \approx v_{u3}$,又由 $v_t r_3 = v_{u2} r_2$ 得

$$H_t = \frac{u_2 v_{u2}}{g} = \frac{\omega r_2 v_{u2}}{g} = \frac{\omega}{g} \frac{Q}{F_t} r_3 \tag{7.8}$$

式中:r_3 为喉部中心到轴中心的距离。

对于既定的泵,r_3 和 F_t 为定值,于是上式写成

$$H_t = kQ, k = \frac{\omega}{g} \frac{1}{F_t} r_3 \tag{7.9}$$

改变 r_3 和 F_t 时,压水室特性(理论扬程 H_t)的变化如图 7.1 所示。

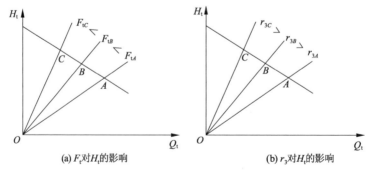

(a) F_t 对 H_t 的影响　　　　　　(b) r_3 对 H_t 的影响

图 7.1　喉部面积 F_t 及其中心半径 r_3 对泵特性的影响

（2）叶轮几何参数对泵性能的影响

设 $v_{u1}=0$，用几何参数表示叶轮的理论扬程为

$$H_t=\frac{u_2}{g}\left(\sigma u_2-\frac{Q_t}{\pi D_2 b_2 \psi_2 \tan\beta_2}\right) \tag{7.10}$$

式中：σ 为 Stodola 滑移系数，

$$\sigma=\frac{u_2-\Delta v_{u2}}{u_2} \tag{7.11}$$

用几何参数表示输入水力功率（轴功率减去机械损失功率），输入水力功率用来对通过叶轮的液体做功，可以写成

$$P'=P-P_m=\rho g Q_t H_t \tag{7.12}$$

式中：P 和 P_m 分别为泵轴功率和机械损失功率。

$$P'=\rho u_2 Q_t\left(\sigma u_2-\frac{Q_t}{\pi D_2 b_2 \psi_2 \tan\beta_2}\right) \tag{7.13}$$

由式（7.10）和式（7.13）可求得叶轮几何参数对泵扬程-流量曲线和功率-流量曲线的影响。为了研究 H_t-Q_t 曲线的陡降程度，设扬程-流量曲线的倾斜角为 ϕ。

$$\tan\phi=\frac{H_{t(Q=0)}}{Q_{t(Q=0)}}=\frac{\sigma u_2^2/g}{\sigma u_2 F_2/\cot\beta_2}=\frac{u_2\cot\beta_2}{gF_2}=\frac{n\cot\beta_2}{60gb_2\psi_2} \tag{7.14}$$

由式（7.14）可以看出 $b_2(\beta_2)$ 对扬程-流量曲线斜度的影响，如图 7.2 所示，$b_2(\beta_2)$ 越大，曲线越平。

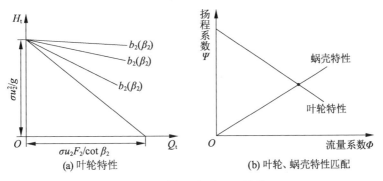

图 7.2 叶轮和蜗壳匹配特性

（3）叶轮与蜗壳的匹配特性

式（7.10）表示叶轮的做功特性，图 7.2b 中蜗壳特性和叶轮特性的交点为最佳匹配工况点，引入扬程系数 Ψ 和流量系数 Φ：

$$\Psi=\frac{gH_t}{u_2^2},\Phi=\frac{v_{m2}}{u_2} \tag{7.15}$$

则式(7.10)变为

$$\Psi = \sigma - \frac{\Phi}{\tan \beta_2} \tag{7.16}$$

式(7.6)变为

$$\Psi = \frac{2\sqrt{F_t/D_2}}{\ln(1+2\sqrt{F_t/D_2})} \frac{Q}{u_2 F_t} \tag{7.17}$$

将 $Q = \eta_v v_{m2} D_2 \pi b_2 \Psi_2 = \eta_v \Phi u_2 b_2 \Psi_2$ 代入上式可得

$$\Psi = \frac{2\eta_v \pi b_2 \Psi_2}{\sqrt{F_t}\ln(1+2\sqrt{F_t/D_2})} \Phi \tag{7.18}$$

将式(7.16)、式(7.18)联立求解,得

$$\Phi = \frac{\sigma}{\cot \beta_2 + \dfrac{2\eta_v \pi b_2 \Psi_2}{\sqrt{F_t}\ln(1+2\sqrt{F_t/D_2})}} \tag{7.19}$$

$$\Psi = \frac{2\eta_v \pi b_2 \Psi_2 \sigma}{2\eta_v \pi b_2 \Psi_2 + \sqrt{F_t}\cot \beta_2 \ln(1+2\sqrt{F_t/D_2})} \tag{7.20}$$

为获取不同比转速的面积比分布范围,本书对现有的 50 多台优秀水力模型的面积比进行了统计,得到了叶轮出口面积 S_2 与叶轮进口面积 S_0 之比和蜗壳进口面积 S_3 与叶轮出口面积 S_2 之比随比转速变化的规律,如图 7.3 所示。S_2/S_0 的大小实际上反映了叶轮轴面流道的扩散程度,轴面流道的变化规律是叶轮水力设计过程中最重要的内容之一;S_3/S_2 则表示叶轮与蜗壳间的相对径向间隙的大小。

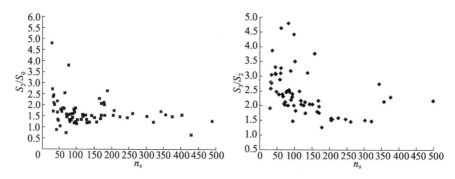

图 7.3　面积比随比转速变化的分布图

统计结果显示:在比转速 n_s 小于 200 的范围内,面积比 S_2/S_0 的取值范围较大,在 $1.0 \sim 3.0$ 之间;而当比转速大于 200 时,S_2/S_0 的值集中在 1.5 附近。S_3/S_2 随比转速的变化规律大致表现为随比转速的增加而逐渐减小。与 S_2/S_0 的统计规律类似,在中低比转速范围内,S_3/S_2 的分布范围较大,数值

离散在 1.5～5.0 之间;而当比转速大于 200 之后,除少数几个散点之外,其余
样本的 S_3/S_2 的值稳定在 1.5 左右。

由上述分析可知,在宽比转速范围内,高比转速的面积比取值相对较集
中,而中低比转速的面积比取值范围跨度较大,这就给设计人员进行参考设
计带来诸多不便。

7.1.2 面积比方案设计

为验证面积比对泵非定常激励特性的影响,搭建闭式试验台,对不同面
积比 Y 的方案,在多工况范围内进行外特性和压力脉动特性的测量,获得了
不同工况下面积比与压力脉动之间的关系。试验用的模型泵参数详见第
3 章,叶轮保持不变,通过切割隔舌的方式获得不同喉部面积的蜗壳,得到
3 种不同面积比方案,即 $Y=3.32,Y=3.06$ 和 $Y=2.93$,隔舌切割方案如图
7.4 和表 7.1 所示。

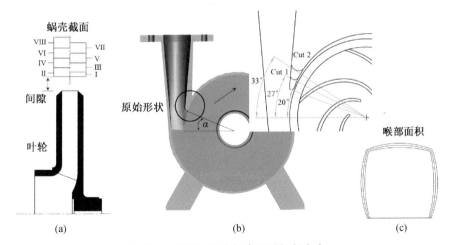

图 7.4　不同面积比蜗壳隔舌切割方案

表 7.1　隔舌切割方案

方案	隔舌	面积比 $Y = S_{impeller} / S_{throat}$	叶轮-隔舌间隙率/%
1	原始形状	3.32	6.7
2	Cut 1	3.06	6.8
3	Cut 2	2.93	7.0

采用高频压力脉动传感器对不同面积比泵的压力脉动信号进行采集,传
感器的位置如图 7.5 所示,相邻传感器的夹角为 18°,传感器的测量精度及信

号采集设置等详见 5.1 节。

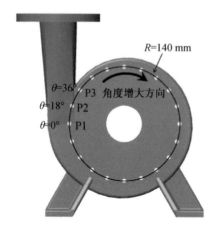

图 7.5　压力脉动传感器位置

7.1.3　面积比对模型泵性能的影响

图 7.6 给出了不同隔舌切割方案的能量性能对比结果。从方案 1 的效率曲线可以看出,泵的最佳效率点位于 $1.05Q_d$ 流量附近,略高于设计流量,最高效率点的值为 71%。可以看出,随着隔舌的切割,泵的喉部面积增加,模型泵的扬程受到影响。在大流量工况下,隔舌切割对泵扬程的影响很小,不同方案的扬程较为接近。而在小流量工况下,方案 1 和方案 2 的扬程几乎相同,而方案 3 的扬程则明显小于方案 1。在 $0.5Q_d$ 工况时,方案 1 和方案 3 之间的差异约为 2%。因此可以总结:切割隔舌会影响小流量工况时泵的扬程,而在大流量工况,不同切割方案的扬程十分接近。

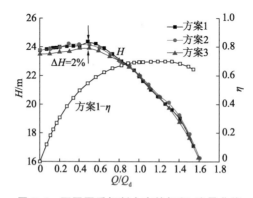

图 7.6　不同隔舌切割方案的扬程-流量曲线

图 7.7 给出了设计工况下蜗壳隔舌附近测点的压力脉动频谱图。从图中可以看出,各测点的叶频及倍频幅值突出,$Y=2.93$ 方案除了叶频幅值突出外,轴频信号的幅值能量同样较大。各测点在不同面积比下的压力脉动幅值变化规律各异。隔舌上游测点($\theta=0°$)低频信号幅值较小,随着角度的增大,3 种方案下的低频段(0~500 Hz)压力脉动信号波动愈加剧烈。

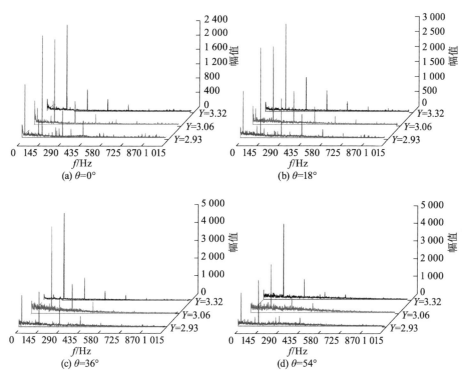

图 7.7 $1.0Q_d$ 工况下各测点压力脉动频谱

为了分析切割隔舌对压力脉动的影响,引入压力脉动均方根值对压力频谱进行评估。

$$RMS = \sqrt{\frac{1}{2}\left(\frac{1}{2}A_0^2 + \sum_{n=2}^{n-1}A_{n-1}^2 + \frac{1}{2}A_n^2\right)} \tag{7.21}$$

式中:A_n 为不同频率处的压力脉动峰值。

信号转换过程中考虑能量泄漏,引入泄漏系数,因此上面的公式将变换为

$$RMS = \frac{1.63}{2}\sqrt{\frac{1}{2}\left(\frac{1}{2}A_0^2 + \sum_{n=2}^{n-1}A_{n-1}^2 + \frac{1}{2}A_n^2\right)} \tag{7.22}$$

在压力谱中,无法明显捕捉到高于 $3f_{BPF}$ 的频率,因此使用 RMS 方法处理 0~500 Hz 频带内的压力脉动信号以评估整个压力脉动能量。图 7.8 给出了不

同流量下3种不同方案的 *RMS* 值的比较情况,并对20个测点进行了比较和讨论,以全面了解切割隔舌的效果。

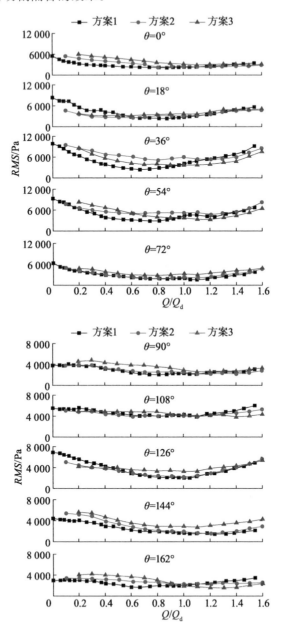

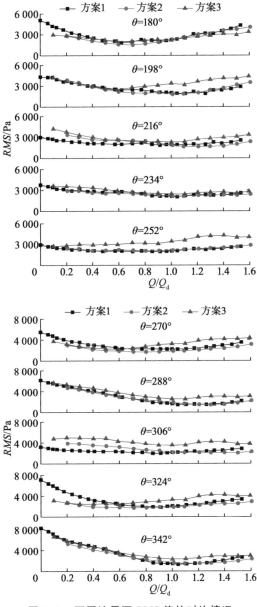

图 7.8　不同流量下 *RMS* 值的对比情况

由图 7.8 可以看出,均方根值的变化曲线更加光滑,但并非所有测点都遵循相同的变化规律。对于远离隔舌的测点 $\theta > 180°$,其变化规律基本一致。当泵工作在大流量工况时,可以看出模型泵方案 3 的 *RMS* 值在 $1.0Q_d$ 至 $1.6Q_d$ 工况下明显大于模型泵方案 1,2。对于模型泵方案 1 和方案 2,*RMS* 值彼此接近,尤其在 $\theta=252°$ 和 $\theta=288°$,它们的幅值大致相同,差异不大。当模型泵工作在低于 $1.0Q_d$ 工况时,除 $\theta=324°$ 处的测点外,模型泵方案 3 的 RMS 值大于模型泵方案 1,2。因此得出结论:对于 $\theta>180°$ 的测点,切割蜗壳隔舌对压力脉动具有负面影响,将导致所有工况下的压力脉动能量增加。对于 $\theta=0°$ 至 $\theta=180°$ 的测点,压力脉动能量变化趋势基本一致。除了 $\theta=18°$,$\theta=126°$ 处的测点外,模型泵方案 1 的压力脉动幅值在流量低于 $1.0Q_d$ 时达到最小值,切割蜗壳隔舌将导致压力脉动幅值增大。然而,对于大于 $1.0Q_d$ 的工况,切割隔舌的影响在不同位置处并不相同。在 $\theta=72°$ 和 $\theta=144°$ 的测点处,压力脉动幅值达到最大值;然而在 $\theta=36°$,$\theta=54°$,$\theta=108°$ 和 $\theta=162°$ 的测点处,压力脉动幅值变化规律显示出完全相反的趋势。

从以上分析可以得出:切割蜗壳隔舌对压力脉动特性有明显的影响,尽管沿着蜗壳不同测点的影响结果并不相同。事实上切割蜗壳隔舌会改变隔舌的安放角度、隔舌形状和喉部区域面积,当然还有叶轮和隔舌之间的径向间隙,但是在本研究中径向间隙变化不大,因此,隔舌切割对压力脉动的影响是上述因素的综合效应。大量的研究证明,离心泵内部流动结构会受到蜗壳隔舌变化的影响,尤其是在蜗壳隔舌和扩散器周围区域内。因此,对于不同的蜗壳隔舌,相应的压力脉动会受到明显影响。在已发表的文献中,科研人员认为压力脉动是由相应的旋涡脱落强度及其在典型区域中的演化决定的。由于沿着蜗壳圆周方向的流动结构比较复杂,即使是相同的隔舌,不同测点的变化趋势也不相同。可以推测:对于不同的测点,切割隔舌对流动结构的影响不一致,因此不同测点压力脉动的变化趋势并不一致。

为了进一步分析压力脉动在蜗壳圆周方向上的分布规律,给出了 20 个测点在 f_{BPF} 处压力脉动幅值的角度分布规律,如图 7.9 所示。对于 $1.0Q_d$ 和 $1.4Q_d$ 工况,压力脉动幅值随角度的增大呈现下降趋势,可以看出在不同测点处压力脉动幅值不断出现波峰与波谷的变化规律。对于模型泵方案 1,蜗壳隔舌的安放角度为 $20°$,并且压力脉动幅值的最大值出现在 $\theta=36°$,可以推测叶轮出口流动撞击隔舌所产生的强烈冲击效应发生在隔舌后方区域。在远离隔舌($\theta>36°$)的测量区域,压力脉动幅值呈现下降趋势,这与叶轮和蜗壳壁面之间的间隙增大有关。对于 $0.2Q_d$ 和 $0.6Q_d$ 的小流量工况,与大流量工况相比,压力脉动幅值的变化趋势显示出一些差异性。压力脉动幅值在 $\theta=36°$ 时没有达到最大值,特别是在 $0.6Q_d$ 工况时,压力脉动幅值在 $\theta=342°$ 时更大。因此可以推断,在小于 $1.0Q_d$ 的典型工况下,叶轮脱落涡与蜗壳壁面之间的尾流相互作用在某些测量位置比流体与隔舌的干涉作用更强烈,该原因导致压力脉动幅值在某些测点比在 $\theta=36°$ 测点处更大。

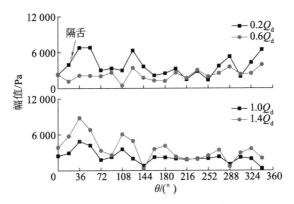

图 7.9　不同流量下叶频处压力脉动幅值的圆周分布特性(方案 1)

图 7.10 给出了不同流量下 *RMS* 值的角度分布情况。通过比较可以发现，*RMS* 值的变化趋势也遵循周期调制的变化规律。

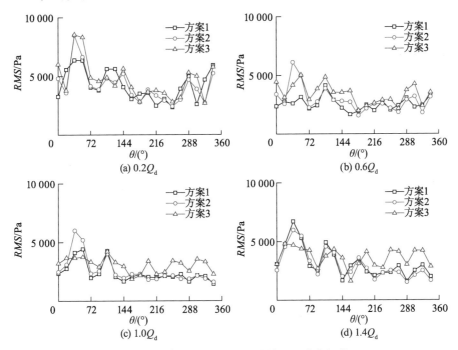

图 7.10　不同流量下 *RMS* 值的圆周分布规律

在设计流量下,除了蜗壳隔舌区域的测点之外,对于大多数测点,模型泵方案 3 的 *RMS* 值远大于模型泵方案 1,2 的 *RMS* 值。特别是对于 $\theta > 180°$ 的测点,压力脉动幅值差异很大。对于 $1.4Q_d$ 的大流量工况,其变化趋势也具有类似的变化规律。当泵工作在 $0.6Q_d$ 工况时,对于几乎所有测点,模型泵方案 3

的 RMS 值要大于模型泵方案 1 的 RMS 值,并且在测点 $\theta=36°$ 时,模型泵方案 2,3 的 RMS 值由于隔舌切割产生显著的增加。在 $0.2Q_d$ 工况下,隔舌切割也导致 RMS 值在大多数测点处增加,尤其是在测点 $\theta=36°$ 处,幅值明显增加。通过比较可以得出结论,切割隔舌对压力脉动能量有显著的影响。

由图 7.10 的对比情况可以看出,不同测点的变化规律并不一致,因此为了进一步分析隔舌切割对压力脉动的影响,引入公式(7.23)对压力脉动幅值进行分析。

$$E_t=\sqrt{\frac{1}{n}\sum_{n=1}^{n}(RMS_{\theta,i})^2}\,(n=20) \tag{7.23}$$

式中:$RMS_{\theta,i}$ 为不同测量位置处的 RMS 值。

图 7.11 给出了 3 种模型泵在不同工况下 E_t 的比较情况。由图可以看出,3 种模型泵的变化趋势是相似的,并且压力脉动能量在偏离设计工况时明显增加。特别是在小流量 $0.2Q_d$ 工况时,与设计流量工况相比,压力脉动能量增量超过 50%。对于原始形状的隔舌,除了 $1.4Q_d$ 工况之外,模型泵方案 1 的压力脉动能量几乎达到最小值。当隔舌被切割到方案 2 时,可以看出在 $0.6Q_d$ 至 $1.2Q_d$ 的流量内,压力脉动能量与模型泵方案 1 相比明显上升。随着隔舌进一步切割到方案 3,模型泵的压力脉动受到明显影响,并且在所有流量下,方案 3 的压力脉动能量远大于方案 1,2。在工程应用中,泵通常工作在 $0.8Q_d$ 至 $1.2Q_d$ 的运行工况。最后通过比较可以发现:切割隔舌将增加蜗壳的喉部面积,从而导致压力脉动能量增加。因此,对于这种具有叶轮和蜗壳匹配的离心泵,考虑到泵设计中的低压力脉动要求,选择较大的蜗壳喉部面积是不合理的。

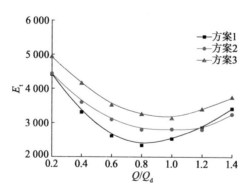

图 7.11 不同流量下压力脉动能量 E_t 的对比情况

为了定量分析切割隔舌对压力脉动能量的影响,引入公式(7.24)来分析不同方案下的压力脉动能量增量。

$$\Delta E_{\mathrm{t}} = \frac{E_{\mathrm{t},n} - E_{\mathrm{t},1}}{E_{\mathrm{t},1}} (n=2,3) \tag{7.24}$$

图 7.12 给出了和原始方案相比,方案 2,3 的压力脉动能量增量。由图可以看出,模型泵方案 2,3 的变化趋势是相同的。压力脉动能量增量在 $0.8Q_{\mathrm{d}}$ 工况下达到最大值,之后随着流量偏离而减小。从表 7.2 可以看出,在 $0.8Q_{\mathrm{d}}$ 工况时,方案 3 的增量为 38.9%,而方案 2 的增量为 19.9%。当蜗壳隔舌被切割到方案 3 时,对于几乎所有的流量,压力脉动能量增量是十分显著的。特别是在 $0.4Q_{\mathrm{d}}$ 至 $1.2Q_{\mathrm{d}}$ 的工况范围内,压力脉动能量平均增量超过 20%。

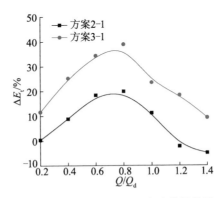

图 7.12 不同方案的压力脉动能量增量

表 7.2 不同工况压力脉动增量

Q/Q_{d}	$\Delta E_{\mathrm{t}} / \%$	
	方案 2-1	方案 3-1
0.2	0.4	11.6
0.4	8.8	25.3
0.6	18.4	34.3
0.8	19.9	38.9
1.0	11.2	23.5
1.2	−2.2	18.4
1.4	−4.9	9.3

7.2 口环间隙对泵压力脉动的影响

本部分仍以上述离心泵为研究对象,其设计流量 $Q_{\mathrm{d}} = 55\ \mathrm{m^3/h}$,设计扬程

$H_d = 20$ m,转速 $n_d = 1\,450$ r/min,比转速 $n_s = 69$,通过改变口环间隙探索不同口环间隙对离心泵压力脉动特性的影响。

为了研究不同口环间隙对模型泵压力脉动的影响,本书设计了 3 种不同的口环间隙,其结构示意图如图 7.13 所示,不同口环间隙方案如表 7.3 所示。

试验过程中压力脉动测点的位置和图 7.5 一致。

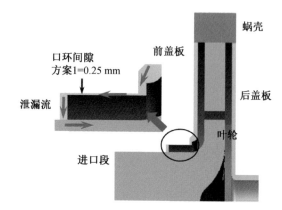

图 7.13　离心泵口环间隙示意图

表 7.3　不同口环间隙方案

方案	口环间隙/mm
1	0.25
2	0.50
3	0.75

图 7.14 给出了不同口环间隙时模型泵的能量性能对比情况。由扬程-流量曲线可知,全工况范围内,口环间隙 0.25 mm 和 0.50 mm 的扬程曲线几乎重合,当口环间隙增大到 0.75 mm 时,模型泵扬程明显下降。由表 7.4 设计工况下不同口环间隙扬程对比可知,相比于 0.25 mm 的口环间隙,0.75 mm 的扬程下降 1.6%。由效率-流量曲线可知,全工况范围内,口环间隙 0.50 mm 和 0.75 mm 的效率曲线几乎重合,而口环间隙 0.25 mm 的效率明显高于大间隙时模型泵的效率。设计工况下口环间隙为 0.25 mm 的效率比 0.75 mm 的效率提高 3.19%。由轴功率-流量曲线可知,当口环间隙为 0.25 mm 时,模型泵的轴功率达到最小值,设计工况下,相比于 0.50 mm 的口环间隙,其幅值降低 3.75%。

由能量性能对比可知,口环间隙增大将造成模型泵效率的明显下降,这是由口环泄漏增加引起容积效率降低造成的。但口环间隙从 0.50 mm 增大到 0.75 mm 时,模型泵的效率几乎不再变化。此外,在较小的口环间隙下,从 0.50 mm 到 0.25 mm,模型泵的扬程几乎一致。由此可以推论:当口环间隙增大时,其对模型泵性能的影响并不遵循线性变化规律。

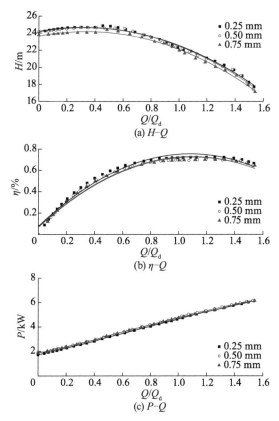

图 7.14　不同口环间隙模型泵能量性能的对比

表 7.4　设计工况性能对比

方案	口环间隙/mm	H/m	η/%	P/kW
1	0.25	22.28	75.05	4.62
2	0.50	22.21	72.60	4.80
3	0.75	21.93	71.86	4.74

图 7.15 给出了设计工况下测点 $\theta = 36°$ 处不同口环间隙时模型泵的压力脉动频谱对比图。模型泵设计转速为 1 450 r/min,因此叶轮转频 $f_n = 24.2$ Hz,叶片通过隔舌的频率为 $f_{BPF} = 145$ Hz。由图 7.15 可知,压力脉动频谱的主要能量集中在叶频处,在高频段($f > 5f_{BPF}$)没有出现明显的峰值信号。

不同口环间隙时,模型泵的频谱特性一致,但叶频处信号能量存在显著的差别。当间隙为 0.25 mm 时,叶频幅值较低,随着间隙的增大,叶频幅值呈现不断增加的趋势,当间隙为 0.75 mm 时,叶频处压力脉动幅值增加了 17.1%,通过对比可知,口环间隙对离心泵压力脉动能量影响显著。

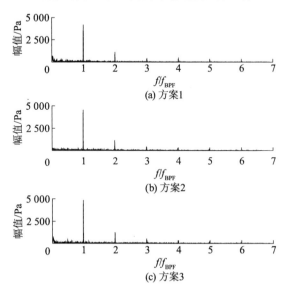

图 7.15　设计工况下不同口环间隙时 $\theta=36°$测点频谱对比

为了研究不同间隙对压力脉动能量的影响,图 7.16 给出了 4 个典型测点($\theta=0°,36°,180°,270°$)处叶频幅值随流量的变化特性。由图可以看出,不同测点处叶频幅值随流量的变化规律基本一致,随着流量的增加,叶频幅值总体遵循先降低后上升的趋势,即叶频幅值在偏工况时快速上升。但叶频幅值的最低点并不在设计工况点,基本偏向小流量 $0.6Q_d\sim0.8Q_d$ 工况,尤其在测点 $\theta=36°$和 $\theta=180°$。通常认为叶频是压力脉动频谱的主导信号,其幅值在模型泵的最优效率点达到最小值,但由图可以看出,该变化规律被破坏。根据前期研究成果笔者认为,叶频处压力脉动能量与叶片出口尾迹涡的脱落强度、演化、撞击隔舌过程密切相关,脱落涡和隔舌的干涉作用往往在小流量工况较弱,从而造成了叶频压力脉动能量极小值点偏向小流量工况。

不同口环间隙时,叶频压力脉动能量变化规律比较复杂。对于测点 $\theta=0°,\theta=180°,\theta=270°$,其整体变化规律基本一致,即 0.50 mm 和 0.75 mm 间隙的叶频幅值差异较小,而 0.25 mm 间隙的叶频幅值在大流量工况下明显高于 0.50 mm 和 0.75 mm 间隙的叶频幅值。然而对于隔舌下游测点 $\theta=36°$,在大流量工况下,0.25 mm 间隙的叶频幅值则小于 0.50 mm 和 0.75 mm 间隙的叶频幅值。因此可以看出，对于蜗壳不同位置测点，不同口环间隙对其叶频幅值的影响规律并不一致。

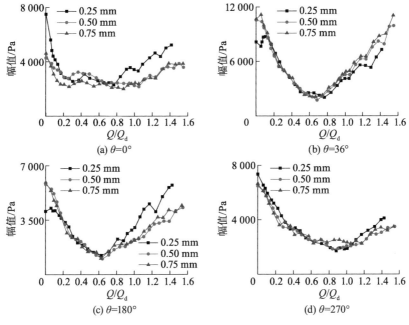

图 7.16　4 个不同测点处叶频幅值对比

由图 7.15 可知，压力脉动频谱中除了主导的叶频信号外，还存在叶频的高次谐波信号 $2f_{BPF}$。为了研究不同频率处压力脉动能量随流量的变化关系，采用均方根值 RMS 方法对 0～500 Hz 频段内的压力脉动能量进行整体计算。

图 7.17 给出了 4 个典型测点（$\theta=0°,36°,180°,270°$）处 0～500 Hz 频段范围内压力脉动能量的对比情况。由图可知，在测点 $\theta=0°$ 和 $\theta=180°$ 处，当模型泵运行在大流量工况时，0.25 mm 间隙的压力脉动能量明显高于 0.50 mm 和 0.75 mm 间隙的能量。对于测点 $\theta=36°$，大流量工况时，0.25 mm 间隙的能量则小于 0.50 mm 和 0.75 mm 间隙的能量。小流量工况时，对于测点 $\theta=36°$ 和 $\theta=180°$，其压力脉动能量几乎一致。由叶频及 0～500 Hz 频段内 RMS 值对比情况可知，不同口环间隙对不同测点压力脉动能量的影响规律复杂，其变化特性各异。

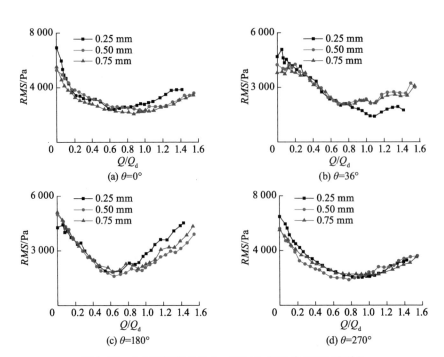

图 7.17　4 个不同测点处 0～500 Hz 频段内 RMS 值对比

为了获得模型泵全面的压力脉动特性,本书在模型泵蜗壳周向共布置了 20 个压力脉动测点,由上述研究结果可知间隙对不同测点的影响规律差异明显,因此采用式(7.25)对不同工况下 20 个测点的压力脉动能量进行整体计算,获得不同间隙对压力脉动的作用规律[3]。

$$E_t = \sqrt{\frac{1}{n}\sum_{n=1}^{n} A_n^2}\,(n = 20) \qquad (7.25)$$

式中:A_n 为不同测点的压力脉动能量。

图 7.18 给出了不同工况下 20 个测点叶频处整体压力脉动能量的对比情况。由图可知,当模型泵运行在大于 $0.8Q_d$ 工况时,0.25 mm 间隙的压力脉动能量明显高于 0.50 mm 和 0.75 mm 间隙的压力脉动能量,0.50 mm 间隙的压力脉动能量达到最小值。当模型泵运行在小流量工况($Q < 0.8Q_d$)时,0.25 mm 间隙的能量仍然高于 0.50 mm 和 0.75 mm 间隙的能量,但 0.50 mm 和 0.75 mm 间隙的压力脉动能量差异较小。

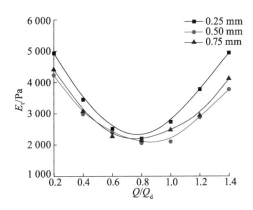

图 7.18　20 个测点叶频整体能量对比

图 7.19 给出了不同工况下 0～500 Hz 频段内 20 个不同测点的整体能量对比情况。由图可知,全工况范围内,0.25 mm 间隙的压力脉动能量明显高于 0.50 mm 和 0.75 mm 间隙的压力脉动能量,尤其在大流量工况,0.25 mm 间隙的压力脉动能量远大于其他两个间隙的压力脉动能量。整体来看,不同工况下,0.50 mm 间隙的压力脉动能量达到最小值,继续增大间隙到 0.75 mm 时,模型泵的压力脉动能量又开始上升。

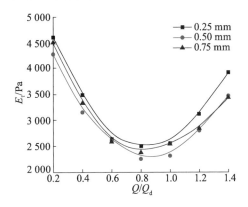

图 7.19　0～500 Hz 频段内 20 个测点整体能量对比

表 7.5 给出了设计工况下不同口环间隙时叶频及 0～500 Hz 频段内整体能量对比。通过对比可以看出,相比于 0.25 mm 的口环间隙,当口环间隙为 0.50 mm 时,叶频压力脉动幅值降低了 23.1%,0.75 mm 的口环间隙能量降低了 9.5%。由 0～500 Hz 频段内整体能量同样可以看出,相比于 0.25 mm 的口环间隙,当口环间隙为 0.50 mm 和 0.75 mm 时,压力脉动水平得到明显改善,尤其是 0.50 mm 的口环间隙,其能量降低 9.3%。

表 7.5　设计工况下叶频及 0～500 Hz 频段内整体能量对比

方案	口环间隙/mm	叶频	下降率/%	0～500 Hz	下降率/%
1	0.25	2 728.7		2 553.2	
2	0.50	2 099.9	−23.1	2 315.8	−9.3
3	0.75	2 470.9	−9.5	2 537.2	−0.6

由以上分析可知,口环间隙对离心泵压力脉动能量产生显著影响,整体来看,口环间隙对压力脉动能量的影响并不呈线性关系,随着口环间隙的增大,压力脉动能量经历先降低后增加的过程。因此,设计合理的口环间隙有利于满足低压力脉动离心泵的设计要求。

7.3　叶轮出口切割对模型泵压力脉动特性的影响

叶片尾缘形状对尾迹结构有显著影响,因而也会影响到离心泵的压力脉动特性。本节在前述基础上对叶片尾缘形状进行修改,仍然通过试验手段探究叶片尾缘形状对模型泵压力脉动特性的影响,探索叶片不同切割方式对压力脉动能量的作用规律,以解决工程实际中高幅压力脉动诱发的异常振动问题。

对叶片出口进行斜切,同时保留叶轮前、后盖板,定义此时的切割角为 φ,试验中探索了 3 个不同切割角对泵压力脉动的影响,即 $\varphi=15°$,$\varphi=25°$ 和 $\varphi=35°$,叶轮切割示意图如图 7.20 所示,试验测量方案见 7.4 节[4]。

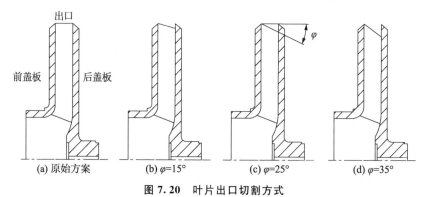

图 7.20　叶片出口切割方式

图 7.21 给出了不同切割角时泵的能量性能对比结果,此时泵的无量纲扬程计算方法如公式(7.26)所示。

$$\Psi = \frac{g H_{\mathrm{d}}}{u_2^2} \tag{7.26}$$

由图 7.21 可知,切割叶轮会影响泵的能量性能,由原始叶轮效率曲线可知,此时泵的最高效率点位于设计工况附近。在小流量工况下,切割叶片出口造成了泵扬程的下降,尤其在 $0\sim0.6Q_d$ 工况范围内,切割后叶轮的扬程明显小于原始叶轮。在 $0.4Q_d$ 工况时,在 $\varphi=15°$,$\varphi=25°$ 和 $\varphi=35°$ 切割角度下,泵的扬程分别下降了 2.4%,3.7% 和 4.3%。而当泵工作在大于 $0.8Q_d$ 工况时,切割叶轮对泵的扬程影响并不显著。在 $1.2Q_d$ 工况时,当切割角为 $\varphi=25°$ 和 $\varphi=35°$ 时,泵的扬程下降了 1.2% 左右。

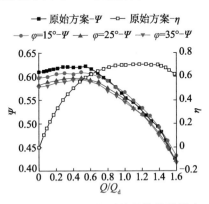

图 7.21   叶轮切割对能量性能的影响

表 7.6 给出了 4 种不同工况下不同叶轮的扬程对比情况。从扬程数据可以看出,4 种叶轮都产生了明显的驼峰现象,这意味着叶轮内可能出现了旋转失速现象。由已发表的相关文献可知,将叶片和后盖板一起切割时,大流量下泵的扬程将迅速减小,这样可以有效地减轻甚至消除驼峰现象。采用了本研究中的切割方法后,大流量下泵的扬程并没有出现快速下降趋势,模型泵内仍然出现驼峰现象。因此,从消除驼峰现象的角度出发,在实际应用中将叶片和后盖板一起切割更为合理,但此时应注意泵的性能将快速下降。最后可以总结:叶片斜切对小流量工况的扬程影响显著。

表 7.6   不同工况下的扬程对比

叶轮	Ψ			
	$0.2Q_d$	$0.6Q_d$	$1.0Q_d$	$1.4Q_d$
原始方案	0.617	0.616	0.554	0.490
$\varphi=15°$	0.605	0.606	0.566	0.492
$\varphi=25°$	0.592	0.592	0.553	0.480
$\varphi=35°$	0.588	0.589	0.546	0.456

根据泵的相似理论,泵的扬程与叶轮直径的平方成正比,如公式(7.27)

所示。一般情况下,为了保证泵的性能下降在合理范围内,叶轮的切割量应小于10%。本研究中,叶片的最大切割量约为9%,不同切割量下叶轮的出口宽度保持不变。此时可以采用公式(7.27)来计算切割后的泵扬程。

$$\frac{H'}{H} = \left(\frac{D_2'}{D_2}\right)^2 \tag{7.27}$$

式中:D_2'为切割后泵的平均外径,即叶片出口中点处的叶轮外径。

表7.7给出了切割后叶轮扬程的预测值,通过与试验值比较可以看出,泵扬程的预测值小于试验值。不同切割角度下,从$\varphi=15°$到$\varphi=35°$,预测值与试验值的误差分别为5.4%,6.0%和7.7%,表明当采用叶片斜切时,理论公式会低估泵的扬程。

表7.7 设计工况下扬程预测值与试验值的对比结果

叶轮	D_2'/mm	Ψ'	Ψ_{exp}	$\Delta\Psi/\%$
原始方案	260.0	0.554	0.554	
$\varphi=15°$	255.5	0.535	0.566	5.4
$\varphi=25°$	252.0	0.520	0.553	6.0
$\varphi=35°$	248.0	0.504	0.546	7.7

下面重点分析叶片切割对压力脉动特性的影响,采用公式(7.28)对压力脉动进行无量纲化处理,泵的压力脉动测点如图7.22所示,试验中共布置了20个压力传感器。

$$c_p = \frac{A}{0.5\rho u_2^2} \tag{7.28}$$

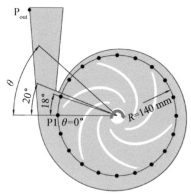

图7.22 压力脉动测点示意图

通常,叶片切割有助于降低泵的振动和噪声能量,但其对压力脉动能量的定量影响仍较少见诸报道,图 7.23 首先给出了不同叶轮压力脉动频谱的对比结果,此时的测点为 P3($\theta=36°$)。通过频谱对比可以看出,对于不同的叶轮,在频谱中都可以捕捉到叶频及其谐波信号 nf_{BPF},频谱中的主导成分仍为 f_{BPF},叶片切割确实会影响压力脉动频谱,特别是叶频信号 f_{BPF}。当泵工作在大流量工况下,切割叶片会有效地降低 f_{BPF} 处的压力脉动幅值,与原始叶轮相比,f_{BPF} 能量从 $\varphi=15°$ 到 $\varphi=35°$ 的降低量分别为 32.2%,23.0% 和 30.6%。可以看出,大流量工况时的压力脉动降低幅度很大,这主要是由增大的叶轮-隔舌间隙造成的,当切割叶片时,动静干涉间隙增大,从而减弱了干涉诱发的压力脉动能量。当泵工作在 $1.0Q_d$ 时,叶片切割同样有助于降低 f_{BPF} 处的压力脉动能量。而当泵工作在 $0.2Q_d$ 时,受流动分离等作用影响,在低频段 $f<f_{BPF}$ 内会产生一些宽带噪声信号,此外,不同切割方案对压力脉动的影响规律并不一致,对于 $\varphi=15°$ 和 $\varphi=25°$ 的叶轮,f_{BPF} 处的压力幅值减小,而 $\varphi=35°$ 的叶轮幅值增加,这种现象在 $0.6Q_d$ 工况时更为明显。因此,需要进一步分析数据以研究叶片切割对压力脉动的作用规律。

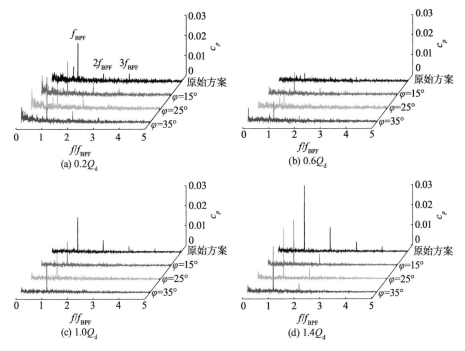

图 7.23　不同工况下 P3 测点处压力脉动频谱的对比情况

为了获得叶片切割与流量的对应关系,图 7.24 给出了 4 个测点处叶频 f_{BPF} 压力脉动幅值随泵流量的变化规律。对于位于隔舌之前的测点 $\theta=0°$ 和

$\theta=18°$（隔舌安放角度为 $20°$），其变化趋势相似，切割叶片会降低叶频处的压力脉动幅值，在设计工况下，测点 $\theta=0°$ 和 $\theta=18°$ 处的降幅分别约为 26% 和 38%。对于测点 $\theta=36°$ 和 $\theta=54°$，不同流量下的变化规律比较复杂，在大流量 $Q>1.2Q_d$ 时，切割叶片会降低 f_{BPF} 处的压力脉动幅值，但是在小流量 $Q<1.0Q_d$ 时，切割叶片甚至会造成压力脉动能量的上升。由图可知，切割叶片对不同位置处压力脉动的影响存在明显差异。

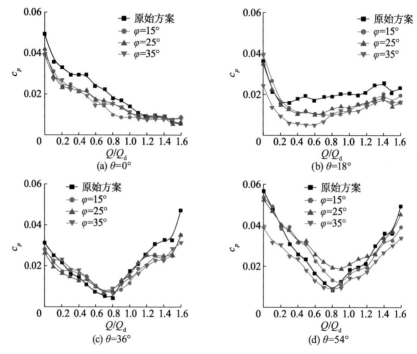

图 7.24 不同工况下叶片切割对叶频处压力脉动幅值的影响规律

试验过程中，在泵上布置了 20 个压力传感器以全面了解切割叶片对压力信号的作用规律。图 7.25 给出了不同工况下 20 个测点处叶频沿蜗壳周向的分布情况及不同切割条件下的对比结果，可以看出，不同切割条件时，受动静干涉影响，叶频在蜗壳周向仍呈现"调制"分布规律，波峰和波谷与叶片数有关。当泵工作在流量 $Q>1.0Q_d$ 工况时，与原始叶轮相比，切割叶片会降低大部分测点处的叶频幅值。在测点 $\theta=126°,\theta=198°,\theta=270°,\theta=324°$ 时，泵 $\varphi=15°,\varphi=25°$ 和 $\varphi=35°$ 的叶频压力脉动幅值要远小于原始未切割的叶轮，叶频的最大降幅甚至超过 50%。当泵工作在 $Q<1.0Q_d$ 工况时，对于隔舌附近测点 $\theta=36°$ 和 $\theta=54°$，切割叶片造成压力脉动幅值增加；而对于远离隔舌的大部分测点，压力脉动幅值明显减弱。可以总结：切割叶片可以有效地降低大部

分测点的叶频处压力脉动能量,尤其对于大流量工况来说,压力脉动能量得到显著抑制。

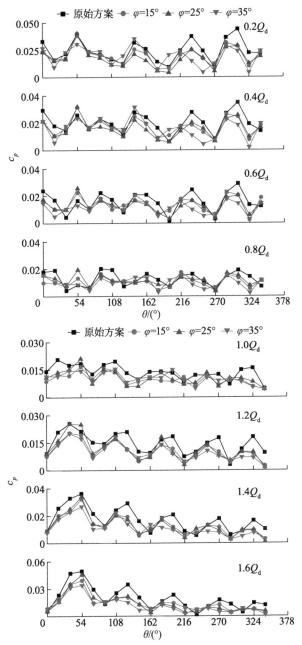

图 7.25 不同工况下叶频幅值沿蜗壳周向分布规律的对比情况

从图 7.25 可以明显看出,不同工况下的切割效果呈现明显的差异性,究其原因与泵内流动结构及其与隔舌的干涉作用有关。图 7.26 给出了 3 种工况下 DDES 获得的泵内典型涡量分布特征,数值计算方法详见第 3 章。在大流量 $1.4Q_d$ 工况下,在叶片背面及出口产生明显的高涡量分布结构,随着叶轮的旋转,这些尾迹涡从叶轮脱落,并与隔舌产生强烈的干涉作用,也就是说泵内动静干涉作用与尾迹涡强度及其干涉隔舌过程有关。当切割叶片时,动静干涉间隙增大,此时尾迹流在运动到隔舌的过程中明显衰减,从而减弱大流量工况下的动静干涉作用,进而降低泵的压力脉动能量。而当模型泵工作在小流量工况时,可以看出 $0.2Q_d$ 工况下泵内流动结构与大流量工况存在显著的差异,此时尾迹涡的干涉过程并不显著,动静干涉作用与泵内流动分离形成的非均匀流场结构密切相关。由于叶轮流道内的流动分布呈现非对称性,特定叶轮流道内的流动均匀性较差,可能会诱发部分测点压力脉动能量的上升。

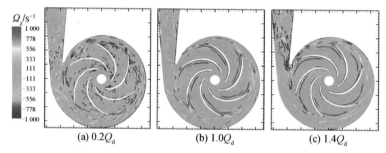

图 7.26　不同工况下泵内典型涡量分布特征

采用公式(7.29)对不同测点叶频处压力脉动幅值进行平均处理。

$$\bar{c}_p = \frac{\sum\limits_{i=1}^{n} c_{p-n}}{n}(n = 20) \tag{7.29}$$

式中:c_{p-n} 为不同角度测点的叶频幅值。

图 7.27 给出了不同切割角度下平均叶频幅值的对比情况,可以看出,压力脉动能量在设计工况点附近达到最小,在非设计工况点快速增加。与原始叶轮相比,切割叶片会有效地降低叶频处平均压力脉动能量。与原始叶轮相比,在切割角度为 $\varphi=15°$ 时,在设计工况 $1.0Q_d$ 下压力脉动能量降低了 38.6%,而在 $1.4Q_d$ 工况时降低了 23.8%,在 $0.2Q_d$ 工况时降低了 18.6%。对于不同切割角,从 $\varphi=15°$ 到 $\varphi=35°$,3 个模型泵的压力脉动幅值较为接近。在实际工程应用中,泵通常工作在 $0.8Q_d \sim 1.2Q_d$ 的流量范围内,通过切割叶片,在该流量范围内,压力脉动能量的降幅超过 20%。通过综合对比,为了降低泵内压力

脉动能量,切割角可以选择为 $\varphi=15°$ 左右,此时泵的扬程几乎不受影响,再增大切割角,压力脉动的降幅并不明显,但泵的扬程出现显著的下降。

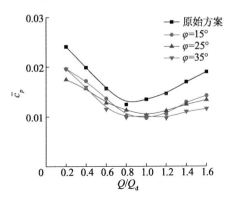

图 7.27 平均叶频幅值随流量的变化规律

由文献可知,可以采用公式(7.30)来估算叶片切割后的压力脉动能量,当离心泵工作在设计工况时,指数 $X=0.74$。

$$\bar{c}_{p\text{-emp}} = \frac{1}{\left(\dfrac{D_3}{D_2'}-1\right)^X} \tag{7.30}$$

表 7.8 给出了泵设计工况下由经验公式得到的叶频幅值及其与试验值的对比情况。由对比结果可知,在切割角 $\varphi=15°$ 和 $\varphi=25°$ 时,经验公式预测的叶频压力脉动幅值大于试验值,在 $\varphi=15°$ 时两者的差异约为 20%,在 $\varphi=25°$ 时误差达到 7.7%。这意味着经验公式低估了切割叶片对减弱离心泵压力脉动的影响。

表 7.8 由经验公式得到的叶频幅值与试验值的对比

叶轮	D_2'/mm	D_3/mm	$\bar{c}_{p\text{-emp}}$	$\bar{c}_{p\text{-exp}}$
原始方案	260.0	290		
$\varphi=15°$	255.5	290	0.012 0	0.009 72
$\varphi=25°$	252.0	290	0.011 1	0.010 24
$\varphi=35°$	248.0	290	0.010 2	0.010 21

试验过程中在蜗壳出口同样布置了压力传感器,图 7.28 给出了不同切割叶轮时蜗壳出口测点叶频处压力脉动幅值随流量的变化情况。由图 7.28 可以看出,压力脉动幅值并没有在设计工况点达到最小值,不同叶轮时,其最小值出现在 $0.4Q_d$ 工况点附近,这与图 7.27 存在明显的差别。这表明由于蜗壳

出口测点距离叶轮及隔舌较远,其压力脉动能量与叶轮流道内的流动结构并不存在紧密的关系。通过比较可以看出,切割叶片同样可以有效地减弱蜗壳出口测点的压力脉动能量,在 $1.0Q_d$ 工况下,当切割角为 $\varphi=15°$ 时,压力脉动幅值减小约 22.5%,当 $\varphi=25°$ 时,压力脉动幅值降低了 32%。从图 7.27 和图 7.28 可以得出结论,切割叶片可以有效地减弱叶频处的压力脉动能量。

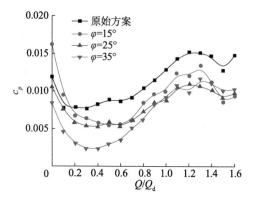

图 7.28 蜗壳出口测点的叶频幅值随流量变化特性

由图 7.28 可知,当泵工作在小于 $0.4Q_d$ 工况时,f_{BPF} 处的压力脉动幅值迅速增加,究其原因与扩散段内的流动结构有关。图 7.29 给出了不同工况下扩散段内的流动结构分布特性。在流量为 $0.6Q_d$ 时,可以看出扩散段内的流动结构较为均匀,没有出现明显的流动分离现象。随着流量降低到 $0.4Q_d$,在扩散段的壁面附近出现流动分离结构,当流量进一步降低到 $0.2Q_d$ 时,流动分离现象更加明显,扩散段内出现了大尺度流动分离结构。这表明,从 $0.4Q_d$ 工况到 $0.2Q_d$ 工况,扩散段内的流动均匀性被严重破坏,受流动分离的影响,蜗壳出口测点的叶频幅值在 $Q<0.4Q_d$ 工况时快速上升。

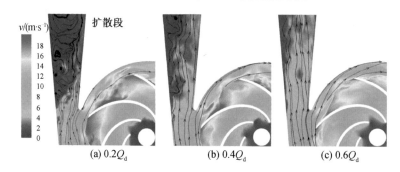

图 7.29 不同工况下扩散段内流动结构对比情况

进一步采用公式(7.22)对压力脉动频谱中 0~500 Hz 频段内的信号进行

处理,以分析叶片切割对压力脉动频谱的影响。图 7.30 给出了不同流量下蜗壳出口测点 P_{out} 处 RMS^* 值的对比情况。很显然,在 $0.2Q_d \sim 1.4Q_d$ 工况范围内,切割叶片可以有效地降低 $0 \sim 500$ Hz 频段内压力脉动能量的 RMS^* 值。当泵工作在设计工况时,与原始叶轮相比,方案 $\varphi = 15°$ 的 RMS^* 值降低了约 18%;在 $1.2Q_d$ 工况时,该值降低了 12.2%。因此,切割叶片可以有效地降低特征频段内的 RMS^* 值。

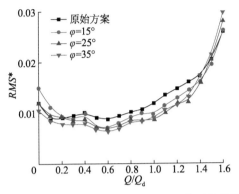

图 7.30　蜗壳出口测点 P_{out} 处 RMS^* 值对比情况

图 7.31 进一步给出了 20 个测点的平均 RMS^* 值对比情况,可以看出,切割叶片同样可以有效地降低平均 RMS^* 值,尤其在大流量工况下,切割叶片造成 RMS^* 值快速下降。

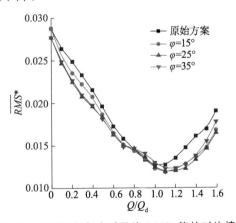

图 7.31　不同切割角度时平均 RMS^* 值的对比情况

7.4　短叶片及错列叶片对模型泵压力脉动的影响

为了探讨新型叶轮结构形式对泵尾迹流及压力脉动特性的影响,本节提出一种新的叶轮叶片布置结构,并对其进行数值计算分析,模型泵设计参数仍为流量 $Q_d = 55 \text{ m}^3/\text{h}$,扬程 $H_d = 20 \text{ m}$,转速 $n_d = 1\,450 \text{ r/min}$。

对模型泵普通叶轮进行如下修改:

① 错列叶片叶轮。将叶片从 $R_0/R_2 = X$ 处截断,将尾部短叶片头部修圆后沿叶轮旋转反方向偏置,偏置角为 $\varPhi$,其中 R_2 为叶轮外径,R_0 为叶片截断点到叶轮中心的距离,图 7.32 给出了 $R_0/R_2 = 0.85$,$\varPhi = 10°$ 的错列叶片叶轮示意图。

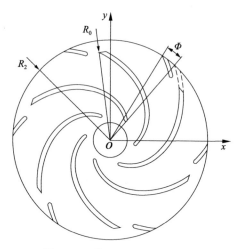

图 7.32　错列叶片叶轮示意图

② 长短叶片叶轮。短叶片的结构尺寸、布置方式与错列叶片中的一致,图 7.33 给出了 $R_0/R_2 = 0.85$,$\varPhi = 10°$ 的长短叶片叶轮示意图。

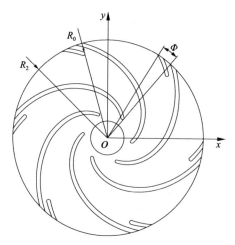

图 7.33　长短叶片叶轮示意图

采用 Creo 软件对模型泵流体域进行三维实体建模。采用 ANSYS ICEM-CFD 软件对计算域进行网格划分,网格类型选用适应性强的四面体非结构化网格。经网格无关性检验后确定模型泵的网格总数为 302 万,计算域网格见图 7.34。

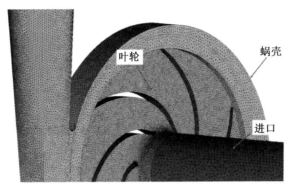

图 7.34 计算域网格

采用标准 k-ε 湍流模型,SIMPLE 算法实现速度和压力之间的耦合,一阶迎风格式对速度、湍动能、湍动能耗散率进行离散。

边界条件如下:速度进口,压力出口,叶轮为旋转域,其他部件为静止域,采用 Interface 面将叶轮和进口、蜗壳和出口结合面进行处理,采用标准壁面函数,流体域与叶轮壁面采用无滑移壁面,残差精度设为 1×10^{-5}。介质为常温清水,其密度 $\rho = 1\,000$ kg/m³,动力黏度为 1.005×10^{-3} Pa·s。

将定常计算结果作为非定常计算的初始条件,非定常计算时间步长 $\Delta t = 0.000\,223$ s,同时为保证收敛,计算步数设为 5 000 步。压力脉动监测点沿蜗壳壁面周向布置,任意两个监测点相隔 18°,共 20 个监测点,测点位置如图 7.5 所示。

图 7.35 给出了模型泵的数值计算结果和试验结果的性能曲线,对比发现二者性能曲线吻合较好,趋势一致。效率最高点在 $1.0Q_d \sim 1.1Q_d$ 之间,设计点扬程误差小于 1.3%,流量小于 $0.6Q_d$ 时扬程误差较大,最大误差为 4.7%。模型泵运行在大流量工况时,数值计算效率小于实际效率,最大误差为 4.8%。因此,可以认为该数值计算方法能够准确地预测模型泵的性能。

采用同样的数值计算方法对偏置角 Φ 为 10°,20°,30°,40°,50° 时的错列叶片离心泵进行性能预测。图 7.36 为设计工况下泵在不同偏置角时的性能变化曲线,可以发现,随偏置角增大,泵的扬程、水力效率先下降后上升。偏置 30° 左右时,即叶轮流道中间位置,扬程达到极低值;偏置 40° 时,水力效率达到极低值。为保证泵性能下降幅度不超过 5%,短叶片偏置角不应超过 10°,因此非定常计算的错列叶片方案取偏置角 $\Phi=10°$。

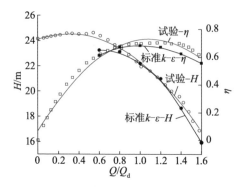

图 7.35　试验与数值计算的模型泵性能曲线

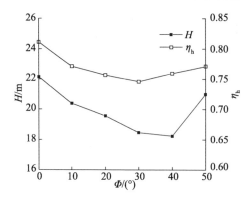

图 7.36　错列叶片不同偏置角下的性能曲线

由于短叶片偏置角为 5° 时,长叶片与短叶片间隙过小,加工难度大,且短叶片偏至流道中间位置已有学者做过大量研究工作。故将短叶片沿周向分别向工作面、背面偏置 7.5° 和 10°,性能预测结果如图 7.37 所示。

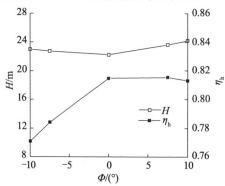

图 7.37　长短叶片不同偏置角下的性能曲线

由图可知：设计工况下增置短叶片后，叶轮做功能力增强，扬程均有所增加，但短叶片置于长叶片工作面一侧时，效率显著下降，而短叶片置于长叶片背面一侧时，效率几乎不受影响。当偏置角为 10°时，泵扬程增加明显，增加幅度达 8.6%，水力效率稍有下降，所以用于非定常计算的长短叶片方案偏置角同样取为 10°。

图 7.38 给出了不同叶片方案模型泵的性能曲线，图中下标 0，SP10，ST10 分别表示普通叶片、长短叶片和错列叶片方案。由图可知：长短叶片方案的泵扬程最高，较原方案增幅为 10%左右；在小流量工况下，水力效率略低于原模型，而在大流量工况下，水力效率高于原模型，且增加效果显著。错列叶片方案的泵在全工况扬程均低于原模型，小流量工况降幅为 5%，大流量工况降幅达 10%；水力效率下降明显，降幅达 4%以上。因此，长短叶片方案在性能提升上是有优势的。

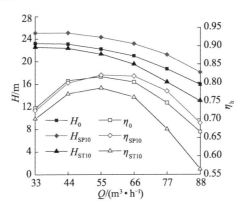

图 7.38　不同方案泵性能曲线

图 7.39 给出了设计工况下计算稳定后监测点 P3（P3 测点靠近隔舌上部）在 2 个周期内的压力脉动时域信号。由于叶轮与隔舌的动静干涉作用，P3 测点压力脉动时域图呈周期性变化，周期内波峰与叶片数一致。但 3 种叶轮方案 P3 测点静压有明显差异，尤其是错列叶片方案周期内存在小波峰，这是因为短叶片与长叶片错列开来，存在一定的周向距离，短叶片与蜗壳同样存在明显的动静干涉效应。而长短叶片叶轮旋转时短叶片在长叶片后方，间隔较小，与蜗壳的干涉作用不明显。

叶轮旋转 27 个周期后压力脉动时域信号呈稳定的周期性变化，对 500～5 000 步内的静压值进行 FFT 变换，发现 P3 测点的压力脉动幅值最大，其频谱信号如图 7.40 所示。由图可以看出，不同方案表现出的非定常压力脉动程度有明显差异，主要峰值信号基本分布在低频段内，监测点脉动主频位于 1 倍叶频 145 Hz 附近,次频为 2 倍叶频。

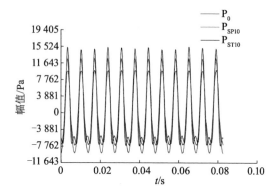

图 7.39　不同方案 P3 测点压力脉动时域图

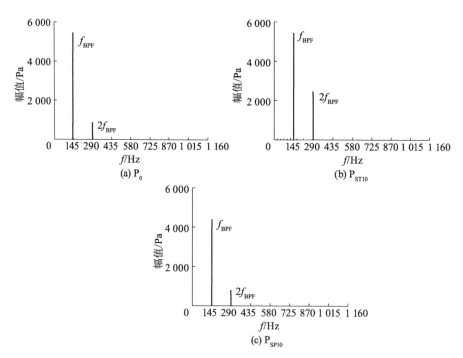

图 7.40　不同方案 P3 测点压力脉动频谱图

图 7.41a 给出了叶频处压力脉动幅值沿蜗壳周向位置的变化情况,从中可以看出,压力脉动幅值大小随角度呈周期性变化,共 6 个周期,与叶片数一致。并且沿叶轮旋转方向,波峰处幅值有降低趋势,这说明距离蜗壳隔舌越远,叶轮与蜗壳的动静干涉作用造成的影响越小。2 倍叶频处各监测点压力脉动幅值变化如图 7.41b 所示,变化趋势呈 M 形走势,沿叶轮旋转方向,波峰

处幅值同样呈降低趋势。

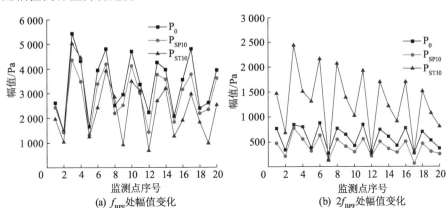

图 7.41 监测点叶频及 2 倍叶频处压力脉动幅值变化

为了更清晰地得到叶轮修改对压力脉动特性的影响,表 7.9 给出了修改方案叶频处、2 倍叶频处监测点压力脉动幅值的平均值及相对于原模型幅值的降幅比。

表 7.9 叶频及 2 倍叶频处压力脉动平均幅值对比

模型	频率/Hz	幅值平均 $\overline{A_P}$/Pa	幅值下降 $\Delta\overline{A_P}$/%
P_0	145	3 376.7	—
P_{ST10}	145	2 413.9	28.51
P_{SP10}	145	2 901.8	14.06
P_0	290	581.8	—
P_{ST10}	290	1 277.5	−227.80
P_{SP10}	290	387.9	33.02

从表 7.9 中可以看出,错列叶片方案 P_{ST10} 在叶频处降幅达 28.51%,长短叶片方案 P_{SP10} 在叶频处降幅为 14.06%,在 2 倍叶频处 P_{SP10} 压力脉动平均幅值降低 33.02%,而 P_{ST10} 较原模型增大 227.8%。考虑到叶频处脉动幅值远大于 2 倍叶频处,采用错列叶片方案降低压力脉动幅值效果更佳。

大量研究认为,叶片出口与蜗壳交界位置的尾迹结构和压力脉动及流体诱发振动存在直接关系。因此有必要探究短叶片的存在对泵内部流场结构的影响,揭示两种修改型叶轮降低蜗壳壁面压力脉动幅值的原因。

图 7.42 给出了在设计点不同叶轮中间截面的相对速度矢量分布。由图可知,各叶轮叶片工作面附近均存在较大范围的低速区。由于短叶片的排挤作用,主流区速度较快,对低速区扩张有一定的抑制作用,两种修改型叶轮低

速区范围均较原模型有一定的缩小。错列叶片方案中长叶片后缘与短叶片前缘存在周向间隙,长叶片工作面附近一部分流体沿短叶片工作面流至下游出口,一部分经间隙流至短叶片背面,由于短叶片前缘与流动方向存在冲角,因此在短叶片背面形成回流区。由于错列叶片叶轮有效做功长度较原模型有所降低,在短叶片出口存在回流区,局部损失增大,所以泵扬程有所降低。长短叶片方案主流区流动状态与原模型类似,在短叶片与长叶片之间的小流道,短叶片对长叶片背面低能流体做功,并且流动平顺,短叶片的阻力作用小于其做功作用,所以扬程有所增加。

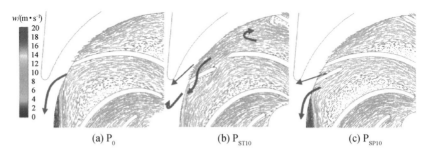

(a) P_0　　　　　　　(b) P_{ST10}　　　　　　(c) P_{SP10}

图 7.42　不同叶轮中间截面相对速度矢量分布

　　图 7.43 给出了不同叶片方案模型泵中间截面涡量分布。设计工况点高涡量区集中在叶轮进口背面及叶轮与蜗壳流体域交界面。叶片通过隔舌阶段,汇集产生较大范围的高涡量团,并且错列叶片方案短叶片背面存在高涡量团,而长短叶片方案不存在。经分析认为,错列叶片方案长叶片工作面上的一部分高能流体经间隙运动至短叶片背面附近,致使当地流动状态紊乱,产生回流旋涡,该旋涡的存在部分减缓了由叶轮出口流体与蜗壳内流体碰撞作用产生的涡团的发展和扩散。而长短叶片方案增加短叶片导致叶轮出口过流能力减弱,流体相对速度增加,并且将流道分为主、次两个通道,在相当程度上抑制了射流-尾迹结构的发展。

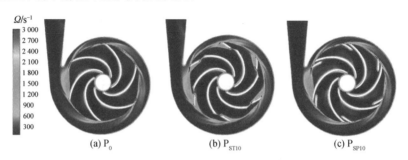

(a) P_0　　　　　　　(b) P_{ST10}　　　　　　(c) P_{SP10}

图 7.43　不同方案中间截面涡量分布

7.5　离心泵尾迹控制及其对压力脉动的影响

由第3,4章相关研究可知,离心泵叶片出口脱落涡与隔舌的撞击、干涉作用和压力脉动特性密切相关,因此控制并降低脱落涡强度是低噪声离心泵设计及振动噪声主动控制的新途径。

本节拟从主动抑制离心泵叶片出口尾迹涡的演变特性出发,探索叶片出口不同形状对模型泵性能、压力脉动、涡结构分布特征的影响,并总结形成工程应用中低压力脉动离心泵设计技术,为低噪声离心泵设计提供技术参考。

7.5.1　叶片出口边形状对压力脉动的影响

由第3章分析可知,叶片出口尾迹涡直接关系到压力脉动能量,而叶片出口尾缘形状直接影响尾迹涡的演变特性,因此其将对模型泵的压力脉动特性产生显著影响。在其他形式的水力机械及翼型中,已经有部分学者开展了尾缘形状对水轮机叶片振动特性的研究,并认为设计合理的尾缘形状可以大幅地降低叶片的振动能量,如图7.44所示[5]。

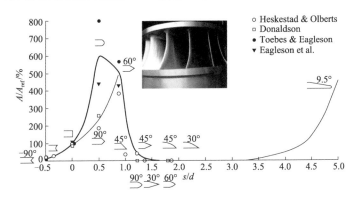

图 7.44　水轮机叶片出口边形状对振动特性的影响

Zobeiri A 等[6]最近的研究同样认为改变翼型尾缘形状可以有效地降低流体诱导的振动能量,作者认为改变翼型形状后,翼型上、下表面脱落涡的分离点将发生改变,导致上、下脱落涡的碰撞,从而造成脱落涡强度的衰减,如图7.45所示。

由此推测改变尾缘形状可以有效地减弱脱落涡强度,进而降低离心泵流体诱导的振动能量,本节拟从改变叶片尾缘形状出发,探索低噪声离心泵设计的新途径。

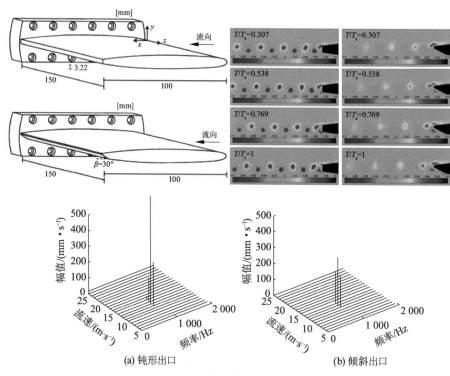

图 7.45　叶片出口斜切对涡激振动能量的影响

　　为了研究叶片出口边形状对离心泵性能及压力脉动特性的影响,本书设计了 5 种不同的离心泵叶片出口边形状,分别为原始叶片出口边(OTE)、圆形叶片出口边(CE)、工作面弧形叶片出口边(EPS)、背面弧形叶片出口边(ESS)、工作面及背面皆为弧形的叶片出口边(EBS),各种叶片出口边形状的具体参数如图 7.46 所示,模型泵设计参数如第 3 章所述。

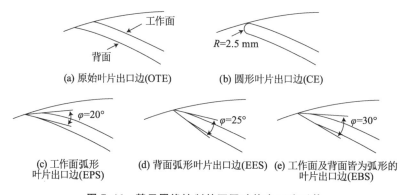

图 7.46　基于尾缘控制的不同叶片出口边形状

采用数值计算手段研究叶片出口尾缘形状对模型泵压力脉动性能的影响,数值计算方法详见第 3 章 3.2 节。首先分析不同叶片尾缘形状对模型泵性能的影响,图 7.47 给出了 5 种方案时模型泵的 H-Q,η-Q,P-Q 性能曲线,计算结果皆由定常 SST k-ω 模型获得。表 7.10 给出了设计工况下不同方案的能量性能。从 H-Q 性能曲线可知,在不同工况下,CE 叶片尾缘形状可以大幅地提高模型泵的扬程,相比于其他修改后的叶片尾缘形状,具有原始叶片尾缘形状(OTE)的扬程基本达到最小值;在设计工况下,CE 尾缘使模型泵的扬程提高了 0.77 m,而 EPS 尾缘对扬程几乎没有产生影响。由 η-Q 曲线可知,CE,EPS,EBS 尾缘可以提高模型泵的效率,尤其是 EBS 尾缘,在设计工况下使模型泵的效率上升了 2.4%;而采用 ESS 尾缘则对模型泵的效率产生了不利的影响,在设计工况下使模型泵的效率降低了 0.56%。

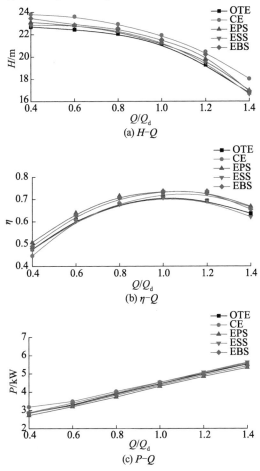

图 7.47　不同叶片尾缘形状对模型泵性能的影响

表 7.10　设计工况下模型泵性能对比

方案	$Q/(\mathrm{m^3 \cdot h^{-1}})$	H/m	η	P/kW
OTE	55	21.16	0.713 3	4.44
CE	55	21.93	0.724 6	4.53
EPS	55	21.20	0.737 1	4.31
ESS	55	21.36	0.707 7	4.52
EBS	55	21.54	0.737 3	4.37

　　为了研究不同叶片尾缘形状对模型泵压力脉动特性的影响,采用非定常数值计算对压力脉动信号进行提取,压力脉动监测点位置如图 7.48 所示。

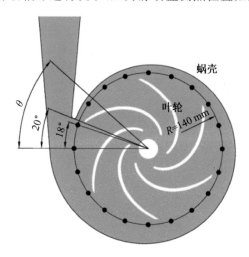

图 7.48　压力脉动监测点

　　图 7.49 给出了 4 个测点($\theta=0°,90°,180°,270°$)处不同叶片尾缘的压力脉动时域信号,可以看出,随着叶轮的转动,压力脉动信号波动剧烈,由于叶轮-隔舌的动静干涉作用,压力脉动信号中可见明显的波峰、波谷现象。不同叶片尾缘的压力脉动信号在信号大小及波动幅值方面都存在较为明显的差异。

　　图 7.50 给出了不同叶片尾缘对模型泵压力脉动频谱特性的影响,可以看出,采用不同叶片尾缘时,压力脉动频谱中主峰值全部出现在叶频 f_{BPF} 处,且叶频处压力脉动幅值差异显著,在低频段同样可以观测到较多的激励信号。由压力脉动频谱可知,不同叶片尾缘确实对模型泵的频谱特性产生了影响,尤其是叶频处的压力脉动幅值存在明显的差异。

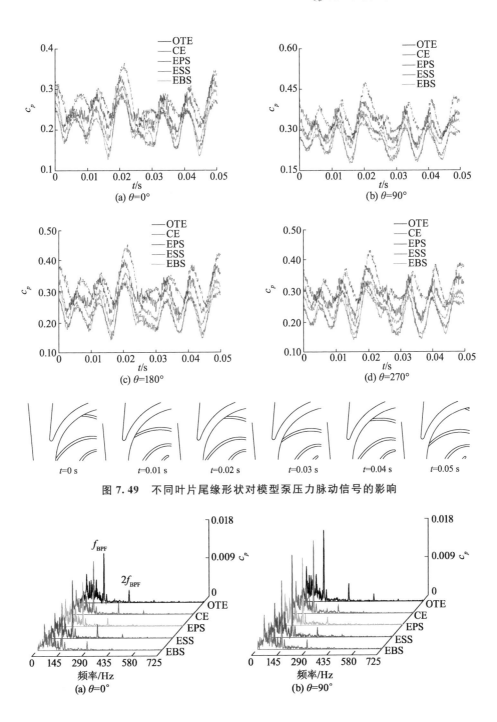

图 7. 49 不同叶片尾缘形状对模型泵压力脉动信号的影响

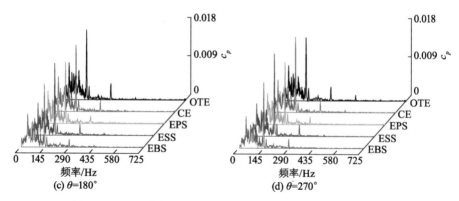

图 7.50　不同叶片尾缘形状对模型泵压力脉动频谱特性的影响

　　由图 7.50 可知,叶频处的压力脉动信号在压力脉动频谱中处于主导地位。同时大量的研究也证明,叶频处信号是水力诱发振动的主要来源之一。图 7.51 给出了不同叶片尾缘时叶频处压力脉动幅值在蜗壳圆周方向上的分布特性,可以看出,和原始叶片尾缘(OTE)相比,尾缘 EPS,EBS 可以有效地降低模型泵的压力脉动幅值,而尾缘 CE,ESS 则导致模型泵压力脉动幅值增加。

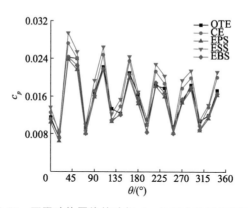

图 7.51　不同叶片尾缘的叶频 f_{BPF} 处压力脉动幅值对比

　　表 7.11 给出了叶频处压力脉动幅值平均值的对比结果,同时定义压力脉动幅值的下降值计算方法,如式(7.32)所示。采用这 CE 和 ESS 叶片尾缘形状导致模型泵的压力脉动幅值增加,尤其是 ESS 尾缘导致了压力脉动幅值的大幅上升,采用这两种叶片尾缘时压力脉动幅值分别上升了 6.2% 和 14.7%。而采用 EPS 和 EBS 叶片尾缘时,模型泵的压力脉动水平得到了明显的改善,分别降低了 7.3% 和 4.6%。由以上结果可知,修改叶片出口边背面将对模型泵的压力脉动特性产生不利的影响,而改变叶片出口边工作面可以有效地降

低模型泵的压力脉动水平。

表 7.11 叶频 f_{BPF} 处压力脉动幅值的平均值对比

方案	叶频/Hz	$\bar{c}_p$	$\Delta\bar{c}_p/\%$
OTE	145	0.015 4	
CE	145	0.016 3	-6.2
EPS	145	0.014 2	7.3
ESS	145	0.017 6	-14.7
EBS	145	0.014 7	4.6

$$\bar{c}_p = \frac{\sum_{i=1}^{n} c_{p-n}}{n}(n = 20) \tag{7.31}$$

式中：c_{p-n} 为不同角度时叶频处压力脉动幅值。

$$\Delta\bar{c}_p = \frac{\bar{c}_{p-OTE} - \bar{c}_{p-n}}{\bar{c}_{p-OTE}} \times 100\% \tag{7.32}$$

式中：$\bar{c}_{p-OTE}$ 为叶片尾缘 OTE 时的压力脉动平均幅值；$\bar{c}_{p-n}$ 为叶片尾缘 CE，EPS，ESS，EBS 时的压力脉动平均幅值[7]。

除了叶频处峰值信号外，在图 7.50 中还可以捕捉到叶频的高次谐波 $2f_{BPF}$ 信号。为了研究不同叶片尾缘对 $2f_{BPF}$ 的影响，图 7.52 给出了不同叶片尾缘时 $2f_{BPF}$ 处压力脉动幅值的对比结果。由图可以明显看出，叶片尾缘 OTE 的压力脉动幅值最大，而修改叶片出口边形状可以有效地降低 $2f_{BPF}$ 处的压力脉动能量。

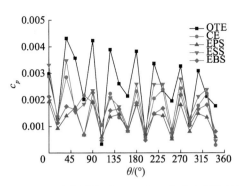

图 7.52 不同叶片尾缘对 $2f_{BPF}$ 处压力脉动幅值的影响

表 7.12 给出了 $2f_{BPF}$ 处压力脉动幅值平均值的对比结果，可以看出：EPS 尾缘形状可以大幅地降低 $2f_{BPF}$ 处的压力脉动幅值，压力脉动幅值下降了

51.3%;CE,ESS,EBS 尾缘形状使压力脉动幅值分别下降了 32.7%,24.9%,
45.1%。因此,理想的叶片出口边形状可以有效地降低叶频及其高次谐波处
的压力脉动能量。

表 7.12　2f_{BPF} 处压力脉动幅值的平均值对比

方案	2 倍叶频/Hz	$\bar{c}_p$	$\Delta\bar{c}_p$/%
OTE	290	0.002 54	
CE	290	0.001 71	32.7
EPS	290	0.001 24	51.3
ESS	290	0.001 91	24.9
EBS	290	0.001 40	45.1

　　综合以上结果可知,EPS 和 EBS 叶片尾缘形状不仅可以有效地提高模型
泵的效率,还可以降低压力脉动能量。由于叶片尾缘形状对离心泵的能量性
能及非定常压力脉动特性都有显著的影响,因此在离心泵设计过程中不应忽
视叶片尾缘形状的影响。本书的研究结论可以为进一步优化离心泵叶片出
口尾缘形状提供有益的参考。

　　大量研究认为,叶片尾缘的脱落涡强度和压力脉动及流体诱发振动存在
直接关系。Keller 研究认为,离心泵叶轮-隔舌的动静干涉作用由叶片尾迹脱
落涡撞击隔舌作用主导。从本书的研究结果也可以看出,修改叶片尾缘形状
确实可以有效地降低离心泵内部的压力脉动能量,说明了叶片尾缘形状对脱
落涡强度有直接影响。为了验证上述结论及推断,图 7.53 给出了不同叶片尾
缘处涡量分布特性,可以看出,EPS,EBS 叶片尾缘处的旋涡强度小于 OTE 叶
片尾缘处,而 CE 叶片尾缘处的旋涡强度则远大于 OTE 叶片尾缘处。表
7.13 给出了不同叶片尾缘时叶频处平均涡量强度的对比结果,可以看出,
EPS,EBS 叶片尾缘降低了脱落涡强度,而 CE,ESS 叶片尾缘造成叶片出口产
生了高强度的脱落涡结构,该结论和叶频处压力脉动幅值变化特性一致。

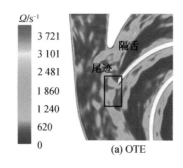
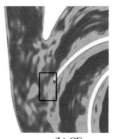

(a) OTE　　　　　　(b) CE

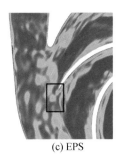 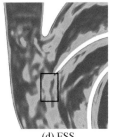 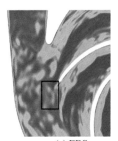

(c) EPS   (d) ESS   (e) EBS

图 7.53 不同叶片尾缘处涡量分布

表 7.13 叶频处平均涡量强度对比

方案	叶频/Hz	涡量 $\bar{\Omega}/\text{s}^{-1}$	涡量下降 $\Delta\bar{\Omega}/\%$
OTE	145	173.5	
CE	145	206.3	−18.9
EPS	145	164.8	5.0
ESS	145	197.4	−13.8
EBS	145	169.6	2.5

由上述结果可知,改变叶片出口边形状确实可以有效地降低脱落涡强度,进而降低离心泵内部的压力脉动能量。

7.5.2 叶片尾迹流动结构控制的试验研究

为了验证基于尾缘控制的低压力脉动设计方法,对两种不同的叶片尾缘形状进行压力脉动试验,试验中采用的两种尾缘形状如图 7.54 所示[8],S_2 为叶片出口厚度,$S_2=5$ mm。

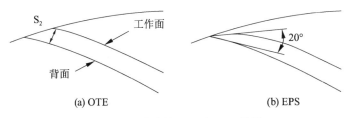

(a) OTE   (b) EPS

图 7.54 试验用 OTE 和 EPS 模型

图 7.55 给出了试验中所采用的闭式测试平台。系统主要包括水箱、闸阀、压力表、电机、变频器、数据采集板、电磁流量计和真空泵。模型泵在不同条件下的流量由电磁流量计测量,测量结果的不确定度为±0.2%。为了测

量泵的扬程,使用两个分别位于泵吸入管和出口管的压力表,压力表的测量精度为±0.1%。为确保模型泵在额定转速下工作,采用变频器保证泵工作在额定转速附近,试验中转速脉动约为 5 r/min,即转速误差小于 1%。

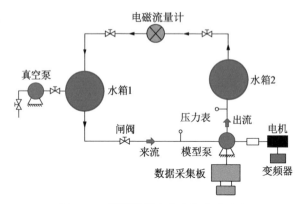

图 7.55　模型泵压力脉动闭式试验台

为了获得离心泵在不同工况下的压力脉动信号,在蜗壳壁面上均匀布置了 20 个具有高频动态响应的压力脉动传感器(PCB113B27 系列),如图 7.56所示。压力脉动传感器位于叶轮和蜗壳隔舌之间的相互作用区域,该高频压力脉动传感器的响应时间低于 0.2 μs,测得的信号不确定度小于 0.2%。在信号采样过程中,压力脉动的频率分辨率设置为 0.5 Hz,从而获得压力谱的详细特征。压力脉动测点 P1 的角度定义为 0°,相邻两个压力脉动传感器的间隔角度为 18°。

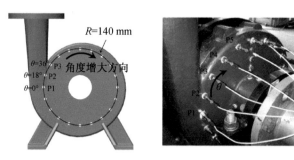

图 7.56　压力脉动传感器位置

OTE 和 EPS 模型泵的扬程对比如图 7.57 所示,可以看出,在所有工况下,修整叶片压力面都可以明显地提高泵的扬程;特别是在 $1.6Q_d$ 的大流量工况下,与原始的 OTE 尾缘相比,扬程增量达到 7.3%;在设计流量下,泵扬程的增量为 2%。通过对比可以认为,泵扬程的增加是由叶片出口区域更均匀的流动分布造成的。受有限叶片数和叶片厚度的共同作用,在叶片出口区域处的压力侧和吸力侧之间会形成高速度梯度,这会导致较高的水力损失,从而影响泵的扬程。通过修整叶片压力侧,叶片出口的厚度减小,速度梯度将减弱。最后,叶片出口的流动分布更加均匀,从而导致泵扬程的显著增加。

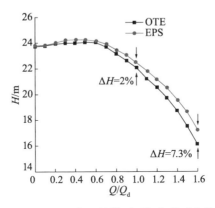

图 7.57　不同尾缘形状模型泵扬程的对比情况

为了分析修整叶片尾缘对非定常压力脉动的影响,图 7.58 给出了当模型泵工作在设计流量下,$\theta=36°$测点压力脉动信号的对比情况。此时,叶轮的转速为 1 450 r/min,因此叶轮的旋转周期为 $T=0.041\ 4$ s。从图 7.58 可以看出,压力信号显示出准周期性的脉动特性,受叶轮-隔舌的动静干涉作用影响,在一个周期内出现交替的波峰和波谷。与原始 OTE 尾缘的压力脉动信号相比,EPS 尾缘的压力脉动信号幅值减小,这意味着改变叶片出口压力侧将影响模型泵的非定常压力脉动特性。

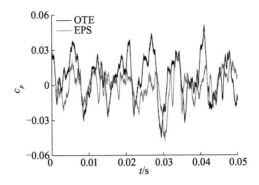

图 7.58　$\theta=36°$ 测点的压力脉动信号对比

为了进一步分析 EPS 尾缘对模型泵压力脉动特性的影响,将时域信号转换为压力频谱。图 7.59 给出了设计工况下 $\theta=36°$ 位置处压力频谱的比较。叶轮的旋转频率 f_n 为 24.2 Hz,因此相应的叶片通过频率 f_{BPF} 为 145 Hz。从压力频谱中可以看出,在叶片通过频率及其谐波处出现了明显的峰值信号。在高频段,没有捕捉到明显的峰值信号,这意味着对于这种典型的离心泵,压力脉动能量主要集中在 f_{BPF} 及其谐波处。从比较中可以看出,叶片通过频率处的压力幅值在不同叶片尾缘处差异明显。对于 OTE 尾缘,叶频压力幅值为 $c_p=0.018\ 3$;对于 EPS 尾缘,叶频压力幅值为 $c_p=0.010\ 5$。因此,当采用 EPS 尾缘形状时,压力脉动幅值降低近 43%。最后,可以得出结论,EPS 尾缘形状可以有效地降低该测点处的压力脉动幅值。在本研究中,采用了 20 个压力脉动传感器测量不同工况下的压力脉动信号,为了获得综合对比结果,需要进行更多的分析。在低频带中,也可以捕捉到一些峰值,尤其是在 EPS 泵叶轮的旋转频率 f_n 处,相应的幅值远小于 f_{BPF} 处的幅值。叶轮旋转频率 f_n 是由旋转轴系的不平衡引起的,在试验过程中很难获得理想的平衡旋转轴系,因此经常可以捕捉到该旋转频率。

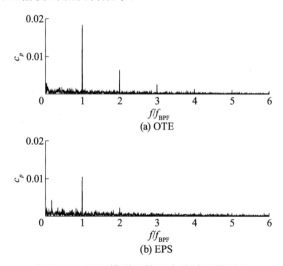

图 7.59 不同模型泵的压力脉动频谱对比

从图 7.59 中可以清楚地看出,对于这种类型的离心泵,压力脉动能量总是在叶片通过频率处达到最大值,因此可以说 f_{BPF} 是压力脉动频谱的主导频率。为了研究 EPS 尾缘形状对压力脉动特性的影响,图 7.60 给出了不同流量下 4 个典型测点($\theta=0°,18°,36°,54°$)处 f_{BPF} 频率的压力脉动幅值。由图可以看出:在测点 $\theta=0°$ 和 $\theta=18°$ 处,在全工况范围内,EPS 尾缘的压力脉动幅值明显小于 OTE 尾缘的压力脉动幅值;在设计流量下,EPS 尾缘的压力脉动幅值分别降低 22.5% 和 32.3%;对于 $\theta=36°$ 和 $\theta=54°$ 测点,在大流量 $Q>0.8Q_d$ 下,EPS 尾缘的压力脉动幅值要小于 OTE 尾缘,当流量低于 $0.8Q_d$ 时,其表现出相反的趋势;在设计流量下,采用 EPS 尾缘时,压力脉动幅值分别降低

42.9％和23％。从比较结果中可以看出,修整叶片出口边将显著地影响模型泵的压力脉动特性。在不同的测量位置处,该影响效果并不相同,特别是在小流量工况下。然而,在大于$0.8Q_d$的工况下,该影响是一致的,EPS尾缘将显著地降低f_{BPF}处的压力脉动幅值。

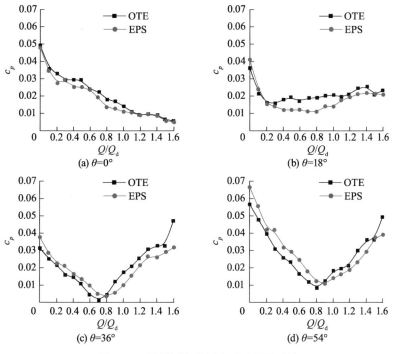

图7.60　不同测点的压力脉动幅值对比

通过比较还可以发现,不同测点的变化趋势并不一致,其原因可能是沿蜗壳壁面各个测点处压力脉动的产生机制不尽相同。对于位于隔舌下游的测点($\theta=36°$和$\theta=54°$),压力脉动由势流干涉效应决定,即叶片与隔舌之间的动静干涉作用。然而,对于位于隔舌上游的测点($\theta=0°$和$\theta=18°$),压力脉动由尾流干涉效应决定,即来自叶片的尾迹流与蜗壳壁面之间的相互作用,而采用EPS尾缘结构可以在叶片出口区域获得更加均匀的流动分布结构,从而减少相应的干涉作用,所以对于EPS尾缘,在$\theta=0°$和$\theta=18°$测点处的压力脉动幅值减小。然而对于隔舌下游的测点,压力脉动能量由流体和隔舌之间的复杂干涉作用主导,具体包括流体撞击隔舌、切割、扭曲等过程。此外,在小流量条件下,叶轮流道内会产生明显的流动分离,其将影响动静干涉作用。尽管采用EPS尾缘可以获得较好的流场分布,但流动分离等复杂结构依旧可能诱发较大幅度的压力脉动。

在本试验中,为了全面了解叶片尾缘对模型泵压力脉动特性的影响,采用 20 个测点来获得泵的非定常压力脉动信号。为了获得 EPS 尾缘对不同测量位置压力脉动的影响,图 7.61 给出了不同工况下 20 个测点叶频 f_{BPF} 处压力脉动幅值的变化特性。这里共比较了 8 个不同工况下的压力脉动幅值,即 $0.2Q_d \sim 1.6Q_d$。由图 7.61 可以看出,由于周期性的叶轮-隔舌动静干涉效应,叶频幅值的角度分布显示出交替的波峰和波谷特征。在大流量工况下,最大压力幅值出现在蜗壳隔舌区域,即 $\theta=36°$ 到 $\theta=54°$ 附近的点,随着角度的增大,压力幅值明显减小。与 OTE 叶片尾缘相比,在大流量工况下,采用 EPS 尾缘后,大部分测点的叶频幅值呈现降低趋势。对于小于 $1.0Q_d$ 的工况,在蜗壳隔舌周围的区域,压力幅值最大值也位于 $\theta=54°$,但压力幅值没有出现减小趋势。特别是在极低工况下,在少数测点,例如 $0.6Q_d$ 工况下,$\theta=308°$测点的压力幅值甚至大于 $\theta=54°$测点的压力幅值。从图 7.60 可以看出,对于测点 $\theta=36°$ 和 $\theta=54°$,EPS 尾缘可以有效地降低压力脉动能量。从图 7.61 可以看出,对于大部分测量位置,与 OTE 尾缘相比,EPS 尾缘可以降低压力脉动能量。因此可以得出结论,对于绝大部分测点,采用 EPS 尾缘可以明显地降低叶频处的压力脉动幅值。

为了进一步分析 EPS 尾缘形状对模型泵压力脉动特性的影响,现将不同测点叶频处的压力脉动幅值进行平均处理,见公式(7.31)。

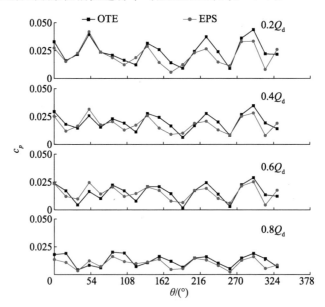

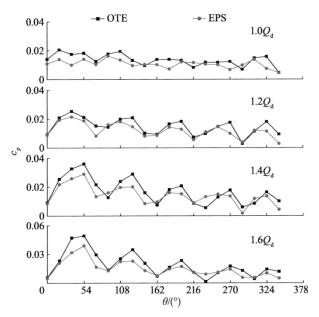

图 7.61　不同测点处压力脉动能量的对比

图 7.62 给出了 OTE 和 EPS 尾缘平均压力脉动幅值的对比结果,可以看出,不同工况下,EPS 尾缘可以有效地减小模型泵的平均压力脉动幅值。特别是在大流量工况下,平均压力脉动幅值迅速下降。通过定量分析可以看出,当流量大于 $0.8Q_d$ 时,平均压力脉动幅值降低超过 15%。在 $1.0Q_d$ 和 $1.6Q_d$ 工况下,平均压力脉动幅值降低超过 20%。除 $0.6Q_d$ 工况外,当泵工作在 $0.2Q_d$ 和 $0.4Q_d$ 工况时,平均压力脉动幅值也降低了 10% 以上。从上述分析可以看出,EPS 尾缘可以有效地减小平均压力脉动幅值,在设计工况时,平均压力脉动幅值降低超过 20%,说明 EPS 尾缘的效果非常显著。

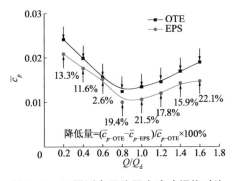

图 7.62　不同测点平均压力脉动幅值对比

7.5.3　尾缘控制对泵内流的影响

为了从内流角度分析 EPS 尾缘降低模型泵压力脉动能量的原因,采用数值计算方法对 OTE 和 EPS 尾缘进行深入分析,以探究其内流作用本质。

对于常规离心泵而言,受有限叶片数和叶片出口厚度的影响,在叶片出口区域,叶片工作面和背面存在高速度梯度,此外,在叶片出口处会产生明显的射流-尾迹结构,最终在叶片出口处形成非均匀的流动分布结构,直接影响叶轮-隔舌的动静干涉作用。因此可以总结:动静干涉作用与叶片出口处的复杂流动结构密切相关,改变叶片尾缘,叶片出口厚度也将改变,其将对叶片出口处的速度梯度产生明显的影响。因此,有必要从泵内部流动结构出发,获得 EPS 尾缘结构对泵内部流动的影响规律,从流动角度揭示其对压力脉动影响的根本原因。

采用公式(7.33)对相对速度进行无量纲化处理。

$$w^* = w/u_2 \tag{7.33}$$

图 7.63 首先给出了设计工况下 OTE 和 EPS 模型泵叶轮中间断面上相对速度的分布特性,通过比较可以看出,两台泵的相对流速分布基本一致。在叶片背面,从叶片前缘伸展到叶片出口存在高相对速度分布区域。在叶轮流道内,相对速度从叶片工作面到背面明显增加,并在叶片工作面形成低相对速度区域。该现象与 Brennen 所讨论的两种不同流动结构有关,即与流速相关的贯通流和流体趋于保持其角动量而产生的反向旋转流[9,10]。即使在设计工况下,该低速流动结构仍可以被捕捉到,因此可以认为叶片工作面的低速流动结构是低比转速离心泵中常见的流动现象。从相对速度的分布云图可知,采用 EPS 尾缘后,叶轮内的流场分布无显著差异,因此需要进行更深入的分析以研究其影响。

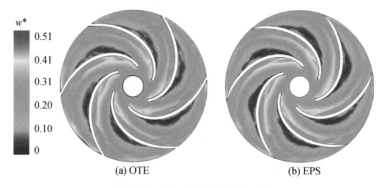

图 7.63　相对速度分布的对比

为了定量研究 EPS 尾缘对泵内部流动的影响,选择两个叶轮流道中的流场信息进行比较,图 7.64 给出了模型泵流道的示意图。选择的流道为 Ch1 和 Ch2,并提取叶片出口处的相对速度,即 $R=R_2=130$ mm。定义叶片 B1 工作面上测点的角度为 $\varphi=0°$,对于远离 B1 的测点,角度 φ 沿叶轮旋转方向增大。在 $t=t_0$ 时刻,叶片 B2 与蜗壳隔舌对齐,当 B2 旋转离开隔舌时,研究4个叶轮位置处的相对速度分布特性,即 $t=t_0$,$t=t_0+14\Delta t$,$t=t_0+30\Delta t$,$t=t_0+44\Delta t$ 时刻,$\Delta t=1.15\times10^{-4}$ s 为数值计算的时间步长。

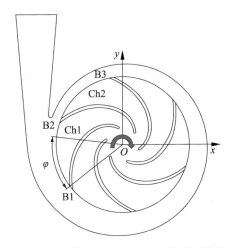

图 7.64　隔舌附近 Ch1 和 Ch2 流道示意图

图 7.65 给出了模型泵设计工况下 4 个不同叶轮位置处沿叶片 B1 到 B2 弧线上的相对速度对比情况。由叶片出口处的相对速度分布可知,叶轮出口处存在典型的射流-尾迹结构。在 $t=t_0$ 时刻,Ch1 流道中的相对速度分布可以分为两个部分,即从 $\varphi=0°$ 到 $\varphi=40°$ 的射流区域和从 $\varphi=40°$ 到 $\varphi=60°$ 的尾迹区域。在 Ch2 中,射流区域约为 $\varphi=60°$ 至 $\varphi=100°$,尾迹区域为 $\varphi=100°$ 至 $\varphi=120°$。通常,射流区域中的相对速度明显大于尾迹区域中的相对速度。因此,$\varphi=40°$ 和 $\varphi=100°$ 两个点可以作为相对速度分布的拐点。从比较中可以看出,与 OTE 尾缘相比,EPS 尾缘可以有效地降低叶片出口处的相对速度大小。

表 7.14 列出了不同时刻射流-尾迹区域内的平均相对速度对比情况。与 OTE 尾缘相比,采用 EPS 尾缘后,射流区域的平均相对速度下降约为 13%。在尾迹区域中,OTE 和 EPS 尾缘之间的差异并不显著,在 $t=t_0+44\Delta t$ 时刻,EPS 尾缘甚至会造成相对速度的增加。最后,通过对比可以看出,采用 EPS 尾缘后,尾迹区域中的相对速度平均下降了 4%。对于离心泵而言,叶片出口

处的射流-尾迹结构为强非定常、非均匀流场结构,其对泵能量性能和非定常压力脉动特性有显著的影响。换句话说,均匀的叶片出口流场分布可以显著地降低压力脉动能量。从图 7.65 和表 7.14 中的比较可以看出,EPS 尾缘可以显著地降低射流区域的速度大小,改善叶片出口的速度分布特性。采用 EPS 尾缘可以减小射流和尾迹区域之间的速度差 Δw^*,如表 7.14 所示。因此,EPS 尾缘可以提高叶片出口处流场的均匀性,这也是 EPS 尾缘可以降低压力脉动能量的根本原因。

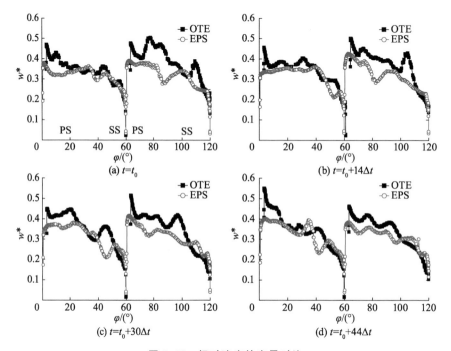

图 7.65　相对速度的定量对比

表 7.14　射流-尾迹区域平均相对速度对比

方案	区域	w^*			
		$t=t_0$	$t=t_0+14\Delta t$	$t=t_0+30\Delta t$	$t=t_0+44\Delta t$
OTE 泵	射流区域	0.407	0.388	0.405	0.403
	尾迹区域	0.274	0.257	0.233	0.228
	Δw^*	0.133	0.131	0.172	0.175

续表

方案	区域	w^*			
		$t=t_0$	$t=t_0+14\Delta t$	$t=t_0+30\Delta t$	$t=t_0+44\Delta t$
EPS泵	射流区域	0.347	0.351	0.354	0.341
	尾迹区域	0.250	0.232	0.228	0.236
	Δw^*	0.097	0.119	0.126	0.105

表 7.15 给出了在设计工况下不同时刻的平均相对速度对比情况。从比较中可以看出,使用 EPS 尾缘后,平均相对速度降低约为 8%。从叶片出口处的速度三角形出发,可以解释 EPS 尾缘导致泵扬程上升的原因。

表 7.15 平均相对速度对比

方案	w^*			
	$t=t_0$	$t=t_0+14\Delta t$	$t=t_0+30\Delta t$	$t=t_0+44\Delta t$
OTE泵	0.351	0.336	0.333	0.325
EPS泵	0.310	0.312	0.306	0.300

对于离心泵而言,理论扬程计算公式为

$$H_t = v_{u2} u_2 - v_{u1} u_1 \qquad (7.34)$$

式中:v_{u2} 为绝对速度的圆周分量,由于该泵进口采用无旋条件,因此 $v_{u1}=0$。

图 7.66 给出了叶片出口处的速度三角形,此时两台泵的流量可以认为相等。与 OTE 尾缘相比,EPS 尾缘可以减小叶片出口的厚度,因此叶轮出口的过流断面面积增加,导致轴面速度 v_{m2} 减小。对于两种不同的尾缘方案,叶片的出口安放角 β_2 可以认为保持不变。由表 7.15 可知,EPS 尾缘方案的 $w_{2\text{-EPS}}$ 要小于 OTE 尾缘方案。由图 7.66 可以看出,与 OTE 尾缘方案相比,EPS 尾缘方案绝对速度的圆周分量 $v_{u2\text{-EPS}}$ 明显增加,最终 EPS 尾缘将造成泵扬程的上升。

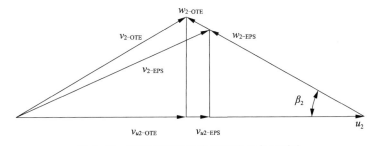

图 7.66 不同方案叶轮出口速度三角形对比

通过相对速度比较可以发现,采用 EPS 尾缘后,叶片出口的流场均匀度得到明显的改善,最终降低了模型泵的压力脉动能量。叶片出口脱落涡分布、强度同样与压力脉动息息相关,因此有必要探索不同尾缘方案对叶片出口涡结构的影响规律。在已发表的文献中,相关研究成果证实改进的叶片尾缘可以降低旋涡脱落强度。在离心泵中,Keller[11]还证明了脱落涡与蜗壳隔舌之间的干涉作用将直接影响压力脉动能量,这意味着非定常压力脉动与相应的尾迹涡分布密切相关。因此,有必要研究 EPS 尾缘方案对涡量的影响规律。采用公式(7.35)定义 z 方向上的涡量大小。

$$\Omega_z = \frac{\partial v_y}{\partial x} - \frac{\partial v_x}{\partial y} \tag{7.35}$$

图 7.67 给出了设计工况下 OTE 和 EPS 模型泵叶轮中间断面上的涡量分布特征,可以看出,两台泵的涡量分布规律基本一致,在模型泵中很明显地形成了几个高涡量分布区域。在叶片背面,产生了高涡量分布带,定义为 γ 的高涡量区几乎覆盖整个叶片通道。γ 的涡量值为负,这意味着旋涡旋转方向与叶轮旋转方向相反。该高涡量区 γ 的产生与相应的相对速度分布有关。同时,在叶片的背面形成了高相对速度分布带,从叶片前缘一直延伸到叶片尾缘,因此该高速度梯度分布区域最终形成了高涡量分布区域 γ。叶片尾缘处,在叶片工作面上产生了具有正值的另一个高涡量分布区域 β。当叶轮旋转时,旋涡结构 γ,β 从尾缘脱落到蜗壳中,最后在蜗壳内部形成高涡量分布区域。叶片出口的脱落涡将和蜗壳隔舌之间产生强烈的冲击、干涉效应,最终引起高幅值压力脉动。从涡量云图上可以看出,两种方案的涡量分布结构基本一致,很难找出差异性,因此还需对涡量分布做进一步的定量分析,以获得EPS 尾缘结构对模型泵涡量分布的影响规律。

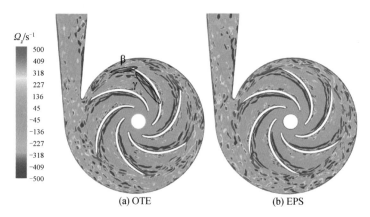

图 7.67　两种不同方案的涡量对比

图 7.68 给出了设计工况时模型泵在 4 个不同叶轮位置处沿叶片 B1 到 B2 弧线上的涡量分布。由于叶片表面上边界层的存在,涡量在叶片表面附近迅速增加。从比较中可以看出,EPS 尾缘有助于降低大部分位置处的涡量大小,特别是在 $\varphi=60°$ 至 $\varphi=120°$ 的 Ch2 流道中,与 OTE 尾缘相比,涡量大小显著降低。在 $t=t_0$ 和 $t=t_0+44\Delta t$ 时刻,与 OTE 尾缘相比,在绝大部分位置处,EPS 尾缘均大幅地降低涡量的大小。

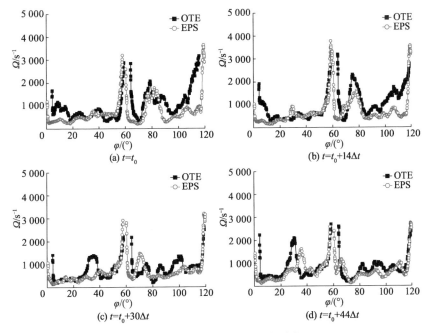

图 7.68　不同时刻涡量大小对比

表 7.16 给出了 4 个时刻 $\varphi=0°\sim\varphi=120°$ 的平均涡量大小。从比较结果可以看出,采用 EPS 尾缘后,涡量得到明显的降低,不同时刻的平均减少量可达到 20% 左右。因此可以得出结论:采用 EPS 尾缘结构可以有效地减小叶片出口处的涡量,从而对叶轮-隔舌动静干涉作用的抑制产生积极的作用。

表 7.16　不同时刻涡量平均值对比

方案	Ω/s^{-1}			
	$t=t_0$	$t=t_0+14\Delta t$	$t=t_0+30\Delta t$	$t=t_0+44\Delta t$
OTE 泵	1 335.7	1 282.2	865.4	864.9
EPS 泵	1 015.5	1 000.3	718.7	694.7

7.6 侧壁式压水室结构对激励性能的影响

为了降低叶轮-隔舌动静干涉作用,本节拟对特殊的侧壁式压水室结构进行分析以获得其对泵激励特性的影响。为此设计一台侧壁式压水室离心泵,模型泵的基本参数如表 7.17 所示。

表 7.17 模型泵基本参数

设计参数	设计值
流量 Q_d/(m³ · h⁻¹)	48
扬程 H_d/m	7.8
转速 n_d/(r · min⁻¹)	1 450
比转速 n_s	130
叶片数 Z	6
叶轮外径 D_2/mm	172

叶轮及侧壁式压水室水力图如图 7.69 所示。从图中可知,侧壁式压水室的扩散段与垂直方向呈固定夹角,经过数值计算优化设计该角度为 15°。侧壁式压水室过流断面在径向保持不变,面积沿轴向增加。采用侧壁式压水室之后,隔舌的形状和相对叶轮的位置发生明显变化,可以有效地降低叶轮-隔舌产生的强烈动静干涉作用。

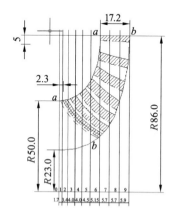
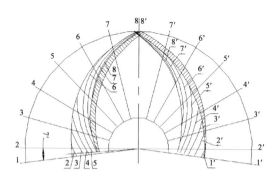

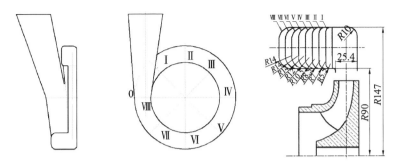

图 7.69　叶轮及侧壁式压水室水力图

为了对比侧壁式压水室的性能,在相同叶轮的条件下,设计常规螺旋形压水室,侧壁式和常规模型泵叶轮和压水室的匹配如图 7.70 所示。

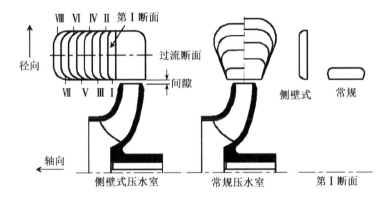

图 7.70　不同压水室模型泵的对比

图 7.71 给出了两台模型泵的三维图对比情况,可以看出,侧壁式压水室的隔舌在叶轮右侧,并没有正对着叶轮,而常规压水室的隔舌正对着叶轮。

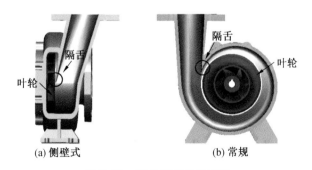

(a) 侧壁式　　　　　　　　(b) 常规

图 7.71　两台模型泵三维图

图 7.72 给出了两台模型泵压水室的过流断面面积对比结果,可以看出,两个压水室的过流断面面积几乎相等。

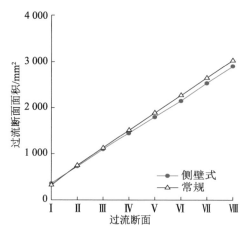

图 7.72 压水室过流断面面积对比

在不同工况下对模型泵进行能量性能试验,图 7.73 给出了侧壁式压水室和常规螺旋形压水室模型泵的性能曲线。从图中可以得到:侧壁式压水室和常规压水室离心泵的最高效率点在 $1.0Q_d$ 附近;设计点处常规压水室离心泵的效率比侧壁式压水室离心泵高 2.5%;从关死点到 $0.3Q_d$,两台模型泵的扬程、效率曲线几乎一致,说明此流量范围内不同压水室结构对模型泵的性能几乎没有影响,并且扬程曲线存在正斜率现象,说明此时离心泵叶轮内部出现了旋转失速现象,随着流量的增加,侧壁式压水室的水力损失增加,导致侧壁式压水室模型泵的扬程、效率明显下降;在大流量工况时,侧壁式压水室离心泵的性能大幅下降,$1.1Q_d$ 时常规压水室离心泵的效率比侧壁式压水室离心泵高 3%,$1.4Q_d$ 时高 10%。通过性能比较分析可得:小流量工况时,两种压水室模型泵性能曲线较为接近;大流量工况时,侧壁式压水室模型泵的性能下降较快。

图 7.74 给出了侧壁式压水室和常规压水室过流断面上压力和绝对速度流线分布图。从图中可得:常规压水室各个过流断面上存在准对称的旋涡结构,从第 Ⅱ 断面到第 Ⅷ 断面这种旋涡尺度不断增加;过流断面进口压力较低,压力沿半径方向不断增加。采用侧壁式压水室后,压水室内部的流动结构发生明显变化,小流量工况时,不同过流断面上只存在单一旋涡结构,且随流动轴向扩散加剧,导致一部分能量的损耗;大流量工况时,过流断面上存在两个旋涡结构,但尺度差异大,呈现非对称性。

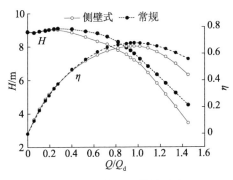

图 7.73　模型泵性能对比

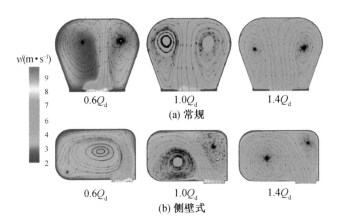

图 7.74　压水室过流断面流动结构特征

由于侧壁式压水室是一种特殊的蜗壳,因此有必要分析其对模型泵内流动结构的影响。图 7.75 显示了设计流量下侧壁式和常规压水室泵内流场结构的对比。由图 7.75a 可以看出,两个模型泵叶轮内的流场结构十分相似,因此,侧壁式压水室对叶轮内的流动结构影响不大。图 7.75b 给出了两个压水室的第Ⅵ过流断面的绝对速度分布,可以看出,两个压水室内流场结构差异显著。图 7.75c 给出了压水室隔舌附近流场的分布特性,可以看出,在侧壁式压水室中,流体被隔舌分为两部分,一部分位于隔舌的左侧,另一部分位于隔舌的右侧。由于侧壁式压水室的隔舌并没有正对着叶轮,因而从叶轮流出的液体不会与隔舌产生强烈的干涉作用。因此可以推断,与常规螺旋形压水室相比,侧壁式压水室可以有效地降低泵内压力脉动能量。

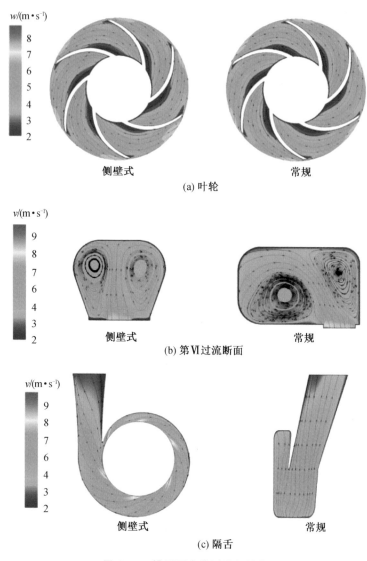

(a) 叶轮

(b) 第Ⅵ过流断面

(c) 隔舌

图 7.75 模型泵内典型流场结构

7.6.1 侧壁式压水室对压力脉动的影响

在侧壁式压水室上布置高频压力脉动传感器,如图 7.76 所示,其位置位于叶轮出口中间断面上,从 p1 到 p7 相邻传感器之间的夹角为 15°,p7 到 p9 相邻传感器之间的夹角为 90°,动态压力信号的采集方法详见第 5 章。

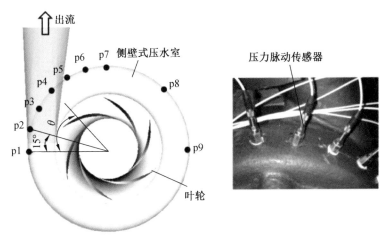

图 7.76　压力脉动传感器布置

为了分析侧壁式压水室对泵压力脉动特性的影响,图 7.77 给出了不同工况($0.1Q_d$,$0.6Q_d$,$1.0Q_d$,$1.3Q_d$)下测点 p3,p7 的压力脉动频谱。在离心泵中,叶轮和隔舌的动静干涉作用会激励叶频 f_{BPF} 及其高次谐波 $2f_{BPF}$,$3f_{BPF}$ 等。从图中可以明显地捕捉到 f_{BPF} 及其高次谐波信号。在小流量 $0.1Q_d$ 工况下,在压力脉动频谱中可以捕捉到 f_n,$2f_{BPF}$,$3f_{BPF}$ 和 $4f_{BPF}$ 频率。一般情况下,高次谐波处的压力脉动幅值要明显低于叶频处的幅值,但从压力脉动频谱可知,在小流量工况下,$3f_{BPF}$ 起主导作用,但随着流量的增加,$3f_{BPF}$ 处的压力脉动幅值在大流量工况下快速下降,而此时叶频 f_{BPF} 处的压力脉动幅值则呈现明显的上升趋势。特别是在 $1.3Q_d$ 工况时,$3f_{BPF}$ 处的压力脉动幅值远小于叶频 f_{BPF} 处的幅值。最后可以总结:对于侧壁式压水室,f_{BPF} 信号在压力脉动频谱中并不总是占据主导地位,压力脉动频谱中的非线性干涉信号将占据部分压力脉动能量。

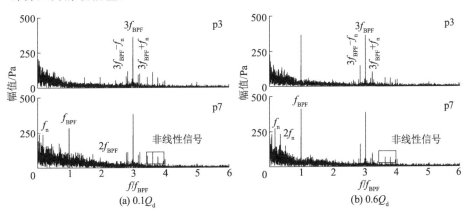

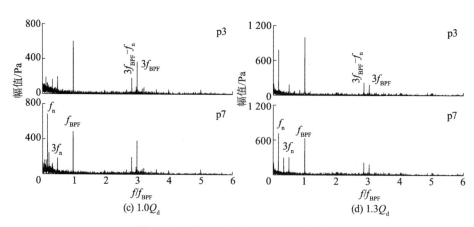

图 7.77　不同工况下压力脉动频谱特征

如图 7.77 所示,在某些工况下,f_n 处的信号幅值大于 f_{BPF} 处的信号幅值,因此,在压力脉动频谱中,f_n 是一个非常重要的信号,该信号由叶轮轴系的非对称性诱发。f_n 和 f_{BPF} 之间的非线性相互作用会在频谱中诱发大量的非线性干涉信号,其具有 $mf_{BPF} + nf_n$ 的形式,其中 m,n 为整数。在图 7.77 中可以在小流量工况下清晰地捕捉到这些非线性干涉信号,当泵工作在设计工况及大流量工况下,压力脉动频谱中非线性信号的幅值大幅降低。表 7.18 列出了频谱中特征非线性激励信号。

表 7.18　压力脉动频谱中典型非线性干涉信号

频率(f/f_{BPF})	非线性信号
2.83	$3f_{BPF} - f_n$
3.17	$3f_{BPF} + f_n$
3.83	$4f_{BPF} - f_n$
3.66	$4f_{BPF} - 2f_n$
3.49	$4f_{BPF} - 3f_n$

根据图 7.77 的结果,压力脉动频谱组成成分复杂,因此,为了对特定频段内的压力脉动能量进行评估,引入 RMS 方法对压力脉动能量进行计算[见公式(7.22)]。从压力脉动频谱可知,主要压力信号频率低于 $4f_{BPF}$,采用 RMS 方法对 10～500 Hz 频段的压力信号进行计算。

图 7.78 给出了不同位置处测点 RMS 值随模型泵工况的变化特性。从图 7.78 可以看出,压力脉动传感器的位置不仅影响压力脉动频谱,还影响特定频段压力脉动能量的分布特性。由图 7.78a 可知,不同测点的 RMS 值具有相似的变化趋势,当模型泵在设计流量附近工作时,压力脉动能量最低。

而当模型泵工作在非设计工况下，无论是大流量还是小流量工况，RMS 值都会迅速增加，特别是对于传感器 p5，p6，p7。不同测点的 RMS 值在小流量工况下呈现明显差异，特别是在 $0.2Q_d$ 时，测点 p7 的 RMS 值几乎是 p3 的 1.6 倍。

图 7.78b 给出了测点 p1，p2，p8，p9 的 RMS 值，可以看出，其变化规律与图 7.78a 差异显著。测点 p1 和 p2 具有相似的变化趋势，随着流量的增加，RMS 值首先呈现上升趋势，在 $0.5Q_d$ 附近达到最大值，之后随着流量增加而下降，在大流量工况下未观察到 RMS 值快速增加的现象。对于测点 p8 和 p9，在小流量工况下没有发生 RMS 值急剧增加的现象。

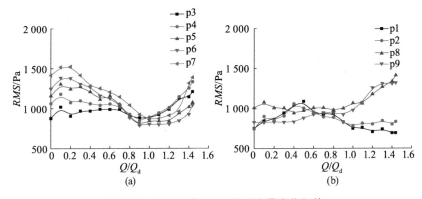

图 7.78 不同测点 RMS 值随流量变化规律

图 7.79 给出了不同工况下叶频处的压力脉动幅值在压水室圆周方向上的分布规律，可以看出，从 75°到 108°，压力脉动幅值的分布规律具有相似性。一般而言，叶轮-隔舌的动静干涉作用在隔舌附近比较强烈，即大约在 45°位置处。可以看出，从 $0.8Q_d$ 到 $1.4Q_d$ 工况，压力脉动最大幅值出现在 $\theta=45°$ 位置处，但从 $0.2Q_d$ 到 $0.6Q_d$ 工况，在 45°位置处压力脉动幅值则小于其他位置处。在小流量工况下，部分流体会从隔舌的扩散段回流进入压水室，与主流形成掺混效应，因此叶轮出流液体与隔舌的干涉作用可能会受到影响，Akin[12,13]指出离心泵中的湍流掺混效应可能会造成流体激励压力脉动能量的降低。

图 7.80 给出了转频 f_n 和 3 倍叶频 $3f_{BPF}$ 处压力脉动幅值随流量的变化规律，可以看出，f_n 和 $3f_{BPF}$ 处的压力脉动幅值在小流量工况下呈现小幅波动特性，而在大流量工况下，f_n 处的压力脉动幅值逐渐增加，$3f_{BPF}$ 处的幅值则不断降低，具有相反的趋势。f_n 和 $3f_{BPF}$ 处压力脉动幅值的变化规律表明，不同工况下压力脉动能量会在不同离散频率下进行重新分配，f_n 处的能量增加是以 $3f_{BPF}$ 处的能量快速降低为代价的。

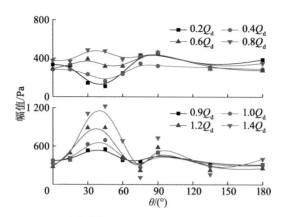

图 7.79 不同测点叶频幅值在压水室圆周方向上的变化规律

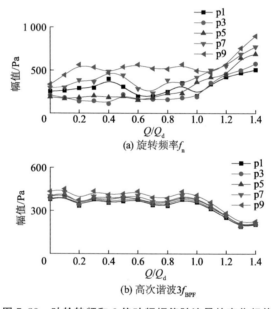

(a) 旋转频率f_n

(b) 高次谐波$3f_{BPF}$

图 7.80 叶轮转频和 3 倍叶频幅值随流量的变化规律

离心泵内叶轮-隔舌的动静干涉作用实质是叶轮出流液体与隔舌的周期性碰撞,因此可以推断泵内压力脉动能量与叶轮的旋转速度有直接联系[14,15]。当模型泵在设计流量下工作时,图 7.81 给出了测点 p3 在 3 个转速(1 450 r/min,1 200 r/min,1 000 r/min)下的压力频谱。在设计转速 1 450 r/min 下,在压力脉动频谱中可以捕捉到离散的 f_n,f_{BPF} 及其谐波信号。不同转速下,在 p3 测点处,f_{BPF} 处峰值信号占主导地位。当转速降低至 1 200 r/min 时,f_{BPF} 和 $3f_{BPF}$ 处的幅值明显降低。当转速进一步降低至 1 000 r/min 时,f_{BPF} 处的幅值继续降低,且此时无法捕捉到 $3f_{BPF}$ 峰值信号。

由以上分析可知,调整模型泵叶轮的转速确实会影响泵的压力脉动频谱。

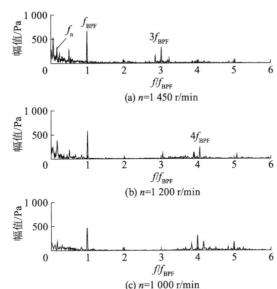

(a) $n=1\ 450$ r/min

(b) $n=1\ 200$ r/min

(c) $n=1\ 000$ r/min

图 7.81　不同转速对测点 p3 压力脉动频谱的影响

当模型泵以不同的转速运行时,图 7.82 给出了测点 p1,p3 处叶频 f_{BPF} 幅值及 RMS 值的变化规律。由图可以看出,随着转速上升,f_{BPF} 处和 RMS 的幅值皆呈现上升趋势。在设计流量下,从 1 000 r/min 到 1 480 r/min,RMS 值在 p1 处增加了 103%,在 p3 处增加了 62%。在小流量 $0.8Q_d$ 工况时,RMS 值在 p1 处增加了 150%,在 p3 处增加了 113%。f_{BPF} 处的幅值变化规律与 RMS 值的变化规律相似,设计流量下从 1 000 r/min 到 1 480 r/min,叶频幅值在 p1 处增加了 183%,而在 p3 处增加了 46%。

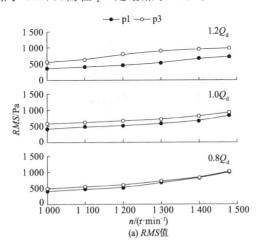

(a) RMS值

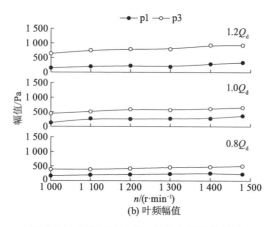

图 7.82　不同转速对压力脉动能量的影响

7.6.2　侧壁式压水室的低压力脉动特性的试验验证

为了验证侧壁式压水室的低压力脉动特性,在相同叶轮的条件下,对常规压水室模型泵的压力脉动特性进行测量,该压水室的几何特征见图 7.70。受限于常规压水室的结构特征,目前仅能在压水室表面安装 3 个传感器,即 p7 到 p9(见图 7.83),压力脉动信号的采集方案和侧壁式压水室模型泵一致。

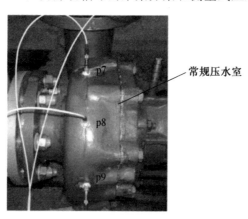

图 7.83　常规压水室

为了验证侧壁式压水室的低压力脉动特性,图 7.84 给出了侧壁式压水室和常规压水室模型泵 f_{BPF} 处幅值的对比情况。由图可以看出,侧壁式压水室模型泵的叶频幅值在全工况范围内皆明显小于常规压水室离心泵的叶频幅值。在测点 p7,小流量工况时,侧壁式压水室和常规压水室模型泵的叶频幅值差异十分显著,在 $0.4Q_d$ 工况时,常规压水室模型泵的叶频幅值为侧壁式压水室模型泵的 4.9 倍,在 $0.5Q_d$ 工况时达到 4.3 倍。在设计工况 $1.0Q_d$ 时,常规压水室模型泵的叶频幅值为侧壁式压水室模型泵的 1.9 倍。对于测点 p8 和 p9,在设计流量下,常规压水室模型泵的叶频幅值在 p8 测点是侧壁式压水室模型泵的 3 倍,在 p9 测点达到 3.2 倍。

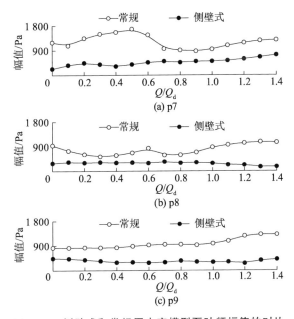

图 7.84 侧壁式和常规压水室模型泵叶频幅值的对比

为了进一步分析侧壁式压水室对压力脉动的影响,图 7.85 给出了两台模型泵 RMS 值的对比情况。由图可以看出,在 p7 测点,在全工况范围内,常规压水室离心泵的 RMS 值明显高于侧壁式压水室离心泵的 RMS 值。对于测点 p8 和 p9,在小流量工况下,RMS 值的变化规律与 p7 测点类似。但在设计流量及大流量工况下,两台泵之间的差异并不明显。

离心泵非定常压力脉动特性研究的主要目的是建立低压力脉动设计的理论和方法,在大多数已发表的文献中,研究人员主要关注几何参数对压力脉动的影响,而本研究则通过使用特殊结构的侧壁式压水室,使得叶轮-隔舌之间的动静干涉作用被显著地降低。从对比结果可知,侧壁式压水室可以大幅地降低叶频处的压力脉动幅值。

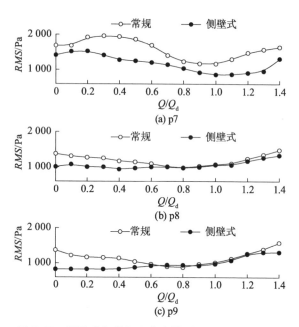

图 7.85　侧壁式和常规压水室模型泵 *RMS* 值的对比

7.6.3　侧壁式压水室对模型泵振动特性的影响

为了获得侧壁式压水室对模型泵振动特性的影响,现构建模型泵闭式试验系统,如图 7.86 所示,在泵的进、出口安装挠性接头以降低系统振动信号对泵振动信号的干扰。通过阀门调节系统流量,并且保证不同流量下泵的转速恒定。在相同的试验条件下对侧壁式压水室和常规压水室离心泵进行振动测试,对比分析侧壁式压水室对离心泵振动性能的影响。振动信号的采集方法详见 5.2 节。

(a) 模型泵振动试验台

(b) 侧壁式压水室离心泵　　　　(c) 常规压水室离心泵

图 7.86　振动测试试验台及模型泵

　　为了全面获得侧壁式压水室离心泵的振动特性,在侧壁式压水室和常规压水室进口、出口等位置布置加速度传感器,图 7.87 给出了侧壁式压水室加速度传感器的位置,表 7.19 给出了各测点处加速度传感器的测量方向。

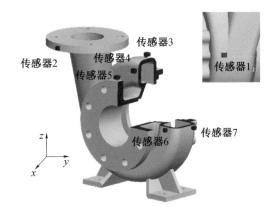

图 7.87　加速度传感器位置图

　　$+x$ 表示由电机指向泵进口方向;$+y$ 表示由压水室 0 断面指向第Ⅳ断面;$+z$ 表示垂直于地面向上的方向,各测点处具体测量方向见表 7.19。

表 7.19　各测点处加速度传感器测量方向

传感器	测点位置	测量方向
1	压水室隔舌处	y
2	压水室出口	x,y,z
3	压水室第Ⅱ断面	x,y,z
4	压水室第Ⅱ断面(侧面)	x

续表

传感器	测点位置	测量方向
5	压水室进口	x,y,z
6	压水室第Ⅳ断面(侧面)	x,y,z
7	压水室第Ⅳ断面	y

在不同工况下获得模型泵振动信号,为了消除 0 Hz 信号直流分量的影响,将 0~10 Hz 频段内的振动信号进行滤波处理,因此本书在 10~8 000 Hz 频段内对模型泵振动特性进行分析。为了分析不同频段内侧壁式压水室离心泵和常规压水室离心泵的振动特性,将 10~8 000 Hz 振动信号分为不同频段:Ⅰ低频段(10~500 Hz)、Ⅱ中频段(10~4 000 Hz)、Ⅲ全频段(10~8 000 Hz)。采用 RMS 方法对不同频段内的加速度信号进行处理。

对于三向加速度传感器,为了综合考虑不同方向上的振动加速度能量大小,得到不同测量方向的加速度均方根值后,采用公式(7.36)对其进一步处理,得到总能量大小。

$$E=\sqrt{\frac{RMS_x^2+RMS_y^2+RMS_z^2}{3}} \tag{7.36}$$

大量的研究证实,水力诱发的振动信号主要集中在低频段,图 7.88 给出了设计流量下侧壁式压水室离心泵不同测点处 0~1 000 Hz 范围内加速度功率谱图。模型泵叶轮的转速为 1 450 r/min,所以轴频 f_n=24.2 Hz,叶片通过频率 f_{BPF}=145 Hz。从图中可知,不同测点处加速度功率谱特性基本一致,轴频和叶频处加速度幅值较小,主导频率为 292 Hz,439 Hz,588 Hz,734 Hz,881 Hz,这些频率皆为叶频的高次谐波。

为了获得侧壁式压水室对离心泵振动性能的影响,在不同频段内对比了侧壁式压水室离心泵和常规压水室离心泵的振动能量,图 7.89 给出了传感器 5 和传感器 6 测点处振动能量随流量变化曲线的对比结果。从图中可得:传感器 5 振动测点处,在不同流量时,3 个不同频段内侧壁式压水室离心泵的振动能量比常规压水室离心泵小;当模型泵工作在设计点处,在低频段内,侧壁式压水室离心泵的振动能量值比常规压水室离心泵低 1.5 dB,中低频段内低 1.87 dB,全频段内低 1.73 dB。传感器 6 振动测点处,在设计点处,侧壁式压水室离心泵的振动能量值比常规压水室离心泵低 1.1 dB,中低频段内低 2.5 dB,全频段内低 1.8 dB。

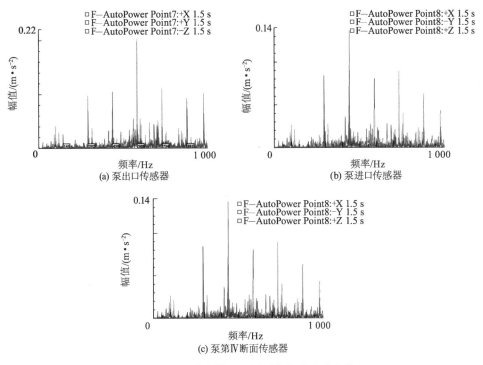

(a) 泵出口传感器

(b) 泵进口传感器

(c) 泵第Ⅳ断面传感器

图 7.88　设计流量下不同测点加速度功率谱

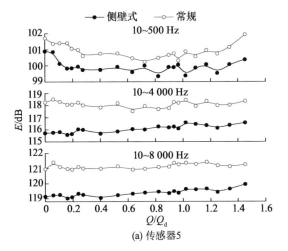

(a) 传感器5

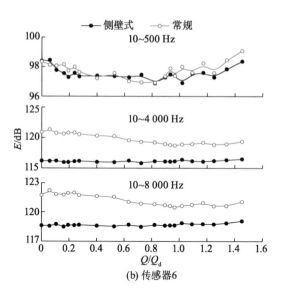

图 7.89　两台模型泵不同频段内振动能量对比结果

在全工况内对不同测点的振动能量值进行平均处理,如图 7.90 所示。

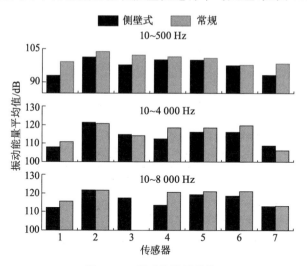

图 7.90　振动能量平均值

从图 7.90 可得:低频段内,不同测点处侧壁式压水室离心泵的振动能量值比常规压水室离心泵低,在传感器 1 测点处,两台模型泵能量值差距达到6.5 dB;中频段内,在传感器 1,4,5,6 处,侧壁式压水室离心泵振动能量值比常规压水室离心泵低,而在传感器 2,3,7 处,侧壁式压水室离心泵振动能量值比常规压水室离心泵高,但差值较小;全频段内,各测点处侧壁式压水室离心泵的能量值同样较低。由对比结果可知,采用侧壁式压水室时,压水室隔舌的形状、相对位置产生变化,减弱了叶轮和隔舌的直接冲击干涉作用,从而有效地降低了叶轮-隔舌动静干涉作用,因此和常规压水室相比,侧壁式压水室可以有效地降低由水力因素诱发的离心泵振动能量。

大量的研究证实水力因素主要诱发离心泵的低频振动,为了分析侧壁式压水室对离心泵振动性能的影响,对侧壁式压水室和常规压水室离心泵低频段信号进行对比分析。图 7.91 给出了 3 种不同流量时模型泵在传感器 3 测点处 x,y,z 方向的功率谱图,可以看出,侧壁式压水室离心泵各个测量方向功率谱特性差异较大。不同流量下,x 方向功率谱图中,轴频、叶频处功率谱峰值较小,叶频的高次谐波处振动加速度出现峰值信号,$3f_{BPF}$ 谐波处加速度幅值达到最大值;y 方向功率谱图中,功率谱特性发生明显变化,加速度信号最大幅值出现在 $5f_{BPF}$ 附近频率处,其他叶频谐波处加速度幅值较小,$3f_{BPF}$ 频率处加速度幅值急剧减小;z 方向功率谱图中,加速度最大峰值出现在 $2f_{BPF}$ 处。

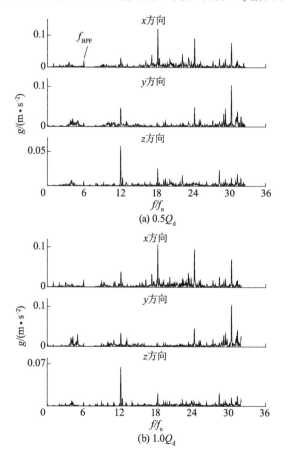

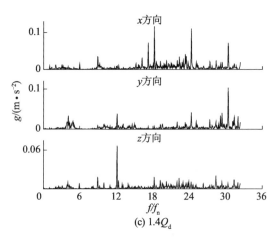

图 7.91　侧壁式压水室离心泵不同测量方向功率谱信号

　　采用和侧壁式压水室离心泵相同的试验条件及叶轮对常规螺旋形压水室离心泵进行振动试验研究。图 7.92 给出了不同工况下常规压水室离心泵功率谱图,可以看出:在 x,y,z 三个不同测量方向,叶频振动加速度幅值较小;侧壁式压水室在 3 个不同方向主峰值处的频率各异,而常规压水室在 3 个振动方向的主峰值频率皆为叶频的二次谐波,其他叶频高次谐波处振动幅值较小。由此可得:由于采用侧壁式压水室结构,叶轮相对隔舌位置发生变化,导致叶轮-隔舌的动静干涉机制产生变化,侧壁式压水室对模型泵的功率谱特性产生较大的影响,不同测量方向,功率谱图中加速度主峰值频率各异;而常规压水室离心泵功率谱图中,加速度主峰值出现在叶频的二次谐波处,$2f_{BPF}$ 在由叶轮-隔舌的动静干涉作用诱发的水力振动信号中起主导作用。

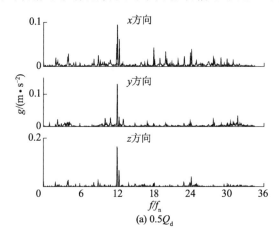

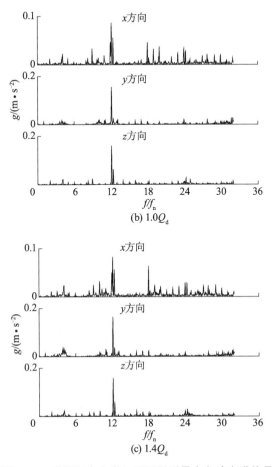

图 7.92　常规压水室离心泵不同测量方向功率谱信号

为了获得侧壁式压水室离心泵水力因素诱发振动特性,以功率谱 $10\sim500$ Hz 频段为研究对象,分析不同流量下侧壁式压水室离心泵的振动特性,并将离心泵振动特性和内部流场结构相结合,探讨不同流动结构对泵振动的影响,图 7.93 给出了不同流量下离心泵的三向传感器总振动能量随流量的变化曲线。将流量分为 4 个区域:Ⅰ区($0\sim0.3Q_d$)、Ⅱ区($0.3Q_d\sim0.8Q_d$)、Ⅲ区($0.8Q_d\sim1.1Q_d$)、Ⅳ区($1.1Q_d\sim1.45Q_d$)。从图 7.93 中可得:叶轮出口处传感器 2 和传感器 5 的振动能量较大,这是由于振动测点距离模型泵约束位置较远,从而导致振动能量上升,传感器 6 振动测点处振动能量最小。当侧壁式压水室离心泵工作在Ⅰ区时,由前面的分析结果可知,此时模型泵叶轮内部出现旋转失速现象,叶轮流道内部出现流动分离结构,在叶轮进口和出口处形成分离旋涡区,堵塞流道,破坏了泵的稳态运行。并且叶轮出口的失速核旋涡结构随叶轮转动不断发生变化,表现出强烈的非稳态特性。叶轮内部出现的非稳态流动分离结构导致泵的振动能量快速上升。由图 7.93 可知,从 $0.3Q_d$ 到关死点工况,传感器 2 振动测点处模型泵振动能量上升了 1.5 dB,传感器 3 处上升了 1.3 dB,传感器 5 处上升了 1.0 dB,传感器 6 处上升了 1.0 dB。

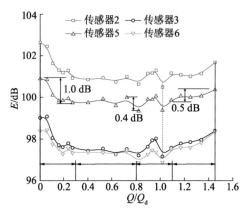

图 7.93　模型泵 10～500 Hz 频段内振动能量变化曲线

当侧壁式压水室离心泵工作在 II 区时,图 7.94 给出了不同流量时的叶轮内部流场结构。当模型泵工作在 $0.8Q_d$ 流量时,叶轮内部相对流速分布较均匀,靠近叶片背面流速较大,无明显的流动分离区出现。当模型泵流量降低,工作在 $0.6Q_d$ 流量时,叶轮流道靠近叶片工作面上开始出现较小尺度的流动分离区,位于叶片 1/2 长度附近,该区域内相对流速较低。受流动分离区的影响,模型泵的振动能量明显上升,从 $0.8Q_d$ 至 $0.6Q_d$,各个振动测点处的振动能量平均上升 0.4 dB。随着模型泵流量继续降低,工作在 $0.4Q_d$ 流量时,叶片进口的流动分离区范围不断增大,并且在流道 3 叶片出口处形成非稳态旋涡结构。但从 $0.6Q_d$ 至 $0.4Q_d$,模型泵的振动能量几乎保持不变,因此可以推断该流量范围内叶轮内部流动结构对泵的总振动能量几乎不产生影响。

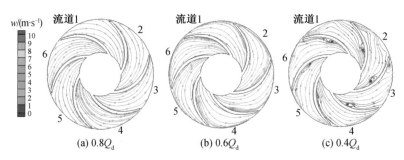

图 7.94　不同流量时叶轮内部相对流速分布

当侧壁式压水室离心泵工作在Ⅲ区时,叶轮内部流场结构稳定,无分离现象产生,但隔舌附近流动结构产生变化,图 7.95 给出了侧壁式压水室隔舌附近绝对速度分布。从图中可得:$1.1Q_d$ 工况时,流体由压水室各断面顺利流入压水室扩散段,无回流现象发生;$0.8Q_d$ 工况时,一部分流体经隔舌回流,与隔舌产生撞击作用,压水室内部流动对离心泵的振动性能产生了显著的影响。由图 7.93 振动能量曲线可得:从 $1.1Q_d$ 到 $0.8Q_d$,在设计工况点附近,模型泵振动能量较小,随着流量的降低压水室隔舌处出现回流现象,侧壁式压水室离心泵的振动能量先上升,在 $0.95Q_d$ 达到最大值,各点平均上升 0.5 dB,之后振动能量曲线开始下降,整个过程呈波峰状。

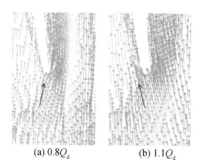

(a) $0.8Q_d$ (b) $1.1Q_d$

图 7.95 隔舌附近绝对流速分布

当侧壁式压水室离心泵工作在Ⅳ区时,图 7.96 给出了传感器 3 测点处压力脉动幅值随流量变化频谱图。从频谱图中可以明显监测到叶频及其二次谐波信号,叶频处压力脉动幅值远大于其他频率处的幅值;随着流量的增加,液流冲击叶片工作面导致旋涡脱落,造成叶轮流道内部流动紊乱程度加剧,因此叶频压力脉动幅值增加,压力脉动诱发的作用力加强,导致模型泵的振动能量逐渐上升。$1.1Q_d \sim 1.45Q_d$ 工况内,传感器 2,5 测点处模型泵的振动能量上升 0.5 dB;传感器 3,6 测点处模型泵的振动能量上升 0.8 dB。

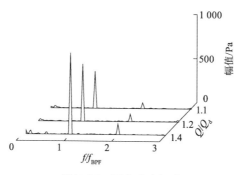

图 7.96 压力脉动频谱

参考文献

［1］Anderson H H. Mine pumps. Journal of Miming Society，1938.

［2］杜文强.离心泵面积比与水力性能及激励特性关系的研究.镇江：江苏大学,2017.

［3］Zhang N，Yang M G，Gao B，et al. Experimental and numerical analysis of unsteady pressure pulsation in a centrifugal pump with slope volute. Journal of Mechanical Science and Technology，2015，29(10)：4231－4238.

［4］王孝军.离心泵内尾迹干涉流动及压力脉动试验研究.镇江：江苏大学,2018.

［5］Heskestad G，Olberts D R. Influence of trailing-edge geometry on hydraulic-turbine-blade vibration resulting from vortex excitation. ASME J. Eng. Power，1960，82(2)：103－109.

［6］Zobeiri A，Ausoni P，Avellan F，et al. How oblique trailing edge of a hydrofoil reduces the vortex-induced vibration. J. Fluids Struct，2012，32：78－89.

［7］Gao B，Zhang N，Li Z,et al. Influence of the blade trailing edge profile on the performance and unsteady pressure pulsations in a low specific speed centrifugal pump. ASME J. Fluids Eng，2016，138(5)：051106.

［8］Zhang N，Liu X K，Gao B，et al. Effects of modifying the blade trailing edge profile on unsteady pressure pulsations and flow structures in a centrifugal pump. International Journal of Heat and Fluid Flow，2019，75：227－238.

［9］Brennen C E. Cavitation and bubble dynamics. Oxford University Press，1995.

［10］Brennen C E. Multifrequency instability of cavitating inducers. ASME J. Fluids Eng，2007，129(6)：731－736.

［11］Keller J，Blanco E，Barrio R，et al. PIV measurements of the unsteady flow structures in a volute centrifugal pump at a high flow rate. Exp. Fluids，2014，55(10)：1820.

［12］Akin O，Rockwell D O. Actively controlled radial flow pumping system：Manipulation of spectral content of wakes and wake-blade interactions. ASME J. Fluids Eng，1994，116：528－537.

[13] Akin O，Rockwell D O. Flow structure in a radial flow pumping system using high-image-density particle image velocimetry. ASME J. Fluids Eng，1993，116(3):538－544.

[14] Stel H，Amaral G D L，Negrão C O R，et al. Numerical analysis of the fluid flow in the first stage of a two-stage centrifugal pump with a vaned diffuser. ASME J. Fluids Eng，2013，135:071104.

[15] Pei J，Yuan S Q，Benra F K，et al. Numerical prediction of unsteady pressure field within the whole flow passage of a radial single-blade pump. ASME J. Fluids Eng，2012，134(10):101103.